오묘한 지구

풍수도 과학이다

오묘한 지구

풍수도 과학이다

소찬 이문호 지음

KSi 한국학술정보㈜

프롤로그

제도권은 험난합니다.

이제 기치를 내건 지도 어언 7년.

강산이 반쯤 바뀌었을까요?

매주 토요일은 온종일 발표와 공방이 오가는 말의 성찬입니다. 오후 3시 이전에 먹어보지 못한 점심식사도 한 3년이 지나면 제법 근사한 모양을 갖춘 박사학위로 바뀝니다. 졸업만 하고 나면 당분간 고속도로의 경산 IC나 수성 IC 근처에만 가도 경련이 생길지 모릅니다. 그래도 그대들의 열정이 있기에 영롱한 빛이 만들어집니다.

남을 비난하기 전에 우리가 먼저 고정관념을 버리지 않으면 진실은 그 실체를 드러내지 않습니다. 일요일마다 정신을 일깨우는 박채양 교수의 묘소 앞 강의는 온 집안을 나체로 발가벗기고, 최주대 교수의 현란한 설명은 교양을 드높이지만, 토요일만 되면 알던 것도, 이해하던 것도 머릿속에서 새하얗게 변해버립니다. 그러나 부끄러워할 일이 아닙니다. 무에서 유를 창출하는 우리의 일은 새하얀 머릿속과 새까맣게 타버린 가슴을 요구합니다.

그대들은 용감합니다.

그대들은 인내를 품습니다.

이 세상의 그 어떤 말도 우리의 일을 정확하게 묘사하지 못합니다.

말도 안 되는 일이라고 합니다.

그러나 논리의 기초인 귀납법으로 우리의 말을 다듬고 또 다듬고 합니다.

통계는 우리의 사고를 합리적으로 만듭니다.

그대들은 벽창호입니다.

그렇지 않으면 그 짓을 할 수 없을 터이니.

그동안 입고 있던 옷을 벗어 던져버릴 수밖에는 없을까요.

언제나 놀라운 사실들이 살포시 고개를 내밉니다.

자신을 알아주는 반가운 임이 왔습니다.

소중한 임이,

임을 부끄러워 마소서.

머리글

풍수는 무엇인가?

우리가 사는 환경에 대한 이야기다. 자연을 대상으로 하는 것이다. 자연을 바라보는 눈은 사람마다 다를 수 있다. 국문학자의 눈에는 우리 문학의 한 부분으로 보일까? 철학자의 눈에는 동양철학의 한 부분으로 보일까? 과학사 전공학자의 눈에는 우리 한국 과학의 일부로 보일까? 공학자의 눈에는 공학의 한 분야로 보일까? 미신으로 보인다. 과학이 아닌 미신으로.

왜 미신으로 보이는가?

대상이 과학적이지 못하기 때문은 아니다. 대상은 자연 그 자체이므로 당연히 과학의 관심사가 된다. 논리의 전개과정이 학문적이지 못해서 미신으로 인식되는가? 그렇다. 풍수를 논하는 사람들은 논리의 비약이 심하다. 누구나 믿을 수 있는 방법으로 논리를 전개하지 않는다. 어떤 이는 풍수가 신비스러워야 제맛이라고도 한다. 학문이 신비로울 수는 있지만, 그 신비 자체는 논리적으로 차근차근 설명된다.

무엇이 풍수를 논리적으로 전개하지 못하게 하는가, 무엇이 풍수를 차근차근하게 설명하지 못하게 하는가? 첫 단추이다. 첫 단추를 잘못 끼우면 나머지는 절대로 제대로 되지 않는다. 첫 단추가 무엇인가. 무엇이 풍수의 첫 단추인가.

풍수는 사람이 사는 공간에 대한 이야기다. 집은 사람이 사는 공간이다. 우리 선조들은 양과 음으로 이 우주를 설파하였다. 양이 있으면 음이 있고, 암놈이 있으면 수놈이 있다. 살아 있는 사람이 사는 집을 양택이라 한다. 죽은 사람이 있는 곳은 음택이라 한다. 무척 간단하다. 양택에 대한 풍수는 양택 풍수이다. 사자의 집인 음택에 대한 풍수는 음택풍수이다. 저자는 용기 있게 양택을 장론과 유체역학으로 풀어 썼다.

음택에 대한 관심은 없었다. 용기도 없었고, 그 내용도 몰랐다. 음택에서 중요한 것은 혈(穴)이다. 혈은 사자(死者)가 있을 만한 자리를 말한다. 사자가 있을 수 없는 자리를 비혈(非穴)이라 한다. 사자가 있기만 하면 저절로 혈이 되는 것은 아니다. 자리가 아니라는 뜻이다. 살아 있는 사람은 땅 위에서 생활한다. 그래서 땅 위의 환경이 중요하다. 땅 위 환경의 상태를 조사하고, 분석하여 최고로 살기 좋은 공간인 집을 설계하고 평가하는 것이 양택 풍수다. 사자는 땅속에 있다. 땅속 환경이 사자에게 영향을 준다. 사자가 자연으로 돌아가는 과정에 영향을 준다. 땅속 환경이 사자에게는 중요하다. 혈은 사자가 있는 자리다. 혈은 땅속에 있다. 사자가 있는 혈이 땅속에 있기에 땅속을 조사하고, 분석하여 사자가 있기에 최고로 좋은 자리인 혈을 설계하고 평가하는 것이다. 이것이 음택풍수.

땅속에는 흙이 있고 그 아래에는 암반이 있다. 암반이 풍화하여 흙으로 변한다. 암반은 흙의 상태를 좌우한다. 암반의 상태는 땅속의 상태를 결정한다. 지금까지 우리 음택풍수는 지상의 혈(자리), 용(산과 산줄기), 사(둘러싸인 주위 환경), 수(물, 주위의 물)로부터 혈을 판정했다. 지상의 상태로부터 지하를 판단했다. 물론 그럴 수도 있다. 땅속을 볼 수 없었으니까.

땅속을 관찰하고, 조사하고, 분석하는 것은 과학이다. 그래서 혈은 과학적인 방법으로 결정된다. 당연히 땅속의 상태와 환경을 조사하여 평가해야 한다. 저자는 과학기계를 사용하여, 과학적인 방법으로, 땅속이라는 자연을 관찰하고, 조사하고, 분석하여 사자의 자리인 혈을 분석하고 평가하는 방법과 그 선정기준을 마련하였다. 그동안 13명의 선구자들은 저자와 함께 동고동락하며 전국 음택들의 유형을 정형화하고, 그 음택들의 후손들을 조사하였다. 음택의 유형과 후손번성과의 상관성을 통계학적으로 분석하여 주옥같은 과학적인 풍수이론들을 도출하였다. 이제 실마리는 풀렸다. 이 실마리를 기초하여 서로 뒤엉켜 있는 풍수이론들을 하나씩 하나씩 차례대로 끄집어내는 일만 남았다. 방법론도 이미 확립하였다.

후학들은 이 책에서 제시하는 실마리를 이용하여 모든 비밀을 과학적으로 풀어내길 기대한다. 이 실마리 마련에 앞장선 이는 곧, 박채양, 최주대, 박성혜, 김헌수, 이동걸, 최춘기, 강상구, 박기환, 심봉섭, 최규석, 박유교, 남오우, 서수환 박사이다. 이들에 의해 제대로 된 첫 단추가 끼워졌다. 이들의 열정이 이 같은 결실을 맺게 하였다.

이 모든 것들을 기초로 하여 지금 음택풍수에서 논란이 되거나 의문시하고 있는 문제를 말끔히 해결하는 데 도움이 되기 위해서 지난

40여 년간 몸담아 온 자연과학 분야의 기초 위에 기존의 풍수이론을 설명하고자 하였으며, 그간 탐사해 온 1만여 기의 음택에 대한 정보를 바탕으로 뼈를 깎는 고통을 감내하며 이 책을 저술하였다.

저술한 근본적인 목적은 풍수를 과학화하는 데 지침이 될 수 있는 교과서와 같은 역할을 할 수 있는 지침을 만드는 것이었지만, 이제 그 첫발을 내딛기에 보충해야 할 것들과 수정해야 할 것들이 많이 발견된다. 관심을 가진 모든 이들의 충정어린 충고와 지대한 관심이 우리 풍수가 바른 길을 가도록 인도할 것이며, 더 이상 신비에 싸인 그 무엇이 아니라 제도권 학문의 한 분야로 당당하게 자리매김을 하게 할 것이다.

2011년 말 池山에서
소찬(韶燦)

차 례

CHAPTER 1

용혈사수와 통계

용혈사수와 통계

1. 용혈사수와 족보

풍수가, 풍수학자, 풍수과학자

풍수가 우리 생활에 스며들기 시작한 지 무려 일천 년이란 긴 시간이 흐르는 동안 풍수의 여러 원칙과 이론들은 시대와 환경 혹은 상황에 따라 실생활에 적절하게 적용되었다. 그럼에도 불구하고 이에 대한 명확한 근거와 논리의 전개에는 불분명한 점이 있었다. 그래서 서양문물을 접하고 서양식으로 교육받았거나 교육받고 있는 현대인은 풍수를 미신으로 생각하고 있다. 미신에 대한 확신은 없으나, 과학적인 부분도 있을 것이라고 생각하는 사람들은 정신이상자 취급을 받기 일쑤다. 왜 이러한 상황이 되었을까?

정작 신들린 사람이라고 여겨지는 무당이 굿을 하는 것을 연구하는 사람들은 민속학자라고 하지만, 귀신과는 전혀 관계가 없는 풍수가들은 신들린 사람으로 취급을 받기도 한다. 풍수연구가가 아니라서 그러한가? 무당은 신들려도 민속학자는 신들리지 않아서 그런가? 무속을 연구하려면 그것에 빠지지 않는 한, 거의 무당 수준이 되지 않는 한, 무속의 참맛을 알기 어려울지도 모른다. '미쳐야(沒入, crazy, immersed) 미치는(到達, reach) 것'처럼 신들리는 것이 무엇인지 신내림을 받은 것이 무엇인지를 알지 못한 상태에서 어떻게 그들의 사고와 행위를 이해할 수 있을까.

풍수가는 풍수지리가 또는 풍수사로도 불린다. 이들의 논리전개와 접근방법은 과학적일 필요가 없다. 풍수는 무당처럼 접신(接神)을 해서 땅을 보는 것이 아니다. 귀신의 눈으로 땅을 보는 것이 아니다.

풍수의 대상은 자연이다. 자연을 관찰하고, 분석하며, 그 속에 들어 있는 법칙을 찾아내는 것은 자연과학이다. 그래서 풍수를 다루는 과학은 자연과학이다. 그러하기에 귀신의 눈이나 생각을 빌릴 필요가 없다.

모든 학문의 근간은 철학이다. 철학의 기본은 고대 그리스시대에 시작된 논리학이다. 알려진 대로 소크라테스의 대화록은 논리학의 출발이다. 논리학적인 논리전개가 이루어질 수 없는 것은 학문의 영역이 아니다. 종교는 논리학에 기초하지 않는, 철학을 뛰어넘는 영역이나, 성서를 연구하는 것은 성서학이며, 불경을 연구하는 것은 불교(경전)학이다. 學이라는 글자가 붙으면 논리학적인 전개가 이루어진다는 것이다. 이러한 논리로 학자가 들어가는 풍수학은 논리학적인 논리전개가 이루어져야 한다는 뜻인데, 아직 제도권에서 풍수학을 받아들이지 않는 것은 논리전개에 문제가 있다는 의미이다.

풍수를 연구하는 사람은 풍수연구자 혹은 풍수가이다. 만약 논리학적인 입장을 수용하여 풍수를 학문의 입장에서 연구하면 풍수학자이다. 그의 연구대상은 풍수학이다. 풍수를 과학적인 입장에서 연구하면 풍수과학자이며, 그가 연구하는 것은 풍수과학이다. 풍수가가 풍수학자가 되고, 풍수과학자가 되는 것이 어렵기만 한 것이 아니다.

굿을 연구하는 사람들은 민속과학자가 아니라 민속학자이다. 그들은 무당학이나 박수학, 굿학, 굿거리학, 굿판학이라는 이름을 사용할 수는 있어도, OO과학이라는 이름을 사용하기는 쉽지 않다. 풍수를 연구하는 사람들은 풍수학자도 될 수 있고, 풍수과학자도 될 수 있다. 학문의 논리전개는 철저히 귀납적이므로, 풍수를 연구대상으로 하여 귀납적으로 논리를 전개하면 풍수학이며, 그 연구자는 풍수학자이다. 과학은 여기에 재현성과 객관성, 보편타당성을 첨가하면 된다. 대단히 어려운 일이 아니었는데도 불구하고 굿을 연구하는 사람보다도 인정받지 못하고 오히려 무당과 같은 반열의 대접을 받았다고 생각하면 이해가 되지 않는다.

이유가 무엇일까?

풍수를 연구하는 자세의 문제이다.

우리의 자생풍수는 마음으로 느껴야 한다고 주장하니 어찌 무당과 그 근본자세가 다르랴. 사정이 이러하니 어찌 풍수가 미신으로 치부되지 않을 수 있겠는가? 학문을 하는 사람 즉 학자적인 자세를 취해야 한다. 풍수학을 연구하는 풍수학자는 학문을 연구하는 입장을 견지하여 논리학적인 논리전개를 하여야 한다. 풍수과학자가 되려면 과학적인 논리전개를 해야 한다. 마음으로 받아들이는 것이 아니다. 마음으로 받아들이는 것은 문학이나 예술이지 학문이 아니다.

자손의 번성과 풍수학

세계 인구는 산업혁명 초기였던 1750년경에 8억 명에서 2009년 말에 68억 명으로 늘어났다. 우리나라는 조선 숙종(18세기경) 때 약 500만 명에서 2009년도 말에는 한반도 남쪽의 인구만 해도 약 4천 9백만 명으로 늘어났다. 이와 같이 전체 인구수는 증가하였지만, 여성 1인당 출산율은 현저하게 감소하여, 우리나라의 경우 1960년대에는 약 6명이었으나, 2005년도의 통계청 발표에 의하면 1.37명으로 격감하였다. 이러한 출산율은 OECD 국가 중에서도 최하위의 수준이다.

국가 전체의 인구 증감은 개인의 출산율에 기초한다. 개인의 출산율은 단위 가족의 평균수를 결정하고, 단위 가족 수는 전체 가문의 개체 수에 영향을 준다. 우리는 주변에서 가문마다 가족 수에서 많은 차이가 있음을 자주 볼 수가 있는데, 왜 이러한 차이가 발생하는 것일까?

조선 중기부터 작성된 족보에는 단위 가족의 평균수에 대한 시대적인 변화가 잘 기록되어 있어, 각 가문의 후손번성에 대한 정보를 수집하는 것이 가능하다. 국회 도서관에 소장된 각 성씨에 대한 족보에 의하면, 기록된 후손의 수는 각 성씨는 물론이거니와 같은 성씨일지라도 각 가문마다 많은 차이가 있음을 발견할 수가 있다. 이와 같이 성씨나 가문마다 남자 성인 개체 수가 서로 다르게 나타나는 현상은 17세기부터 현재에 이르기까지 별다른 차이가 없다. 즉 성씨(姓氏)마다 개체 수가 서로 다르고, 같은 성씨라도 가문마다 서로 다르다. 이와 같이 성씨마다, 가문마다 성인 남자의 개체 수가 다른 것은 다음과 같이 여러 원인들에 기인할 것으로 추측된다.

① 국가정책과 연관된 출산 자녀 수

② 생활환경

③ 연대적 차이

④ 거주지의 지리적 환경의 차이

⑤ 가계 및 가문의 내력에 의한 차이

⑥ 풍수적 요인

통계청에서 2000년도에 조사한 자료에 의하면 기혼여성 1인당 출산 자녀의 수는 대도시지역에서 2.2명, 읍 지역은 2.8명, 농촌의 면 지역은 3.6명으로 나타났다. 세 지역에서 기혼여성의 평균연령대는 각각 30대, 50대, 60대인데, 이들의 출산성년기(出産盛年期)에 정부의 인구정책이 각각 달랐다. 즉, 30대의 경우 1자녀 운동, 50대의 경우 2자녀의 운동, 60대의 경우 '베이비 붐'이 그것이다. 이처럼 국가정책이 달라질 때마다 그 정책의 영향은 각 가정마다 일시적으로는 서로 다르게 나타날 수도 있지만, 300~400년 동안이라는 긴 시간 동안 각 가문마다 개체번성의 정도가 다르게 나타나는 것은 국가정책의 변화에 기인한 것으로 보기는 어려울 것이다.

생활환경은 물질적 풍요, 전쟁이나 질병의 횡행, 문명의 발달, 의술의 발달과 보급 등을 포괄한다. 뿐만 아니라 생활환경의 정도는 각 가정마다 가문마다 다를 수 있다. 그러나 가정마다 생활환경을 조사하여 계량화한 후에 자손의 개체번성과의 관계를 규명하는 것은 용이하지 않다.

조선의 통치이념이나 사회규범은 유학 또는 유교에 근거하였으며, 남녀가 서로 지켜야 할 덕목이 명확하게 제시되어 명분을 앞세운 양반사회가 오랫동안 유지되었다. 1800년대 중반에 명분보다는 '실사구시'를 앞세운 실학이 도입되어 실리를 중시하는 풍조가 생기기 시작했다. 이러한 풍조와 함께 가문의 경제적·정치적·사회적 요인들로 인해서 가문별 또는 개별 출산율이 달라질 가능성은 배제할 수 없지만, 아직까지 이에 대한 조사나 연구는 이루어진 바 없다.

거주지의 지리적 환경도 생활환경과 마찬가지로 계량화하는 것이 용이하지 않다. 다만 거주지역을 영남, 호남, 충청, 경기 등과 같이 광역으로 나누어 단순한 명목척도로 설정하는 것은 가능할 것이다.

우리나라에서는 전통적으로 특정가문에서만 나타나는 특이점이 있다는 것을 인정하고 있는데, 이를 '가문의 내력'이라는 용어로 통칭한다. 가문의 내력 현상이 보편타당성을 가지지는 않지만, 이를 유전현상이나 그 가문의 관습 또는 교육에 의한 전승으로 생각할 수도 있다. 이와 같은 가문의 내력이 개체 수의 번성에 미치는 영향에 대하여 조사나 연구가 시도된 적은 없는 것으로 보인다.

풍수사상은 고려 건국과 더불어 백성을 통치하는 수단으로 활용되기 시작하여(풍수도참설), 조선시대에는 경제적 능력이 있는 사대부가는 물론이려니와 심지어는 왕가에서까지 생활에 적용한 우리의 전통 관념이었다. 우리 선조들은 과학적인 근거와는 상관없이 조상의 묘가 후손의 길흉화복 또는 후손의 개체번성에 영향을 준다고 믿었다. 이것이 건전한 생활 관념에서 묘지 풍수에 의한 후손 발복론으로 발전하여 조선 후기에는 묘지로 인한 산송(山訟)이 망국적인 폐단으로 전락하기도 하였다. 1970년대의 산업화와 서구화의 영향으로 풍수는 비과학적인 관념으로 치부되어 우리의 의식에서 사라진 사상 또는 관념이라 할 수 있다.

풍수사상에서 가장 중요시하는 변수들로는 묘지가 있는 산줄기(脈)인 용(龍), 시신이 묻히는 지점인 혈(穴), 계곡을 나타내는 수(水), 혈을 둘러싸고 있는 산을 총칭하는 사(砂), 방향(方向) 등이 있다. 풍수의 대상인 집(陽宅)이나 무덤(陰宅)을 이러한 변수들로 평가하여 그들의 길흉을 결정짓는다.

우리 땅에서 풍수를 논한 지도 최소한 천 년 이상 되었다. 망국적인 폐단으로 전락한 역사적인 배경이나 서양문물 전래와 보급에 따른 사회 환경의 변화와 인식의 전환으로 인하여 풍수에서 도출된 여러 이론이 제도권에서는 수용조차 되지 않은 상태이다. 그래서 긴 역사에도 불구하고 풍수이론들에 대한 논리적인 근거를 조사 연구하려는 일체의 시도조차 이루어지지 않았다. 이러한 배경으로 인하여 논리적인 근거와는 관계없이 누구나 나름대로의 새로운 이론을 개발하게 되었고, 항시 새로운 이론들이 도출되었다. 심지어는 이렇게 수많은 이론들을 정리한 문헌목록이 한 권의 책으로 출간되었을 정도이다.

묘지는 일반적으로 들판과 산에 위치한다. 전 국토의 66%를 차지하는 산은 능선과 비탈로 이루어지는데, 능선의 면적은 산비탈의 1%에도 미치지 못한다. 산에 있는 묘지의 대부분은 산비탈에 위치할 수밖에 없다. 예로부터 농경국가였던 우리나라에서는 농업을 중시하여 농지로 사용될 수 있는 들판에 묘지를 조성하는 것은 매우 드문 일이었다. 그래서 산비탈에 쓰인 묘의 수는 산 능선이나 들판에 조성된 묘의 수에 비해 월등히 많으며, 묘지는 대부분 산비탈에 조성되었다고 할 수 있다. 산비탈은 그 표면이 평면이거나 곡면으로 이루어져 있다. 극단적인 경우를 제외하고는 묘소가 있는 지역인 혈(穴)에서 당판은 약 3m 정도의 방형(方形)의 좁은 평판 형태를 이루고 있다.

당판인 묘지 평판은 수직인 법선 벡터(normal vector)로 성질을 나타낼 수 있다. 즉 법선 벡터와 지구 중심을 향하는 벡터 간에 이루는 각이 평판의 기울기이다. 묘소가 위치한 평판은 다양한 기울기를 가지는데, 거의 평지에 가까운 0° 부근의 기울기로부터 가만히 서 있기도 힘든 60° 정도의 기울기도 있다. 묘지들이 많이 소재하는 곳의 기울기가 몇 도(度, °) 정도인지, 왜 이러한 기울기를 선호하는지에 대해서는 아직 연구조사가 된 바가 전혀 없으며, 묘지의 경사도와 그 후손의 번성에 대한 내용은 전통 풍수서에서조차도 제대로 다루어지지 않았다.

용혈사수의 중요도

풍수를 풍수학으로 만들기 위해서는 풍수에 대한 수많은 과학적인 근거를 확보하기 위한 노력이 요구된다. 기존의 전통 풍수이론을 무시하는 것도 문제이지만, 근거가 불명확한 기존 논리를 신봉하는 것도 풍수의 학문화 특히 과학화에는 아무런 도움이 되지 않는다. 어쩌면 근거가 불명확한 기존 논리를 신봉하는 것이 풍수의 학문화에서 오히려 극복하기 어려운 장벽으로 작용할지도 모른다. 제도권을 칭하지만 객관성과 보편타당성이 결여된 기존 이론을 맹신하는 자세는 풍수의 발전에 아무런 도움이 되지 않는 것은 물론, 의도적인 것이 아니라 할지라도 오히려 그것을 방해하는 것이라는 점을 인식해야 한다. 이러한 관점으로부터 풍수의 기본을 확인해보자.

풍수의 기본요소는 혈, 용, 사 및 수인데, 용혈사수의 순서로 나타내는 것은 풍수에서의 중요도가 이러하기 때문일까? 이러한 순서로 이들이 중요하다는 것에 의문을 가진 사람은 별로 많지 않다. 이것을 확인할 수 있는 어떤 방법이 있는 것일까?

음택풍수의 발복론

조선시대에는 군주에 충성하고 부모에게 효를 다하는 것으로부터 모든 법과 규범과 관습이 출발하였기에 음택풍수도 이것에 기초하였다. 살아있는 사람의 집인 양택(陽宅)에 대한 생각과 죽은 사람의 집인 음택(陰宅)에 대한 생각도 이것에 기초하였다고 볼 수 있다. 그렇다고 해서 좋은 음택 덕택에 좋은 후손이 태어난다는 음택발복론(陰宅發福論)은 조선시대에도 널리 퍼진 생각은 아니었던 것으로 보인다. '조선 초기의 존경받던 세종대왕이 재위할 때의 일이다. 부왕인 태종의 능침이 있는 서울 내곡동 대모산에 왕비인 소헌왕후를 장사지낼 때 광중에서 물이 솟아나왔다. 이를 알게 된 대신들은 땅속에서 솟아나오는 지하수 때문에 대모산 불가피론을 주청했다. 지하수가 나오는 곳이 무덤으로는 절대적으로 부적절하다는 것은 당시에도 오늘에도 지극히 당연한 사실이었다. 세종께서 이들의 주청을 받아들이면 이곳을 추천한 김종서와 정인지를 비롯한 세종의 총신들은 참혹한 화를 면하기 어려웠다. 그런데 세종은 "先塋 옆보다 좋은 吉地는 없다"는 논리로 이들의 주청을 잠재웠다.'

세종은 자신과 왕후의 무덤보다 총신들의 안위와 화합을 중요하게 여겼던 것이다. 이는 발복론을 절대시하지 않았다는 증거이다. 발복론보다는 금기시할 음택지에 대한 이야기로 받아들이는 것이 옳을 것이다. 예종 1년에 세종의 영릉 천릉이 제기되어 결국에는 내곡동의 대모산에서 지금의 경기도 여주로 이장하였다. 이때도 제기된 문제점은 광중의 지하수였다. 오늘날의 많은 이들이 생각하는 발복론이 아니었다. 이처럼 조선시대에도 발복론 중심의 음택풍수가 뿌리를 내리지 않았다. 그런데 왜 오늘에 와서는 발복론 중심의 음택풍수가 발현하였는지 그 이유를 알기 힘들다.

발복론이 미신인지 아닌지는 아직 아무도 그걸 확인해보려는 노력을 한 적이 없다. 하물며 이것을 과학적인 방법으로 확인하려는 노력은 꿈조차 꾸지 않는다. 진실은 그것을 밝혀내려고 노력한 결과로 그 실체를 드러낸다.

발복론(發福論).

이것이 설사 진실 혹은 진리일지라도 어느 누구도 이에 대한 연구를 하겠다는 생각을 하지 않을 것이다. 여기서 필요한 것은 발복론의 진실 여부를 밝히는 것이 아니다.

무덤과 후손의 관계는 풍수론적인 연구대상이 아니다.

오히려 인류학적인 연구 주제이다. 체계적이고 과학적인 인류학적 연구가 필요한 시점이다. 철학적인 종교적인 연구 주제가 아니라, 형이하학적인 연구 주제이다.

후손과 족보

음택의 상태와 그 후손 수의 증감과의 관계를 확인하는 것은 분명 계량적인 연구 주제이다. 음택의 상태를 용혈사수의 관점에서 분류하고 계량화해서 이를 단순변수로 특정 짓고, 후손 수의 증감 상태를 계량화해서 도출할 수 있는 변수들을 추출할 수 있다면, 음택을 특정 짓는 변수와 후손 상태를 나타내는 변수 간의 상관성을 찾아낼 수 있을 것이다. 이러한 일에 많은 연구자들이 관심을 가진다면 전통 풍수서에 나와 있는 많은 이론들의 진위를 밝혀내는 것은 물론이거니와 새로운 사실을 찾아낼 수도 있을 것이다.

풍수의 큰 변수는 용, 혈, 사, 수 등의 형상이다. 이들은 다양하게 변하기도 하고 때로는 전혀 변화가 없기도 하다. 이들을 관찰하는 데 어떤 기준을 설정하고, 관찰방법을 확정할 수 있다면 관찰된 사실은 객관성을 지닐 수 있다. 이들 변수의 변화에 의해서 나타나는 어떤 결과를 조사 및 관찰해야 할 것인가를 정해야만 원인에 해당하는 변수와 관찰결과 간의 상관성을 규명할 수 있다. 누구나 인정할 수 있는 관찰결과에는 어떠한 것들이 있는가?

풍수에서는 후손들의 富, 貴, 孫 등이 가장 핵심적인 대상이라 한다.

이 중에서 첫 번째로 등장한 富에 대해서 확인해보자. 이것이 학문적으로 특히 과학적으로 조사대상이 될 수 있는지, 달리 표현한다면 원인에 해당하는 독립변수로 구성된 종속변수가 될 수 있는지를 확인해보자. 국어사전에는 富를 '넉넉한 생활, 넉넉한 재산, 특정한 경제 주체가 가지고 있는 재산의 전체'로 표현하고 있다. '넉넉하다'는 단어와 '생활'이라는 단어는 철저히 주관적인 개념이다. 그나마 '재산의 전체'는 객관성을 띨 수 있다. 부의 비교는 객관성을 가지면서 상대적이다. 부유해진다는 것은 다른 사람보다 부유해진다는 것인지, 아니면 아버지보다 아들이 부유해진다는 것인지 명확하지 않을 뿐만 아니라, 부를 비교하는 시점에도 문제가 있다. 아버지가 최대의 부를 누린 시점과 아들이 최대의 부를 누린 시점에서 재화의 절대적 가치를 계산하여 비교하는 것인지 그렇지 않다면 어떤 다른 기준을 설정해야 하는 것인지는 명확하지 않다. 부의 증가라는 측면에서 볼 때도 동시대의 상대적인 부의 척도로 환산하여 아버지의 부에 비하여 아들이 증식한 정도로써 부의 증가를 평가를 해야 할 것으로 생각되지만, 이것조차도 객관성을 부여한 평가라는 측면에서는 어려움이 많을 것이다. 이처럼 부는 평가기준의 설정이 매우 어려운 추상적인 개념을 가지는 대상이라 할 수 있다.

貴는 귀하다는 의미를, 尊貴는 존귀하다는 의미를 가지는데, 존귀와 귀는 어느 부분 상통한다. 존귀는 '신분이나 지위가 높음'을 나타낸다. 신분이 높거나 지위가 높은 것도 부의 경우와 같이 계량화가 매우 어렵고 객관화가 쉽지 않으며, 원인과 결과 간의 상관성을 분석하는 데 사용하기에는 많은 문제와 어려움을 가지므로, 분석을 위한 변수나 결과로 선택하기에는 부적절한 것으로 보인다.

부귀손에서 부귀는 富貴榮華라는 단어로 곧잘 등장한다. 부귀영화의 사전적인 의미는 '재산이 많고 지위가 높으며, 귀하게 되어서 세상에 드러나 온갖 영광을 누림'이다. 온갖 영광은 온갖 종류의 빛나고 아름다운 영예를 의미하므로 대단한 영예이며, 최대의 영예로 생각할만하다. 그러나 객관적인 평가에서는 많은 어려움이 따르므로 평가대상의 변수로 고려하기 어렵다.

손(孫)은 자손을 의미하는데, 자손 중에서 계량화할 수 있는 것은 자손의 수이다. 자손의 수가 늘어난다는 것은 그 씨족의 수가 불어난다는 것을 뜻하는데, 씨족의 수가 불어나기 위해서는 남녀 간에 혼인하여 출산을 함은 물론이거니와 태어난 2세들은 성인이 되어 결혼해서 많은 3세를 낳아야 한다. 따라서 많은 자식을 낳아야 하고, 건강하게 성장하여야 하므로 적절한 재화를 가지고 있어야 한다.

자손에 대한 기록은 세계 여러 나라에서 발견되지만 우리 민족처럼 체계적으로 정리되어 있는 경우는 거의 없다. 자손에 대해 자세히 기록된 것 중에 우리나라에서 가장 정확하고 보편화된 것은 족보(族譜)이다. 족보는 한 가문의 계통과 혈통관계를 기록한 책이다. 조선 중기 이후로 여러 문중에서 족보를 제작하였는데, 1423년 문화 유씨 영락보와 1476년의 안동 권씨 성화보를 필두로 많은 족보가 간행되었으며, 1930년의 통계에 의하면 우리나라 전체 성씨 250종의 약 절반에서 족보를 편찬하였다 한다. 족보기록의 원칙은 족보의 서문에 잘 명시되어 있는데, 여러 족보의 기록을 종합하여 보면 친손과 외손의 차별 없이 모두 수록되어 있고, 자녀는 태어난 순서로 기재되어 있다. 이러한 기록 방법은 17세기를 전후하여 다음과 같이 변화되었다.

① 15세기, 16세기까지는 외손과 친손을 모두 기재하다가, 18세기 이후로는 대부분 외손을 3대로 한정하여 기록하였다.

② 초기의 족보에는 아들, 딸(사위)을 출생순서로 기재하였으나, 조선 후기부터는 선남후녀(先男後女)의 방식으로 바뀌었다.

③ 파조(派祖)의 장자(長子)계보가 시종일관 계승된 집은 드물었다. 때로는 계자(系子)로 장자 가계 계승을 시도하지만, 결국 차남이나 3남 계열로 가계가 계승되기도 하였다.

④ 조선 초기와 중기까지는 2남이나 3남 계열로 파조의 계보가 계승되지만, 조선 후기부터는 장자 가계 계승이 고정되었다.

⑤ 16세기까지는 장자가 절자(絶子) 되는 경우에 동생의 중자나 말자를 계자로 하였으나, 18세기부터는 동생의 장자를 계자로 하였다.

⑥ 자신의 독자를 형에게 출계시킨 동생이 다른 근친자를 자신의 계자로 입양시킨 사례도 있지만, 계자를 할 수 없어 절가(絶家) 된 사례도 있으며, 한 사람이 계자로 가서 그 후손을 본가의 계자로 보낸 양가(兩家) 독자 사례도 있다.

족보에 있는 많은 기록들 중에 대부분은 가탁으로 인하여 그 내용이 왜곡되었지만, 혼인한 남자 후손의 수에는 오차가 거의 없다. 가끔은 그 후손들이 여러 가지 이유로 씨족과 연결이 단절되어 누락된 경우는 자주 발견된다.

이상과 같은 족보 기록의 특징으로부터 후손 개체의 출생, 절손, 출자, 계자, 대별(代別) 절자, 형제별 절자, 절손, 장손의 절손, 말손의 절손, 직장손의 절손, 직말손의 절손 등등과 같은 다양한 내용을 조사할 수 있는데, 이로부터 이렇게 다양한 조사결과와 원인을 제공하는 변수인 용혈사수와의 상관관계를 조사 분석하고, 그 결과의 통계적인 의미를 확인할 수 있다.

용어의 정의

풍수 관련 논문이나 문헌을 접했을 때 느끼는 가장 심각한 문제점은 용어가 통일되어 있지 않을 뿐만 아니라 어떤 경우에는 정의되어 있지 않다는 점이다. 용어가 정의되어야만 정확한 의미 전달이 가능하므로 용어의 정의는 대단히 중요하다고 할 수 있기 때문에 여기서 사용할 용어를 다음과 같이 정의하고자 한다. 일부의 용어는 기존 용어와 다를 수도 있으며, 많은 부분에서 누락된 경우도 있을 것이지만, 부족한 것은 다음 기회에 보완할 수 있을 것으로 보인다.

풍수관련 용어

1) 명당(明堂): 그 자리에 묘를 쓰면 후손이 부귀영화를 누린다는 자리

2) 음택(陰宅)풍수: 묘지 풍수

3) 주산(主山): 현무봉(父母山)이라고도 하며 특별한 능력을 만들어 주는 생기와 내부적인 힘을 가지고 있다는 산

4) 용(龍): 풍수적인 용어로 산맥을 뜻함

5) 내룡맥(來龍脈): 주산에서 墓(穴)까지 연결된 산맥

6) 穴: 龍脈의 生氣가 모인 자리

7) 청룡(靑龍): 주산에서 지대가 낮은 곳을 향해 보는 자세에서 왼쪽에 있는 산

8) 백호(白虎): 주산에서 지대가 낮은 곳을 향해 보는 자세에서 오른쪽에 있는 산

9) 입수(入首): 묘 바로 뒤에 두툼하게 뭉쳐진 곳으로, 입수는 입수 1절, 입수 2절, 입수3절, 입수 4절 등으로 나뉨

10) 입수 1절: 입수의 연장선에서 처음으로 산맥이 꺾이는 곳(15m 내외)

11) 입수 2절: 입수의 연장선에서 입수 1절 이후에 다시 산맥이 꺾이는 곳, 즉 두 번째로 꺾이는 곳(30m 내외)

12) 입수정상(正常): 입수 1절과 입수 2절이 모두 묘가 있는 지표면보다 고도가 높은 경우

13) 입수이상(異常) 또는 입수함몰: 입수 1절과 입수 2절 중에 어느 한 곳이 묘가 있는 지표면보다 낮은 경우

족보관련 용어

1) 시간 단위: 1대(代), 2대(代), 3대(代), 4대(代), 5대(代)로 표시함

2) 1대(代): 아버지와 아들, 부와 조부, 조부와 증조부 사이 등의 간격

3) 번성(繁盛): 남자 후손의 수가 선대(先代)보다 늘어나는 것

4) 쇠퇴: 선대와 비교할 때 남자 후손의 수가 정체하거나 감소하는 것

5) 족보(族譜): 한 가문의 대대(代代)의 혈통 관계를 기록한 책, 일족의 계보(系譜)

6) 계자(系子): 아들이 없는 사람이 친족 중에서 친자(親子)가 아닌 사람을 족보상에 아들로 입적시킨 아들

7) 출계(出系): 족보상으로 양자(養子)로 들어가서 그 집의 대(代)를 잇는 것

8) 가계도: 족보상으로 남자 후손의 출생, 출계, 계자, 절자 등을 도식화하여 그린 그림

9) 형제 관계: 형제 관계를 장자, 중자, 말자로 구분하여 사용함.

　　① 장자(長子): 맏아들. 독자인 경우는 장자로 함

　　② 중자(中子): 맏아들과 끝 아들을 제외한 중간 아들 전부

　　③ 말자(末子): 끝 아들을 말함

10) 절자(絶子): 아들이 없는 경우

 ① 절장자: 장자의 아들이 없는 경우

 ② 절중자: 중자의 아들이 없는 경우

 ③ 절말자: 말자의 아들이 없는 경우

11) 손자(孫子) 관계: 조부 이상의 선대와의 관계

 ① 장손(長孫): 맏아들의 맏아들. 맏손자

 ② 말손(末孫): 먼 후일의 자손을 뜻하지만 모든 아들의 막내아들로 함.

 ③ 직계장손(直系長孫): 기준이 되는 조상의 직계장자의 아들

 ④ 직계말손(直系末孫): 기준이 되는 선대까지 아버지, 할아버지 등 선대가 모두 막내
    아들일 때의 끝 손자

12) 절손(絶孫): 조부 이상의 선대와의 관계에서 손자가 아들이 없는 경우

 ① 절장손(絶長孫): 맏손자, 즉 장손의 아들이 없는 경우

 ② 절말손(絶末孫): 끝 손자의 아들이 없는 경우

 ③ 절직계장손(絶直系長孫): 직계장손의 아들이 없는 경우

 ④ 절직계말손(絶直系末孫): 직계말손의 아들이 없는 경우

13) 1대손, 2대손, 3대손 및 4대손: 기준점이 되는 조상과 손자와의 관계

14) 묘지 및 그 주변의 지형에 대한 명칭

 ① 봉분 앞 평자: 묘지 평판에서 봉분 앞(상석이 놓여 있는 곳)의 평평한 땅(구배15%
    이하, 경사 약 10도 이하)

 ② 묘지 앞 경사: 봉분 앞 평자를 축대처럼 받치고 있는 부분의 사면경사. 단, 인공적으
    로 만든 것이 아닌 자연 상태의 사면경사

 ③ 경사면: 산에서 경사가 진 면

 ④ 급경사자: 사면구배 40% 이상의 비탈면

 ⑤ 완경사자: 사면구배 20% 이하의 비탈면

음택과 후손 개체 수 번성과의 관계

음택의 상태와 그 후손 수의 증감과의 관계를 확인하는 것은 분명 계량적인 연구주제이다. <표 1-1>은 계량화할 수 있는 음택과 그 환경을 정리한 것이다. 이 외에도 많은 것들을 계량화할 수 있는데, 이를 발굴하고 그것을 입증하는 것은 연구자들의 몫이다.

〈표 1-1〉 용혈사수의 특징과 내용

요소	특징		내용
혈	혈판	혈	순·역경사, 경사도, 뒤틀림, 크기, 좌우와 상하의 길이, 평탄도
		입수	존재 유무, 15m 이내의 경사도, 입수각
		선익	존재 유무, 크기
		전순	존재 유무, 전순까지 길이, 20m까지의 경사도
	형태		와형, 유형, 돌형, 겸형
용	입수 측	길이	산봉우리(30m 이내)
		경사	경사도(30m 이내)
		튼튼함	볼록한 정도, convexness, ±3m에서 깊이
		단절	단절 유무, 단절된 곳까지 거리
		굴절	굴절 횟수, 100m 이내 꺾임 횟수
	전순 측	경사	경사도
		길이	전체 길이, 20m 기준, 굴절 유무
사	현무	높이	고저, 200m 기준
		위치	상중하
	용호	존재	정의
		환포	4용호, 환포와 비환포
		개폐	열림 정도 , 폐-개
		존재	유무, 1~4개
		융기	용 융기(상중하 위치) 호 융기(상중하 위치) 용호 융기(상중하 위치)
		허실	용 허, 호 허, 용호 허
	주작	존재	유무

수	종류	계곡	유무, 숫자
		강	유무
		호소	유무, 규모(대소)
	출수	위치	보임 정도
		방향	좌우
발생 시기			기준+선대, 4대 또는 조성 시점
후손증가율			출산 자식 수, 절자율
검정 방법			기준 선대, 혼합형
			부부 양위, 다른 조건
			혼합형, (상·하)+(하·상)

연구대상묘소

묘소로부터 후손 1대에서 5대까지 개체 수 증감을 알아보기 위해서는 대상묘소가 다음과 같은 조건이 충족되어야만 객관성이 확보될 수 있다.

① 조사대상 가문은 현재 후손이 존재하여야 하며, 6대 및 7대 이상의 묘소가 현존하여야 한다.

② 대상 가문의 연혁 및 자손 수의 연결과 증감에 대한 기록이 존재하여야 한다.

③ 후손의 개체 수 증감을 알기 위해서는 기록 열람이 가능하고 공개되어 있어야 한다.

④ 연구조사에 필요한 사항에 대하여 현지조사와 실사가 가능하여야 한다.

⑤ 연구대상 가문의 기준 산소로부터 5대손까지 자손의 출현이 완료되어야 하며 대수별 개체 수 증감의 변화가 나타나야 한다.

묘소 위치에 따른 자손 번성의 정도를 확인하는 데 있어, 우리의 족보가 객관성 확보에 매우 중요한 근거가 된다. 족보는 시조에서부터 현존하는 자손에 이르기까지 대수별 자손 수, 출생과 사망연도, 묘소 위치, 부인의 출신 가문, 관직, 출자와 계자 등의 정보가 수록되어 있다. 족보는 문중과 각 도서관에 공개되어 어느 때나 열람이 용이하고, 현지조사가 필요한 묘지, 연혁, 위치 정보 및 집성촌의 정보가 담겨 있다. 그래서 족보를 그림으로 나타내면 조사를 효율적으로 할 수 있다. <그림 1-1>은 기준묘소로부터 1~5대 후손을 나타낸 가계도이다.

현존하는 족보는 대부분 조선 중기 이후에 작성되어 내용의 신뢰성에 의문을 가질 수도 있다. 만약 그 집안의 부귀함을 조사한다든지 신분상의 우열을 가리기 위한 것이 아니라 후손 개체 수의 증감을 조사하는 것이 목적이라면, 기존의 족보로부터도 후손 수에 대한 객관적인 정보를 확보할 수 있을 것이다. 그리고 조사의 신뢰성과 정확성을 위해서 가문의 자료가 명확하고 자손이 현존하는 가문으로만 조사대상을 한정하였다.

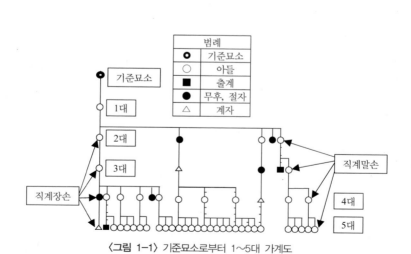

〈그림 1-1〉 기준묘소로부터 1~5대 가계도

통계분석의 유의확률

독립변수와 결과로 나타나는 종속변수 간의 상관성을 유의확률 5%로 분석하였다. 이는 통계분석결과가 틀릴 확률이 통계적으로 5% 이내라는 의미이다. 즉 제1종 오차가 5% 이내이므로 정확도는 무려 95%에 이른다. 이 책에서 기술되는 통계적인 내용은 모두 유의확률 5%로 분석한 결과이다.

2. 혈(穴)

혈에서 첫 번째로 고려해야 하는 것은 그곳이 구조적 결함이 없는 혈인지 아닌지를 평가하는 일이다. 아직 혈로써 판단할 수 있는 객관적인 검정결과가 제시되어 있지 않기에 가장 시급한 것은 검정결과의 제시이다.『공학박사의 음택풍수기행』에 제시된 명혈의 요건 8종류는 가장 이상적인 암괴표면의 형태를 기술한 것인데, 이는 전적으로 지하로 스며든 지하수의 흐름과 땅속으로 스며드는 바람의 영향을 배제하기 위한 이상적인 형태를 제시한 것이다. 물론 이장 시에 발견된 소위 '황골'이 나온 곳의 암괴표면의 형태를 자력분포 조사를 통해 확인한 것도 고려하였다. 황골에 대한 정보는 주로 박채양 씨가 제공하였으며, 일부는 최주대 씨가 제공하였다.

그곳이 황골인가 아닌가 하는 것은 중요하지 않을지도 모른다. 다만 초기에 황골이 발굴된 곳에 대해 집중적으로 조사가 이루어진 것은 적어도 100년 이상이 지나도 70% 이상의 유골이 출토되었다는 점이다. 100년 이상 동안 유골이 잔존하면 명혈이나 혈이 되는가 하는 의문에는 아직 답을 제시할 수는 없다. 다만 이런 유택 후손의 경우에 그 후손도 많고 부귀의 측면도 다른 묘소의 후손에 비해 약간 우위를 점하는 것으로 보였기 때문에 이런 유택이 다른 곳에 비해서 좋을 수도 있겠다는 근거 없는 막연한 추론이다.

명혈이나 혈에 대한 정의가 확립되었다 할지라도 그곳의 후손이 다른 경우에 비하여 부귀손(富貴孫)이 더 우수하다는 것은 아직 밝혀진 바 없다. 그래서 우선 혈의 상태에 따라서 그 후손의 개체 수 번성이 어떻게 이루어지는지를 확인한 후에, 혹시라도 양자 간의 상관성이 발견되는 경우에 그것을 체계적으로 정리하면 혈이나 명혈에 대한 명확한 정의가 확립될 수 있을 것으로 보인다.

(1) 입수의 좌선과 우선

묘소로 연결되는 산 능선의 좌선과 우선이 묘소 형태 판정의 기준이 된다. 주산에서 묘소가 있는 곳까지 내려오는 내룡(혹은 용)과 묘소가 연결되는 형태를 <그림 1-2>와 같이 좌선(左旋)과 우선(右旋)으로 나눌 수 있다.

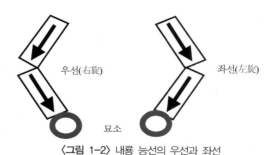

우선(右旋)   좌선(左旋)

묘소

〈그림 1-2〉 내룡 능선의 우선과 좌선

좌선과 우선 간에는 차이가 없다

이동걸은 3~5대 후손의 평균증가율과 절자율 변화를 입수의 좌선과 우선에 따른 차이를 조사하였는데, 입수가 우선일 때와 좌선일 때 상호 간의 후손번성에 차이가 거의 없었다. 그래서 묘소 입수의 좌선과 우선은 후손의 절자율에 미치는 영향이 없다고 할 수 있는데, 이러한 결론은 조사 연구 이전부터 예측이 가능하였지만, 이동걸의 연구결과에 의해 명확해진 것이다.

(2) 순경사와 역경사

<표 1-1>에 제시된 혈에 관련된 첫째 항인 '암괴표면의 순경사와 역경사에 따라 후손 수의 번성이 어떻게 변할까'라는 의문에 대해서 생각해보자. 이동걸은 이 의문에 대한 답을 구하기 위해서 묘소가 있는 기반을 관찰하여 그 묘소 후손 수의 증감을 조사하였다. 주산에서 묘소가 있는 곳까지 내려오는 내룡(혹은 龍)과 묘소가 연결되는 형태를 좌선과 우선으로 나눈 뒤에, 묘소 기반의 경사를 순경사와 역경사로 나누었다. 산의 아래에서 위쪽으로 볼 때 묘소로 연결되는 기반이 낮은 곳의 우에서 높은 곳의 좌로 진행하여 높은 쪽의 내룡과 연결될 경우에 이를 우선(右旋)이라 정하고, 그 반대의 경우를 좌선(左旋)으로 정하였다. 묘소 기반의 바깥쪽이 높고 안쪽이 낮은 경우에 기반의 경사는 순경사(順傾斜), 그 역의 경우는 역경사(逆傾斜)로 정의하였다. <그림 1-3>은 순경사와 역경사를 나타낸 것이다. 내룡이 위에서 아래로 내려오다 좌측에서 우측으로 꺾이는데, 이때 기반(암괴)의 왼쪽이 높고 오른쪽이 낮으면 순경사이며, 왼쪽이 낮고 오른쪽이 높으면 역

경사가 된다. 즉 능선이 감싸 안은 안쪽은 순경사이며, 바깥쪽은 역경
사이다.

〈그림 1-3〉 순경사와 역경사

역경사 묘소는 자손이 적다

묘소의 여러 형태나 환경을 고려하지 않고 묘소가 있는 혈판의 경
사도만을 고려하여 순경사와 역경사로 나누어 경사가 후손 수에 미
치는 영향을 조사하였다. 최규석은 순경사 16가문, 역경사 32가문, 대
조군 44가문 총 92가문에 대하여 묘소의 1대에서 6대에 이르는 결혼
한 남자 후손 수의 변화를 조사하였는데, 그 결과는 〈표 1-2〉와 같다.

〈표 1-2〉 순경사, 역경사 및 대조군 묘소의 1~6대 후손의 변화

구분	묘소 수 (단위: 개)	남자 개체 수 (단위: 명)						
		1대	2대	3대	4대	5대	6대	합계
합계	92	264	549	1,025	1,734	2,766	4,236	10,574
순경사	16	38	79	145	338	678	1,103	2,381
역경사	32	100	204	369	468	644	919	2,704
대조군	44	126	266	511	928	1,444	2,214	5,489

후손 수의 변화를 조사하기 위해서 <표 1-2>의 결과를 2~6대 후손 수를 기준묘소의 1대 후손인 아들의 수로 나누어 정리하면 <표 1-3>과 같다. 기준묘소의 아들 1인당 1대~5대에 이르는 평균 후손 수의 변화를 나타낸 것이므로 후손 수의 번성을 한눈에 알 수 있는 결과이다. 조사대상묘소 92 가문의 평균 후손 수 변화는 손자 2명, 증손자 4명, 현 손 6.6명 등으로 1~6대의 합은 39명이다. 아들과 손자는 대체로 2명의 아들을 낳아 대수별로 대체로 2배씩 증가하지만, 증손자는 8명이 되지 못하고 6.6명으로 약 15%가량 줄어든다. 이 15%는 아들을 낳지 못하는 사람의 비율로 생각할 수도 있다. 4~6대에 이르러서는 이러한 경향이 더욱 뚜렷해짐을 알 수 있다.

순경사 묘소는 2대 2.1명, 3대 3.8명 등으로 나타나 전체 평균과 비슷한 변화를 보인다. 4대~6대에서는 8.9명, 17.8명, 29.0명 등으로 4대와 5대에서는 대수별로 2배 이상의 증가율을 보이다가, 6대에서는 다시 2배 이하의 증가율로 저하된다. 역경사 묘소도 2대 2.0명, 3대 3.7명 등으로 전체 평균이나 순경사와 거의 비슷하게 대수별로 2배의 증가율을 보인다. 4대~5대에서는 4.7명과 6.4명으로 2배보다 훨씬 작은 1.2~1.4배의 증가율을 보인다. 대조군은 순경사와 역경사가 혼재해 있는 묘소로 2~3대에서는 대체로 2배의 증가율을 나타내어 순경사나 역경사 및 평균과 유사한 결과를 보이며, 4~6대에서는 순경사와 역경사 사이의 증가율을 보이고 있다. 이처럼 2~3대에서는 순경사, 역경사, 대조군 사이에 별다른 차이가 없으나, 4대와 5대 후손 수에는 경사상태에 따라 심한 차이를 보인다. 심봉섭도 다른 묘소 데이터베이스를 사용하여 동일한 결과를 도출하였다.

이상을 정리하면 묘소의 경사상태는 묘소의 4대와 5대 남자 후손 수에 커다란 영향을 주는데, 순경사 묘소는 평균보다 많은 남자 후손을 두지만, 역경사 묘소는 평균보다 적은 후손을 두게 된다. 따라서 역경사 묘소는 남자 후손이 적다고 할 수 있다.

〈표 1-3〉 순경사, 역경사 및 대조군 묘소의 2~6대 후손 수의 증가

구분	묘소 수 (단위: 개)	남자 개체 수 (단위: 명)						
		1대	2대	3대	4대	5대	6대	합계
합계	92	1	2.1	3.9	6.6	10.5	16.1	39
순경사	16	1	2.1	3.8	8.9	17.8	29.0	62
역경사	32	1	2.0	3.7	4.7	6.4	9.2	26
대조군	44	1	2.1	4.1	7.4	11.5	17.6	43

역경사는 절자율을 높인다

많은 남자 후손을 두기 위해서는 절자율이 낮고, 1인당 출산하는 아들의 수가 많아야 한다. 먼저 경사상태가 절자율에 미치는 영향을 확인하였다. 후손은 장자(큰아들)와 중자(가운데 아들) 및 말자(막내 아들)로 구성된다. 아들이 있는 어느 집에서나 장자는 있지만, 아들이 2명인 경우에는 장자와 말자, 3명 이상일 경우에만 장자와 중자 및 말자가 있다. 절자율의 차이가 장자, 중자 및 말자 중에서 어느 특정한 아들에게 집중적으로 나타나는 현상인지, 아니면 모두에게 고르게 나타나는 것인지를 확인할 필요가 있다. 그런데 표 <1-3>에서 확인한 바와 같이 세대별 평균 증가가 2.0배 내외이거나(순경사), 그보다 작기 때문에(역경사), 아들의 수가 2명 이하인 경우가 대부분인 것으로 추측된다. 아들의 수가 2명일 경우에는 장자와 말자는 있으나, 중자가 없기 때문에 데이터의 신뢰성 확보를 위해 중자는 분석 대상에서

제외하고, 장자와 말자의 경우에 국한하여 경사상태와 절자율 간의 상관성을 확인하였다.

이동걸은 묘소의 경사상태와 절자율의 상관성에 대하여 의외의 결과를 발표하였다. 후손 3~5대의 절자율은 역경사의 경우가 순경사에 비해서 훨씬 높았으며, 장자의 절자율과 말자의 절자율 모두 역경사의 경우가 순경사의 경우보다 훨씬 높았다. <표 1-4>는 순경사와 역경사 묘소의 3~5대에서 아들 후손을 두지 못하는 절자율을 나타낸 것이다. 놀랍게도 순경사와 역경사 묘소의 후손들 간에는 커다란 차이가 있었다. 3대에서 5대까지의 평균절자율을 보면, 순경사는 5%이지만, 역경사는 순경사의 5배가 넘는 무려 28%에 이른다. 즉 순경사의 경우에는 20명 중에서 1명 정도의 비율로 아들 후손을 두지 못하지만, 역경사의 경우에는 5명 중에서 1명 비율로 아들 후손을 두지 못한다. 각 대수별에서 절자율도 무려 3~8배의 차이가 난다. 3대에서는 3배의 차이가 났으나 4대에서는 4배로 그 차이는 증가하여 5대에서는 무려 8배로 차이가 증가하였다.

이동걸이 취한 데이터베이스와 전혀 다른 데이터베이스를 대상으로 조사 연구한 심봉섭과 최규석의 연구결과도 이동걸의 결론과 거의 동일하다. <표 1-4>는 심봉섭의 결과를 정리한 것인데, 2대, 5대, 6대 등에서의 절자율은 순경사, 역경사, 대조군에서 통계적으로 유의할만한 차이가 없으나, 3대와 4대에서는 순경사의 절자율이 역경사에 비하여 훨씬 적다. 다만 3대와 4대에서 순경사의 절자율이 이동걸의 결과에 비하여 상당히 높게 나타났는데, 이는 데이터베이스의 특성 때문인 것으로 보인다. 역경사일 때의 3~4대에서의 절자율은 두 연구자의 데이터베이스 간에 차이가 거의 없다.

〈표 1-4〉 순경사와 역경사 묘소의 대수별 절자율 변화

묘소유형	대수별 절자율 (단위: %)				
	2대	3대	4대	5대	6대
순경사	12	14	15	22	23
역경사	14	24	28	22	20
대조군	17	25	20	17	16

이상의 결과를 요약하면 다음과 같다. 순경사는 3~4대 후손의 절자율을 낮추지만, 역경사는 3~4대 후손의 절자율을 크게 증가시킨다. 후손의 절자율이 매우 높게 나타나는 역경사의 경우에, 높은 절자율은 장자와 말자에 고르게 나타난다. 즉, 장자나 말자에 상관없이 절자율이 매우 높다. 이는 대단히 특이한 결과로, 매우 주목할 만하다. 뒤에서 언급될 '입수이상'의 경우나 '전순 앞 경사, 용호의 환포나 비환포' 등과는 전혀 다르다. 예를 들어 입수이상은 장자의 절자율만 높으며, 전순 앞 경사는 말자의 절자율만 높다. 용호의 환포 정도는 가족의 화합에 변화를 주거나 절자율 변화는 대단히 작다. 이들 변수는 선택적으로 영향을 미치지만, 역경사 혈판은 장자와 말자에 관계없이 아들을 전혀 낳지 못하는 후손의 비율을 급격하게 증가시킨다.

역경사는 아들을 적게 낳도록 만든다

절자율과 출산 수의 차이 때문에 3대와 4대에서 후손증가율에 차이가 나타날 것으로 예상하였는데, 이 중에서 절자율은 확실히 영향을 미친다는 것을 통계적으로 확인하였다. 출산도 후손 수 증가에 영향을 미치는지 서로 다른 데이터베이스를 가지고 심봉섭과 최규석이 분석하였는데, 절자율과는 달리 출산 수에 대해서는 흥미로운 결론을

제시하였다. <표 1-5>와 <표 1-6>이 그 결과인데, 두 결과는 매우 유사하다.

절자율의 경우와 같이 남자 후손 출산 수가 2대와 5대에서는 순경사와 역경사 및 대조군 간에 통계적으로 차이가 없이 1.7~2.2명의 범위에 있었다. 3대와 4대에서 역경사의 경우는 1.8명으로 평균인 1.7~1.8명의 범위에 있다. 즉 1인당 아들을 낳는 수에는 변화가 없다. 다만 순경사의 경우에는 2.7명으로 역경사의 1.8명이나 대조군의 1.9~2.1명 보다 훨씬 많은 숫자이다. 4대에서는 2.3~2.4명으로 역경사의 1.8명이나 대조군의 1.8~1.9명보다 약간 많다.

이상의 결과를 정리하면 다음과 같다. 역경사 묘소의 후손은 대체로 2명 내외의 아들을 두지만, 순경사 묘소의 3대와 4대의 후손은 2명보다 훨씬 많은 2.3~2.8명의 남자 후손을 둔다.

〈표 1-5〉 순경사와 역경사 묘소의 대수별 남자 출산 수 변화

묘소유형	대수별 출산 수 (단위: 명)			
	2대	3대	4대	5대
순경사	2.2	2.7	2.3	2.0
역경사	2.2	1.8	1.8	2.0
대조군	2.2	1.9	1.8	1.9

〈표 1-6〉 순경사와 역경사 묘소의 대수별 남자 출산 수 변화[29]

묘소유형	대수별 출산 수 (단위: 명)			
	2대	3대	4대	5대
순경사	2.1	2.8	2.4	2.1
역경사	2.2	1.8	1.8	1.7
대조군	2.2	2.1	1.9	1.9

역경사는 후손 증가율을 저하한다

순경사 묘소의 후손 수에 비하여 역경사 묘소의 후손 수가 작으며, 그 근본적인 원인은 절자율과 출산수의 차이에 있다는 것이 밝혀졌다. 그렇다면 이러한 두 가지 원인이 실제로 어느 정도로 자손 증가율에 그 영향을 미쳤는지를 확인해볼 필요가 있다.

<표 1-7>은 순경사와 역경사 묘소의 3대와 4대 후손의 절자율과 남자 후손 출산 수 및 대수별 남자 후손증가율을 정리한 것이다. 이 결과는 심봉섭이 발표한 내용을 정리한 것이다.

대수별 남자 후손의 수는 절자율이 낮을수록, 출산 수가 클수록 커질 것이다. 그렇다고 해서 절자율이나 출산 수가 남자 후손의 수와 일차 독립의 관계를 가지는 것은 아니다. 오히려 남자 후손의 수는 이들의 곱으로 나타날 것으로 예측된다. 만약 '남자 후손의 수가 절자율과 출산 수에만 관계한다'는 가정이 성립하면 다음과 같은 식이 만족된다.

남자 후손의 수 $f(x, y)$는 $f(x, y) = x(1-y)$ --- (1)

이 되는데, 여기서 x는 출산 수이며, y는 절자율이다. <표 1-7>의 데이터를 식(1)에 대입하면 비교적 잘 일치하는 것을 알 수 있는데, 이는 식(1)을 유도할 때 고려한 가정인 '남자 후손의 수가 절자율과 출산 수에만 관계한다'는 가정이 잘 적용된다는 것을 의미한다. 이 가정하에서 <표 1-7>을 다시 분석해보자.

순경사일 때 절자율은 3대와 4대에서 차이가 없이 0.144~0.151 범위이며, 역경사일 때의 절자율도 3대와 4대에서 0.243으로 나타났는데, 이는 3대와 4대에서 절자율에는 변화가 없다는 것을 의미한다. 출산 수는 역경사의 경우에 3대와 4대에서 변화 없이 모두 1.8명인데 비하여, 순경사의 경우에는 3대일 때 2.7명에 비하여 4대에서는 이보다 약간 작은 2.3명으로 나타났다. 이로부터 순경사의 후손증가율이 3대에 비하여 4대에서 낮아지는 것은 출산 수가 감소하기 때문이며, 출산 수는 5대부터 평균값을 나타내는 '정상 상태'로 환원한다는 것을 알 수 있다.

이상의 결과들을 요약하면 다음과 같다. 3대와 4대에서 절자율은 순경사가 역경사에 비하여 훨씬 낮고, 출산 수는 순경사가 역경사에 비하여 훨씬 크기 때문에 순경사가 역경사에 비하여 후손증가율이 훨씬 높아서 많은 후손을 두게 됨을 알 수 있다. 3대와 4대에서 증가율에 약간 차이가 발생하는데 그것은 출산 수의 변화 때문이다.

〈표 1-7〉 순경사 및 역경사 묘소의 3대와 4대 후손의 출산 수, 절자율 및 증가율

대수	3대		4대	
경사	순경사	역경사	순경사	역경사
출산 수(명)	2.7	1.8	2.3	1.8
절자율(%)	14	24	15	24
증가율(배)	2.3	1.3	2.0	1.3

(3) 혈판의 뒤틀림

순경사와 역경사는 혈판의 경사이므로 혈판 자체의 특성을 의미한다. 따라서 역경사를 가지는 묘소는 순경사에 비하여 3대, 4대, 5대 후손의 수가 훨씬 적다고 할 수 있다. 이상으로부터 '묘소 혈판의 경

사상태가 3~5대의 후손 수를 결정한다'고 할 수 있다.

여기서 제시한 순경사와 역경사가 혈판 자체의 특성일까?

순경사일 때 묘소가 있는 곳의 혈판은 모든 지점에서 같은 기울기를 가지고 있을까? 뒤틀린 혈판은 없을까? 이러한 의문들을 가질 수 있다.

암(rocks)의 풍화속도는 암을 이루는 구성광물과 그 조직, 구조적인 결함 및 주변 환경 등에 따라 다르다. 묘소 아래에 있는 암의 풍화속도가 대체로 일정하다고 가정하면 지반은 풍화작용이 거의 완료된 표토와 현재도 풍화가 진행 중인 경질지반 및 풍화가 거의 되지 않은 신선암(fresh rock)으로 이루어져 있다. 일반적으로 사자의 유체는 지표에 묻히기 때문에 항상 경질지반과 신선암 위에 놓이게 된다. 유체를 받치고 있는 표토를 제외한 부분인 경질지반과 신선암을 혈판이라 할 수 있을 것이므로, 경질지반의 표면을 혈판의 표면이라 할 수 있다. 여기서 지표에서 표토-경질지반 경계까지의 깊이를 측정할 수 있으므로 실제로 혈판의 표면까지의 깊이를 조사할 수 있다. 이러한 방법을 이용하여 이동걸은 표토의 깊이를 측정한 후에 혈판 표면의 뒤틀림 여부를 분석하였다.

이동걸이 제시한 혈판의 뒤틀림을 확인하는 자세한 방법은 참고문헌 <28>에 상술되어 있다. 그는 우선 <그림 1-4>와 같이 묘소 주위의 4 지점에서 지표면에서 경질지반까지의 깊이 d1, d2, d3, d4를 조사하였다. 이를 기초로 <그림 1-5>와 같이 혈판의 형상과 뒤틀림을 9종류로 분류하였다. <그림 1-6>은 이동걸이 제시한 9종류의 경질지반의 표면 형상을 모델링한 그림이다. 그림에서 알 수 있듯이 1~5형과 8~9형은 표면 형상에 큰 변형이 관찰되지 않으나, 6과 7형은 심하게 좌우와 상하로 뒤틀려 있다. 그림에서 경질지반의 표면이 좌우와 상하로 뒤틀려 있다고 해서 실제로 암반이 뒤틀린 형상을 한다는 것은 아니다. 뒤틀린 형상처럼 나타나는 것은 ① 실제로 지반이 뒤틀린 경우와, ② 풍화속도의 차이로 인한 불균일한 표면 형상 외에도 다양한 원인으로 이와 같이 관찰될 것이다. 무엇보다도 큰 원인 중의 하나는 경질지반을 조사하는 방법에 기인하는 오차일 것이다. 이러한 여러 가지 이유를 고려한 상태에서 6~7형의 뒤틀린 지반과 그렇지 않은 경우에 대한 3~5대 후손의 절자율 변화를 관찰한 결과는 <표 1-8>과 같다.

뒤틀린 혈판은 후손 수를 감소하게 한다

<표 1-8>에 나타나 있는 결과는 절자율의 변화이다. 놀랄만한 것은 3대에서의 절자율이다. 4개 가문의 뒤틀린 묘소에 대한 3대에서의 절자율은 무려 50%나 되는데, 이것의 의미는 다시 확인할 필요가 있다. 3대에서의 뒤틀림을 제외한 정상 묘소(뒤틀리지 않은 묘소)나 대조군 심지어는 뒤틀림 묘소의 4대와 5대에서의 절자율은 14~29%의 범위에 있다. 반면에 뒤틀림 묘소의 3대에서의 절자율은 무려 50%이다. 이것이 단순히 어떤 특정 가문에서 특정한 후손들에게만 나타나는 현상이라면 유전학이나 의학적으로 연구할 필요가 있겠지만, 4개 가문에 대한 평균값이라면 문제가 심각하다. 50%라는 의미는 아들 두 명이 있을 경우에 이 중에서 한 사람만이 아들을 두게 된다는 의미이다. 만약 평균적으로 아들을 1명씩 두는 경우에 3대 후손의 수는 8명 (2×2×2=8)이 되며, 뒤틀림 묘소의 후손은 이들 8명 중에서 4명은 아들을 두지 못하며, 정상 혹은 대조군 묘소의 후손은 1~2명이 아들을 두지 못하는 경우가 발생한다는 의미이다.

지금까지 17~19세기에 한반도의 남부지역에 조성된 묘소들의 후손들은 대체로 매 세대 1~2명의 남자 후손을 두고 있는데, 평균 2명 이상의 남자 후손을 둘 경우에 그 가문의 후손 수는 번성한 것으로 나타났다. 이때 만약 절자율이 50%나 된다면 2명의 아들 중에서 1명만이 남자 후손을 두게 되어 후손 수의 정체를 초래하거나 심한 경우에는 후손 수의 감소를 초래한다.

〈표 1-8〉 혈판 뒤틀림 묘소와 뒤틀리지 않음 묘소의 3~5대 절자율

묘소유형	절자율 (%)		
	3대	4대	5대
뒤틀림 묘소	50	22	28
정상 묘소	19	14	14
대조군	29	15	16

뒤틀린 혈판은 역경사보다 후손 수가 적다

뒤틀린 묘소의 3대에서의 절자율이 50%나 되었다. 그렇다면 역경사와 뒤틀린 것 중에서 어떤 것이 절자율을 높일까? 절자율이 더욱 높다는 것은 후손 수의 번성을 더욱 저해한다는 것을 의미한다. 이를 확인할 수 있는 것이 <표 1-9>이다. 뒤틀린 묘소의 3대를 제외하면 대체로 절자율은 15~28%의 범위에 있다. 역경사 묘소는 3~5대에서 대체로 23~28%의 절자율을 보이는데, 이는 뒤틀린 묘소의 4~5대에서의 절자율과 거의 같다. 뒤틀린 묘소의 3대에서만 특별히 높은 절자율을 나타낸다. 역경사 묘소는 3대에서 약간 높은 28%의 절자율을 보이지만, 4~5대와 통계적으로 유의성을 가지는 차이는 나타나지 않으므로, 3대에서도 절자율이 높아졌다고 할 수 없다.

이상을 정리하면, 뒤틀린 묘소가 3대에서 가장 높은 절자율을 나타
내며, 다음으로 역경사 묘소, 마지막으로 순경사 묘소의 순으로 절자
율이 낮아진다. 따라서 뒤틀린 혈판은 역경사 보다 후손 수 증가에
더욱 나쁜 영향을 미친다고 할 수 있다.

〈표 1-9〉 혈판 뒤틀림 묘소와 역경사 묘소의 3~5대 절자율

묘소유형	절자율 (%)		
	3대	4대	5대
뒤틀림 묘소	50	22	28
역경사 묘소	28	23	25
대조군	29	15	16

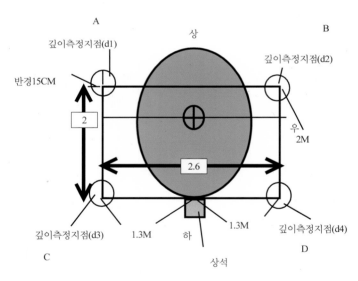

측정 지점-A, B, C, D
측정 위치-각 지점에서 반경 15 cmØ인 원의 내부
측정 방법-각 지점에서 10회 측정하여 평균함

〈그림 1-4〉 지표면에서 경질지반까지의 깊이 측정 위치

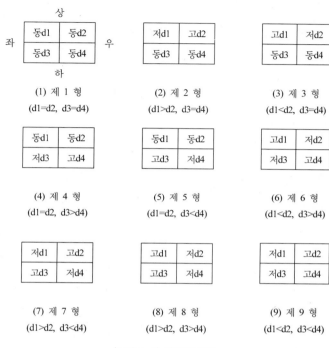

(1) 제 1 형
(d1=d2, d3=d4)

(2) 제 2 형
(d1>d2, d3=d4)

(3) 제 3 형
(d1<d2, d3=d4)

(4) 제 4 형
(d1=d2, d3>d4)

(5) 제 5 형
(d1=d2, d3<d4)

(6) 제 6 형
(d1<d2, d3>d4)

(7) 제 7 형
(d1>d2, d3<d4)

(8) 제 8 형
(d1>d2, d3>d4)

(9) 제 9 형
(d1<d2, d3<d4)

〈그림 1-5〉 혈판의 형상

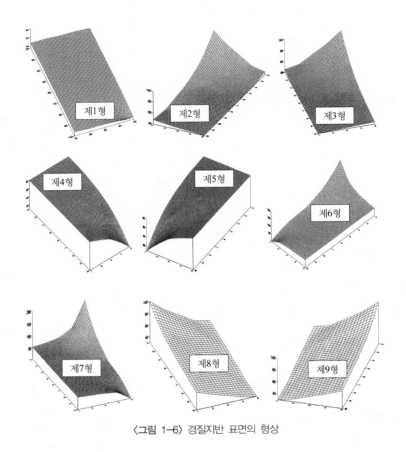

<그림 1-6> 경질지반 표면의 형상

3. 용(龍)

(1) 용혈과 자손번성

풍수서에 나타난 용혈과 자손 번성

풍수의 구성요인은 용(龍)·혈(穴)·사(砂)·수(水)·향(向) 등인데,

묘소가 있는 장소의 종단 경사는 풍수 구성요소 중에서 혈(穴)과 내룡(來龍)에 해당된다. <그림 1-7>에 나타나 있는 것처럼 혈은 시신이 매장된 장소이며, 내룡은 혈이 있는 산맥이다. 묘지풍수와 관련된 문헌은 역사가 오래된 만큼 종류도 많아 목록만 정리한 책이 한 권일 정도이지만, 조선조 과거시험 중의 하나인 잡과(雜科)의 음양과(陰陽科)에 필수과목으로 채택되었던 '명산론(明山論)'과 '청오경(靑烏經)' 및 '금낭경(錦囊經)'에서 용혈(龍穴)과 후손의 길흉과 관련되는 주요 내용을 정리하면 다음과 같다.

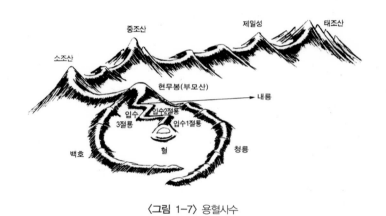

〈그림 1-7〉 용혈사수

1466년에 반포된 경국대전에 의하면 명산론은 정식으로 채택된 잡과 음양과의 필수과목인데, 원작은 알려져 있지 않으나 생몰연대 미상의 북암노인 채성우가 편찬하였다고 한다. 그 핵심은 '생룡이면 자손이 오래 살고, 절룡이면 자손이 죽어 후손이 없으며, 사룡이면 죽어 나가는 자가 끊이지 않는다. 물이 없고 산이 큰 것은 절손을 야기하며, 산이 없고 물이 많으면 후손이 쇠락한다'이다. 청오경은 연대 미상의 청오자(靑烏子)가 집필한 책이며, 금낭경은 중국 한대(漢代)의 곽박(郭璞, AD 276~324)이 청오경에 주석을 달고 가필한 풍수 고전이다. 금낭경에는 '제비집을 닮은 모양의 움푹 들어간 곳에 장사를 지내면 땅의 복을 받고 식솔이 늘어난다. 초목이 없는 동산(童山), 산맥이 끊어진 단산(斷山), 흙이 없는 석산(石山), 멈춤이 없는 과산(過山), 음양이 조화롭지 못한 독산(獨山)에는 장사를 지낼 수 없다'는 내용이 기술되어 있다. 이상과 같이 풍수 고전에는 자연의 질서가 중요하다는 것이 강조되어 있다.

장용득이 쓴 명당론(明堂論)의 혈상(穴相) 편에는 '내룡맥(來龍脈)에 가지가 많으면 아들과 손자가 많고, 내룡맥이 단절되면 본손(本孫)으로 이어지는 후손의 자손이 끊긴다'고 기술되어 있으며, 이준기의 지리진보에는 '내룡맥이 생기 있는 산이면 대대귀손(代代貴孫), 큰 산에서 이어진 가지 산이면 백자천손(百子千孫), 둥글둥글하게 생긴 산이면 거부자손(巨富子孫), 순하게 생긴 산이면 충효자손(忠孝子孫)이 난다'고 기술되어 있다.

(2) 입수이상

내룡과 입수이상

내룡이란 주산(主山)에서 뻗어 내려오는 모든 산맥을 말한다. 조산에서 묘소까지 내려오는 내룡은 그 길이가 길수도 있고, 짧을 수도 있다. 내룡의 길이가 긴 경우는 주산에서 능선이 내려오면서 좌우나 상하로 많은 변화를 일으키지만, 내룡이 아주 짧은 경우에는 묘소가 산봉우리 바로 아래에 위치하거나, 경우에 따라서는 산봉우리에 위치하는 특이한 형태가 된다. 이런 특이한 경우를 입수이상(入首異常)이라 한다.

박채양은 입수와 입수정상(入首正常) 및 입수이상을 다음과 같이 정의하였다. <그림 1-8>에 나타나 있는 바와 같이 입수(入首)는 묘 바로 뒤에 두툼하게 뭉쳐진 곳으로, 입수는 입수 1절, 입수 2절, 입수 3절, 입수 4절 등으로 나뉜다. 입수 1절은 입수의 연장선에서 처음으로 산맥이나 능선이 꺾이는 곳으로 대체로 그 길이는 15m 이내이며, 입수 2절은 입수의 연장선에서 입수 1절 이후에 다시 산맥이 꺾이는 곳인데, 그 위치는 묘소로부터 30m 이내이다. 입수정상과 입수이상은 <그림 1-9>와 같다. 입수 1절과 입수 2절이 모두 묘가 있는 지표면보다 고도가 높은 경우를 입수정상이라 하는데, 일반적으로 가장 많이 관찰된다. 입수이상은 입수함몰이라고도 하는데, 입수 1절과 입수 2절 중에서 어느 한 곳이 묘가 있는 지표면보다 낮은 경우를 말한다. 대체로 산의 정상이나 봉우리에 위치한 묘나 산의 정상이나 봉우리에서 30m 이내 위치한 묘가 이에 해당한다.

입수가 허술하면 장자가 위험하다

박시익이 기술한 '내룡의 중심 부분이 강하면 장손(長孫)이 잘되고'는 너무도 모호한 표현이다. 박채양은 내룡의 중심 부분이 아니라 묘소의 바로 위쪽인 입수에 문제가 있을 경우에 대한 결과를 추적하고자 하였다. 입수의 위치와 형상 및 크기는 명확하게 정의할 수 있기 때문에 과학적으로 접근할 수 있었다. 입수에 문제가 있는 경우의 대표적인 예가 바로 입수이상이다. 즉 '입수이상인 묘소와 입수정상인 묘소 간에는 후손 수에 어떤 차이가 있는가?'라는 의문에 대한 답을 구하였다.

그는 17세기 이후에 조성된 묘소 중에서 산봉우리와 그 부근에 있는 입수이상 묘소와 그 묘소의 1~5대 후손 수의 변화를 조사하여 입수의 이상 유무와 후손 수 번성 간의 상관성을 통계적으로 분석하였다. 조사대상묘소는 영남 일원과 호남 및 충청의 일부 지역에 소재하였는데, 연구대상인 총 40 가문의 부부(夫婦) 양위(兩位) 묘소의 5대까지의 기혼남자 후손 개체 수는 2,806명이었다. 후손 1~5대의 평균절자율은 입수정상 묘 6%, 입수이상 묘 17%로 나타나 입수이상 묘소가 약 3배가량 높았는데, 이로부터 '입수에 이상이 있으면 정상인 경우에 비하여 절자율이 높아진다'는 것을 확인하였다.

입수 부분이 장자에 해당한다면 장자의 절자율이나 출산율에 영향을 줄 것이므로, 장자가 아들을 두지 못할 확률인 절장자율을 조사하였다. 그 결과 평균 절장자율은 입수정상 묘소가 6%인데 반하여, 입수이상 묘소는 무려 18%로 나타나, 입수이상 묘소가 3배가량 높았다. 즉, 입수에 이상이 있으면 정상인 경우에 비하여 장남이 아들을 전혀 두지 못하는 절장자율이 높아진다.

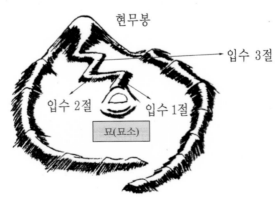

〈그림 1-8〉 입수와 입수 1~3절

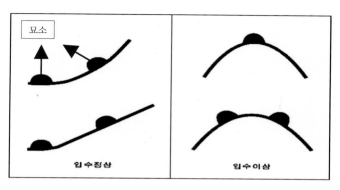

〈그림 1-9〉 입수정상과 입수이상

　절장자율이 높으면 장손이 증손을 낳지 못할 확률도 높아질 것이다. 기준묘소의 1대 후손(아들)과 2대 후손(손자)은 여러 명의 장손을 두게 되는데, 이 장손들이 증손을 낳지 못할 확률이 절장손율이다. 입수정상인 묘의 경우에 절장손이 나타날 확률이 44%인데 반하여 입수이상인 묘소는 100%로 되어 모든 묘소에서 절장손이 나타났다. 더욱이 기준 묘소의 직계장손(즉, 종손)이 아들을 두지 못하는 경우도 100%이었다. 이는 입수에 이상이 있을 경우에 5대 이내에서 직계장손인 주손(혹은 종손)이 반드시 절손된다는 것을 의미한다. 그러나 입수에 이상이 있더라도 절중자율, 절말자율, 절말손율, 절직계말손율 등에는 변화가 없었는데, 입수에 있는 이상은 장남이나 장손에게만 영향을 준다는 의미이다.

　따라서 박채양의 연구결과는 '입수가 허술하면 장자가 위험하다'는 말로 단순화할 수 있는데, 이 말이 틀릴 확률은 5% 이내이다.

(3) 묘소 앞 경사

묘소 앞 경사

한반도에서 묘지는 일반적으로 들판과 산에 위치한다. 전 국토의 64%를 차지하는 산은 능선과 비탈로 이루어지는데, 능선의 면적이 산비탈의 1%에도 미치지 못하기 때문에 산에 있는 묘지의 대부분은 산비탈에 위치할 수밖에 없다.

최주대는 묘소의 경사도와 그 후손 수의 번성을 조사 연구하기 위해서 묘소 앞의 경사도를 다음과 같이 정의하였다. <그림 1-10>은 봉분과 경사면을 나타낸 것인데, 묘지 평판에서 봉분 앞의 상석이 놓여 있는 곳의 평평한 땅을 '봉분 앞 평지'라 정의하였는데, 이곳은 대체로 구배가 15% 이하로 경사는 약 10° 이하가 된다. 묘지가 어떤 경사면에 있는지를 나타내기 위해서 '묘지 앞 경사'를 <그림 1-11>과 같이 봉분 앞 평지를 축대처럼 받치고 있는 부분의 사면경사로 정의하였으며, 이때 인공적으로 축조되지 않은 자연 상태의 사면경사로 나타내었다. 비탈면의 경사를 급경사와 완경사로 구분하였는데, 급경사는 사면구배가 40% 이상인 비탈면으로, 완경사는 사면구배 20% 이하인 비탈면으로 정의하였다.

봉분　봉분 앞 평판

봉분 앞 경사면

〈그림 1-10〉 봉분 앞 경사면

평지 3.0m 이상

구 배 20% 이하

평지 2m 이하

구 배40% 이상

a) 완경사묘　　　　　　　　**b) 급경사묘**

〈그림 1-11〉 완경사 묘와 급경사 묘

묘소 앞 경사가 급하면 말자가 위험하다

묘소 앞의 경사가 급하면 그 후손 수에는 어떤 변화가 있으며, 그 변화는 언제부터 나타나는 것일까? 이 의문에 대한 답은 최주대와 강상구가 그들의 박사학위 연구논문에서 개괄적으로 밝혀냈다. 최주대는 묘소 앞의 경사도를 조사해본 결과 경사도가 30%보다 클 때와 작을 때 어떤 변화가 나타나는 것을 발견하고, 묘소의 경사도를 20% 이하인 완경사와 40% 이상인 급경사로 나누었다. 그리고 경북, 경남, 충북, 충남, 전북 및 경기도 지방에서 표본으로 선택한 50개 가문의 묘소와 기준 인물의 1~5대 후손인 결혼한 성인 남자 2,494개체에 대한 출생과 절자 관계를 조사하고, 기준묘소에 대한 현지조사와 토목측량 및 형태 조사를 통하여 수집한 자료로부터 다음의 결론을 도출하였다.

급경사 묘소는 완경사 묘소에 비하여 절자율이 높았는데, 평균절자율은 완경사 묘소 5%, 급경사 묘소 23%로 나타나 급경사 묘소가 완경사 묘소보다 약 4.5배 높았다. 이는 박채양이 조사한 입수정상 묘소의 6%와 입수이상 묘소의 17%와도 비교된다. 즉 절자율은 급경사 묘가 23%로 가장 높으며, 다음으로 입수이상 묘소가 17%로 비교적 높고, 완경사 묘소나 입수정상 묘소는 5%와 6%로 거의 비슷하다.

급경사 묘소에서 절자율이 이렇게 높은 이유는 무엇일까? 이 경우에 장자나 중자 그리고 말자의 절자율들은 서로 비슷할까? 어떤 특정 아들의 절자율이 특히 높을까? 통계분석결과 절장자율, 절중자율, 절장손율, 절직계장손율 등은 묘소의 경사와 아무런 연관성이 없었다.

그런데 특이하게도 말자(막내아들)와 관계있는 절말자율과 절말손율 및 절직말손율은 경사도 의존성이 극심하였다. 절말자율은 완경사 묘소 4%, 급경사 묘소 27%로 나타나 급경사 묘소가 완경사 묘소보다 약 7배 높았다. 세대마다 2명 이상의 아들이 있을 경우에 말자는 반드시 존재하므로 세대마다 말손도 있다. 절말자의 확률이 무려 27%나 되므로, 말손율이나 절직말손율도 매우 높을 것으로 생각된다.

이와 같은 연구를 수행한 최주대는 급경사 묘소에 대한 충격적인 결론을 제시하였다. 즉 절말손이 나타나는 가문은 완경사 묘소가 56%인 것에 비해서, 급경사 묘소는 100%로 모든 가문에서 나타났으며, 특히 절직말손은 완경사 묘소가 11%에 지나지 않으나, 급경사 묘소는 100%로 각각 나타났다.

결론적으로 급경사 묘소의 모든 가문은 5대 이내에 반드시 직계말손이 절손된다. 다시 말하면, 묘소 앞 경사가 급하면 말자가 위험하다.

묘소 앞 경사가 급하면 자손이 줄어든다

최주대의 연구결과에 따라 후손 개체 수의 번성을 통계적으로 계산한 결과, 기준묘소로부터 5대까지의 개체 수는 완경사 묘가 평균 약 74명, 급경사 묘는 평균 약 32명으로 나타났는데, 급경사 묘소의 후손 수는 완경사 묘소의 43%에 지나지 않는다.

급경사 묘소는 막내아들의 출산에 결정적인 영향을 준다. 한 가문의 구성원 수가 증가하기 위해서는 중자와 말자의 개체 수 번성이 결정적이므로, 말자의 개체 수 번성에 치명적인 영향을 주는 급경사 묘소는 가문의 자손 수 번성을 현저하게 감소시킨다. 묘소의 경사가 급하면 급하지 않은 경우에 비해 자손 수가 줄어드는 셈이다.

묘소 앞 경사가 급하면 현손의 생식 능력이 줄어든다

최주대가 밝혀낸 묘소 경사도의 중요성은 새로운 의문을 낳는다. 경사도의 중요성이 나타나는 시점이 그 의문의 핵심이다. 이 의문을 해결하기 위해서 강상구는 기준묘소와 그의 부모(선대)묘소 모두 4기의 묘소가 동일한 경사도인 가문을 찾아내어 이를 선대묘소 급경사-기준묘소 급경사, 선대묘소 급경사-기준묘소 완경사, 선대묘소 완경사-기준묘소 급경사, 선대묘소 완경사-기준묘소 완경사 등의 4유형으로 나누어 각 유형의 1~5대 후손 수 번성을 조사 분석하였다.

이 연구에서 도출된 가장 중요한 결론은 묘소의 경사도는 4대 후손이 5대 후손을 낳을 때 가장 큰 영향을 준다는 사실이다. 조사대상 묘소가 18~19세기에 조성되었기 때문에 묘소를 조성할 때 2~3대는 이미 태어난 상태가 대부분이며, 묘소 조성 후에 태어난 후손은 4대 손으로 생각할 수 있다. 그래서 묘소의 경사도는 묘소를 조성한 후에 태어난 후손의 생식 능력을 좌우한다고 할 수 있다. 그리고 완경사 묘소의 후손증가는 2.0배, 급경사 묘소의 후손증가는 1.4배로, 급경사 묘의 후손증가는 완경사 묘의 70%에 지나지 않는다. 즉, 급경사 묘는 4대손인 현 손의 생식 능력을 70% 수준으로 줄인다고 할 수 있다.

(4) 입수변화

변화룡과 무변화룡

조선시대의 음양과 과거시험 과목인 명산론, 청오경, 금낭경 등과 기타 전통 풍수서에는 용혈에 따른 후손의 변화가 다음과 같이 기술 되어 있다.

1) 금낭경(錦囊經)의 산세편(山勢篇)

승기소래(乘其所來): 용맥이 기복을 이루면서 진행할 때, 생기도 용 맥을 따라 함께 흐른다. 좌우와 전후를 비롯하여 주위 사방이 산수로 둘러싸여 장풍이 잘 되는 곳에 이르러, 멈추면서 흩어지지 않고 결집 한다.

2) 명당론(明堂論)의 혈상론(穴相論)

① 내룡맥이 튼튼하면 힘 있는 아들, 손자가 난다.

② 내룡맥에 가지가 많으면 아들과 손자가 많다.

③ 내룡맥이 끊어지면 본손으로 이어지는 후손이 끊어진다.

3) 명산론

① 산 능선의 **뻗어감**이 뱀이 나아가는 것처럼 구불구불하거나 가지를 치고 다시 매듭을 짓는 듯하고, 벌의 허리나 학의 무릎과 같은 고개 부분에서 일어나고 엎드리면, 마디마디가 생룡이 된다.

② 사룡은 능히 변화가 없어 동적이지 못한 산이다. 사룡은 죽어나가는 자가 끊이지 않는다.

4) 지리진보

① 내룡맥이 생룡(生龍)이면 대대로 귀손(代代貴孫)이 난다.

② 내룡맥이 큰 산에서 이어진 가지 산이면 백자천손(百子千孫)이 난다.

③ 내룡맥이 둥글둥글하게 생긴 산이면 거부자손(巨富子孫)이 난다.

④ 내룡맥이 순하게 생긴 산이면 충효자손(忠孝子孫)이 난다.

⑤ 내룡맥이 후덕하게 생긴 산이면 후덕자손(厚德子孫)이 난다.

명당론에 따르면 용은 생룡과 사룡으로 나눌 수 있고, 이들을 다시 여러 종류로 나눌 수 있다. 생룡에는 왕룡, 반룡, 은룡, 독룡, 비룡, 회룡 등이 있으며, 사룡에는 쇠룡, 광룡, 천룡, 편룡, 직룡, 기룡 등이 있다. 다양한 용의 분류에도 불구하고 생룡과 사룡의 구별에 있어 가장 중요한 점은 묘소 뒤에 있는 입수에 해당하는 능선에서의 변화유무이다.

산 능선은 골짜기와 골짜기 사이에 위치하여 주분수계(主分水界)를 이루는데, 만장년기(滿壯年期)의 산지에서 명확하게 나타난다. 입수에 해당하는 능선이 좌우굴곡이나 상하기복(起伏)으로 변화를 하거나,

능선의 움직임이 멈춤 또는 꺾임 등이 있는 것을 생룡(生龍) 즉, 변화룡(變化龍)이라 하며, 능선 위에 있더라도 혈판 후방에서 좌우 변화나 상하기복이 없고, 멈춤과 꺾임이 없는 것은 사룡(死龍) 즉, 무변화룡(無變化龍)이라 한다. <그림 1-12>에 변화룡과 무변화룡이 잘 나타나 있다.

입수에 변화가 있어야 후손이 번성한다

심봉섭은 입수룡의 변화유무에 따른 후손 수 변화를 조사하였다. 기점 묘소로부터 영향을 받는 후손을 파악하기 위해 묘소유형별로 후손의 대수별 평균증가율을 조사하였는데, 그 결과는 <표 1-10>과 <표 1-11>에 나타나 있다. 변화능선 묘소는 2~5대의 개체 수 증가율이 1.6~2.0배인데, 3대에서 2.0배로 가장 높았다. 무변화능선 묘소는 2~5대의 증가율이 1.4~1.9배이며, 4대에서 1.4배로 가장 낮았다. 대체로 2~5대의 개체 수 증가율은 변화능선 묘소>무변화능선 묘소>대조군의 순서이었다. 증가율이 1.0보다 작은 경우는 후손 수의 감소를 의미하고, 1.0보다 큰 것은 후손 수의 증가 즉, 후손의 번성을 의미한다. 변화능선 묘소는 3대와 4대에서 2.0, 1.8배로 나타나 후손이 번성함을 나타낸 반면에, 무변화능선 묘소는 3대에서 1.6배, 4대에서 1.4배로 나타났다. 두 유형 묘소 간의 3대와 4대에서의 후손증가율은 0.4의 차이가 있다. 즉, 변화능선 묘소는 3대와 4대에서 후손이 매우 번성하였지만, 무변화능선 묘소는 변화능선 묘소만큼 번성하지 못하였다.

후손 개체 수의 증감에 미치는 요인으로는 지방과 산지, 평야 그리고 전쟁과 같은 환경 및 입지적인 요인, 빈부의 격차와 같은 경제적인 요인, 출산 시기와 같은 사회적인 요인 등이 있다. 이외에도 출산 수와 절자율도 그 요인이 될 수 있다. 출산 수와 절자율을 제외한 다른 요인들은 객관화와 계량화가 어렵기 때문에 고려하지 않았으며, 계량화가 가능한 출산 수와 절자율의 차이를 조사 분석하여 이 두 요인이 대수별 후손 개체 수 증가에 미치는 영향을 분석하였다.

다른 모든 조건이 동등할 때 한 부부가 아들을 출산하는 출산 수가 높을 때 후손 수의 증가율이 높아질 것이다. 이를 확인하기 위해서 <표 1-12>에 한 부부의 평균 출산 수를 나타내었다. 3대 출산 수는 입수변화 묘소가 2.3명이며 입수 무변화 묘소가 2.0명으로, 평균 출산 수에서 0.3명이라는 차이를 보인다. 4대에서의 출산 수는 입수변화 묘소가 입수 무변화 묘소보다 평균 0.2명이 많고, 2대와 5대에서는 출산 수 차이가 없다. <표 1-13>은 평균절자율 변화를 나타낸 것이다. 변화능선 묘소는 3대에서 15.7%, 4대에서 15.8%, 5대에서 19.9%의 절자율을 보이고, 무변화능선 묘소는 3대에서 23.1%, 4대에서 27.2%, 5대에서 23.8%로, 변화능선 묘소보다 무변화능선 묘소가 높은 절자율을 보인다.

이상의 대수별 후손증가율 변화를 통계적으로 분석한 결과를 요약하면 다음과 같다.

① 후손증가율은 입수변화 묘소가 입수 무변화 묘소보다 높다.

② 3대와 4대에서 통계적으로 유의성을 가지는 후손증가율 차이가 발생한다.

③ 묘소유형별 후손증가율 차이는 평균 출산 수와 평균절자율이 다르기 때문이다.

따라서 입수룡에 변화가 있어야 후손이 번성한다고 할 수 있다.

변화룡   무변화룡

〈그림 1-12〉 변화룡과 무변화룡

〈표 1-10 변화능선 묘소와 무변화능선 묘소의 대수별 후손 수

묘소유형	가문 수 (가문)	조사 후손 수 (단위: 명)							가문당 평균
		1대	2대	3대	4대	5대	6대	합계	
변화	31	88	202	383	685	1,177	1,921	4,412	142
무변화	34	103	214	341	624	930	1,369	3,605	106
대조군	38	113	248	436	641	928	1,411	3,756	98
계	103	304	664	1,160	1,950	3,035	4,701	11,773	114

〈표 1-11〉 변화와 무변화능선 묘소의 대수별 후손증가율

묘소유형	후손증가율 (단위: 배)			
	2대	3대	4대	5대
변화	1.8	2.0	1.8	1.6
무변화	1.9	1.6	1.4	1.5
대조군	1.8	1.5	1.4	1.5

〈표 1-12〉 변화와 무변화능선 묘소의 대수별 평균 출산 수 변화

묘소유형	출산 수 (단위: 명)			
	2대	3대	4대	5대
변화	2.1	2.3	2.1	2.0
무변화	2.2	2.0	1.9	2.0
대조군	2.2	1.9	1.8	1.9

묘소유형	대수별 절자율 (단위: %)				
	2대	3대	4대	5대	6대
변화	11.6	15.7	15.8	19.9	21.1
무변화	13.9	23.1	27.2	23.8	21.5
대조군	16.9	25.3	19.6	17.3	16.0

(5) 경사상태와 입수변화

이상의 결과로부터 혈판의 경사상태와 입수능선의 변화유무가 3대 및 4대 후손의 번성에 지대한 영향을 미친다는 것을 확인하였다. 이들은 독립변수로서 3대와 4대 후손의 번성에 영향을 미쳤지만, 어떤 변수가 주된 요인인지, 후손번성에 차지하는 비중이 얼마인지는 분석되지 않았다. 이를 위해서 모든 묘소를 두 종류의 변수에 의해 4종류의 묘소유형으로 분류한 다음 3대와 4대에서 후손의 평균증가율 차이를 분석하였다.

3대 후손의 평균증가율

<표 1-14>는 4종의 묘소유형의 3대 후손에서 조사된 평균증가율을 나타낸 것이다. 증가율의 최대는 순경사 혈판과 변화 입수능선 묘소인데, 그 값은 2.5배이다. 최소는 역경사 혈판과 무변화 입수능선 묘소로 1.1배이다.

후손증가율(y)에 미치는 혈판경사(x_1)와 입수능선의 변화(x_2)가 상호 독립적으로 일차 독립의 관계를 유지하는 변수이며, 후손증가율이 혈판경사와 입수능선 변화와 일차 선형 방정식을 이룬다면,

$$y = a + bx_1 + cx_2 \quad \text{--- ---} \quad (2)$$

의 관계를 만족한다. 여기서 a, b, c는 계수 또는 비례 상수로서, b는 혈판경사의 비중 또는 그것의 중요성을 나타내며, c는 입수능선 변화의 비중 또는 그것의 중요성을 나타낸다.

혈판경사(x_1)는 순경사일 때 x_1=1, 역경사일 때 x_1=0로 가정하고, 입수능선 변화(x_2)는 변화능선일 때 x_1=1, 무변화능선일 때 x_1=0로 가정한다. 이상의 방정식의 가정을 <표 1-13>에 적용하면,

$$2.5 = a + b + c$$
$$2.0 = a + b$$
$$1.5 = a + c$$
$$1.1 = a$$

a~1.1, b~0.9, c~0.4를 얻어 식(2)는,

$$y = 1.1 + 0.9x_1 + 0.4x_2 \cdots\cdots\cdots\cdots\cdots\cdots (3)$$

이 된다.

후손증가율(y)에 미치는 혈판경사(x_1)의 비중은 0.9이며, 입수능선 변화(x_2)의 비중은 0.4이다. 따라서 후손번성에서 혈판경사는 입수능선 변화에 비하여 2배 이상의 비중을 가지며, 혈판경사가 입수능선 변화보다 훨씬 중요하다고 할 수 있다.

혈판경사도 ＼ 입수능선	변화	무변화
순경사	2.5	2.0
역경사	1.5	1.1

4대 후손의 평균증가율

<표 1-15>는 4종류의 묘소유형에 따른 4대 후손의 평균증가율을 나타낸 것이다. 3대 증가율과 같이 순경사 혈판의 변화 입수능선 묘소가 가장 큰 후손증가율을 보이고, 역경사 혈판의 무변화 입수능선 묘소가 가장 낮은 후손증가율을 보인다. 식(2)를 이용하여 비례상수 a, b, c를 구하면,

$$2.1 = a + b + c$$
$$1.8 = a + b$$
$$1.5 = a + c$$
$$1.1 = a$$

a~1.1, c~0.4, b~0.7을 얻어 식(a)는,

$$y = 1.1 + 0.7x_1 + 0.4x_2 \cdots\cdots\cdots\cdots\cdots\cdots (4)$$

가 된다.

식(4)는 식(b)와 거의 같으나, 계수 b가 0.9보다 약간 작은 0.7이다. 후손증가율(y)에 미치는 혈판경사(x_1)의 비중은 약 0.7이며, 입수능선 변화(x_2)의 비중은 0.4이다. 따라서 4대→5대의 후손번성에서 혈판경사는 입수능선 변화보다 훨씬 중요하며, 비중은 약 2배에 가깝다.

3대 후손의 평균증가율과 4대 후손의 평균증가율을 식(2)을 통해서 비교하면, 두 경우 모두 후손 수 증가에 혈판의 경사가 입수능선 변

화보다 훨씬 큰 영향을 미친다는 것을 알 수 있다.

<표 1-15> 묘소유형에 따른 4대 후손의 평균증가율(단위: 배)

혈판경사도 \ 입수능선	변화	무변화
순경사	2.1	1.8
역경사	1.5	1.1

경사상태가 입수변화보다 중요하다

식(2)~(4)에서 경사의 중요도를 나타내는 계수 b와 능선 변화의 중요도를 나타내는 c의 값을 비교할 필요가 있다. <표 1-16>은 3대 후손증가율과 4대 후손증가율로부터 계산한 경사상태와 변화유무의 중요도를 계산한 결과를 정리한 것이다. 3대와 4대의 평균을 확인하면, 식(2)에서 경사상태에 대한 비중은 약 0.8이며, 변화유무에 대한 비중은 약 0.4이다. 여기서 절대적인 수치인 0.4, 0.7, 0.9는 특별한 의미를 가지지 않고 다만 식(2)로 가정했을 때 나타난 결과이다. 그러나 그 비율은 수학적인 의미를 가진다. 즉 비율이 크다는 것은 훨씬 중요하다는 의미를 나타낸다. 따라서 경사상태가 변화유무보다 훨씬 중요하다는 것을 알 수 있다.

결론적으로 경사상태가 입수변화보다 후손번성에서 훨씬 중요하다고 할 수 있다. 가장 나쁜 경우는 무변화입수룡을 가진 역경사 묘소이며, 가장 좋은 것은 변화입수룡을 가진 순경사 묘소이다. 즉 변화입수룡을 가진 순경사 묘소가 가장 많은 수의 후손을 두게 된다.

후손 대 수	중요도		
	경사(b)	변화(c)	비율(b/c)
3대 후손	0.9	0.4	2.25
4대 후손	0.7	0.4	1.75
평균	0.8	0.4	2.0

4. 사

청룡백호

<그림 1-13>에 나타나 있는 바와 같이 묘소를 중심으로 전후와 좌우에 있는 산을 4신사라 하는데, 묘소 뒤에 있는 산은 현무, 묘소 앞에 있는 산은 안산 또는 주작, 좌측에 있는 산은 용 또는 청룡, 우측에 있는 산은 호 또는 백호라 한다. 이들은 외부로부터 묘소가 있는 곳을 보호하는 동시에, 내부의 기운이 외부로 나가지 못하게 하는 일종의 담장과 같은 역할을 한다. 이들 4신사중에서 묘소를 둘러싸고 있는 산은 주로 용과 호로 이루어져 있다. 경우에 따라서 용과 호는 하늘과 맞닿는 공제선까지 꽤 여러 겹으로 겹겹이 둘러싸여 있는데, 묘소에서 가장 가까운 쪽의 좌측에 있는 산을 내룡(內龍), 우측에 있는 산을 내호(內虎)라 하며, 그 바깥쪽에 있는 산을 외룡과 외호라 한다.

묘소 주변의 산이 높고 낮음, 환포(環抱)와 비환포(非環抱)에 따라서 바람의 세기와 방향은 변한다. 풍수지리에서는 바람보다는 물에 더 큰 비중을 두고 있으나, 실제로 나타나는 길(吉)과 흉(凶)은 물보다는 바람의 영향이 더욱 크다고 한다. 국세 밖에서 불어오는 강한 살풍(殺

風)이 안정된 길사격의 명당 국세로 들어오면, 곡선 형태로 회전하여 부드러운 길풍으로 변한다고 한다. 풍수에서는 '생기(生氣)가 물을 만나면 멈추고, 바람을 만나면 흩어진다'고 한다. 여기에서 바람은 흉풍을 말하는데, 사격이 명당을 감싸지 못하는 국세에서 국세 안에서 바깥으로 불어 나가는 바람, 계곡에서 산 위로 부는 골바람, 산에서 계곡으로 부는 산바람이 이것에 해당한다.

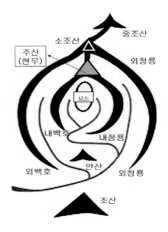

〈그림 1-13〉 묘소 주위의 4신사

가족해체의 심각성

사회가 변화함에 따라 가족관계 또한 필연적으로 변화하게 된다. 산업혁명 이후 급속하게 진전된 산업화와 도시화는 전통적인 가족제도를 더 이상 유지할 수 없게 만들었으며, 가족이 진정으로 필요한 것인가 하는 본질적인 문제가 제기되기에 이르렀다. 가족의 불안정과 가족해체 현상, 가족 내 갈등과 폭력 등과 같은 병리적 현상들이 증가하고, 아동 양육과 노인 부양 문제가 대두되는 등 현대의 가족은 해결하기 어려운 많은 문제들을 안고 있다.

부부간의 애정적 결합에 기반을 둔 현대 가족은 가문의 계승과 화합을 중시하던 전통 가족에 비해 유연성, 융통성을 가지지만, 구조는 훨씬 취약하다. 가족의 해체는 현대 핵가족의 취약성을 드러내는 중요한 가족문제 중의 하나인데, 유기나 법적 별거, 이혼 등이 이에 해당한다. 이 중에서 이혼은 가족해체의 가장 심각한 형태이다. 통계청의 인구통계에 따르면 우리나라의 이혼율은 해방 이후 점진적으로 증가하다가 1980년에 한 차례의 폭발적 증가를 보이고, 1985년에 또 한 번 급격히 증가한 다음 계속 점진적인 증가 추세에 있다. 1970년 한 해 1만 건 수준이던 이혼 건수는 1980년에 2만 건, 1996년에는 8만 건, 1996년 현재 하루 평균 223건, 한 시간에 9건이 발생하고 있다.

이혼은 한 가족이 해체되는 대표적인 사례이다. 이혼사유는 부부불화, 친족과의 불화, 경제적 문제 및 건강문제 등인데, 이 중에서 부부불화로 인한 이혼이 가장 많다. 통계청 자료에 의하면, 전체 이혼 건수 중 배우자가 아닌 친족과의 불화로 이혼하는 경우는 1980년 5.3%에서 1994년 2.7%로 감소하는 추세인 반면, 부부불화로 인한 이혼은 같은 기간 74.4%에서 81.9%로 크게 늘어나, 우리 사회에서도 이혼문제가 가족 전체보다는 부부 당사자 사이의 문제로 좁혀져가고 있음을 알 수 있다.

이혼은 초혼연령, 교육수준, 수입, 부인의 취업, 종교, 부모의 이혼 경력, 자녀유무 등에 따라 매우 다양한 양상을 나타낸다. 10대에 결혼한 부부와 같이 초혼연령이 낮을수록 이혼의 가능성이 높으며, 35세 이상의 만혼의 경우에도 이혼할 확률이 높다. 10대의 결혼은 미성숙, 경제력 부족, 부부간의 성장 및 성숙 정도의 부조화, 그리고 종종 너무 빠른 시기에 부모가 되는 어려움을 겪음으로써 이혼할 가능성을 안고 있다. 35세 이상의 만혼의 경우에는 연령, 교육수준, 경제적 지위, 가치관 등이 맞는 배우자를 찾기가 어렵기 때문에 이혼율이 높아지는 것으로 알려져 있다. 또한 만혼은 한쪽 혹은 양쪽 배우자가 재혼일 가능성이 많으며, 재혼에서의 이혼율(재 이혼율)이 초혼에서의 이혼율 보다 높기 때문에 만혼의 이혼율을 높이는 또 다른 요인이 된다고 한다.

사회적인 지위와 경제적인 지위도 이혼율에 영향을 준다. 수입이 적을수록 결혼의 안정성은 저하되며, 이혼할 확률은 높아진다. 학력이 낮은 여성은 조혼의 가능성이 높은데, 이런 여성들은 경제력이 부족하고, 교육의 기회도 적기 때문에 이혼의 가능성도 높다. 그러나 여성의 고학력이 결혼의 안정성을 항상 보장해주는 것은 아니다. 고학력 전문직 여성들이 가정과 일을 병행해야 하는 어려움을 겪으며, 높은 수입 덕택에 남편에게 경제적으로 의존할 필요가 없어서 부부에게 문제가 생겼을 때 이혼을 더 쉽게 결심하게 된다고 한다. 이것은 기혼여성의 취업이 이혼율을 높인다는 주장과 맥을 같이 하는 것이다. 이와는 달리 부인의 취업이 경제적 부담을 감소시킴으로써 이혼율을 낮추는 데 기여한다는 논리도 제기된 바 있다.

이혼율은 종교 집단마다 차이가 있다. 가톨릭을 비롯한 많은 종교들이 이혼에 반대하거나 이를 금기시해 왔다. 그래서 종교적인 사람일수록 이혼할 가능성은 낮다고 할 수 있다. 개신교의 이혼율이 가장 높고, 다음으로 가톨릭, 유대교의 순으로 나타났다. 국가 간의 이혼율을 비교해 볼 때 유교의 영향을 받은 동양사회는 개신교나 가톨릭이 주류인 서구에 비해 이혼율이 매우 낮다.

부모가 이혼경력이 있는 사람은 그렇지 않은 경우에 비해 그 자신

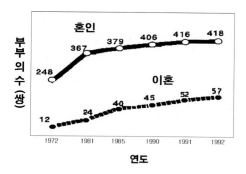

〈그림 1-14〉 1972년부터 20년 동안 우리나라의
연도별 혼인 및 이혼추이

이 이혼할 가능성이 높다. 이혼한 부모의 자녀들은 이혼이 부부문제
를 해결하는 하나의 방법이 될 수 있음을 배우게 되며, 자신의 결혼
생활에서 문제에 부딪혔을 때 쉽게 이혼을 결심하게 된다. 또한 어린
시절 경험한 부모의 이혼은 자녀들에게 오랜 기간 부정적인 영향을
줄 수 있으며, 이러한 영향이 자녀 자신의 부부관계에 파급되어 배우
자와의 관계에 덜 몰입하도록 한다. 부모가 이혼한 경력이 있는 여성
의 경우에 그렇지 않은 여성에 비해 남성을 신뢰하고 의존하는 데 있
어서 보다 더 어려움을 겪으며, 이러한 신뢰감의 부족은 부부관계를
침해할 수 있다고 하였다.

자녀가 없는 사람들이 자녀가 있는 사람들에 비해 이혼율이 높다.
특히 3세 미만의 자녀가 있는 사람들이 이혼할 가능성은 매우 낮다.
사람들은 부부관계에 문제가 생겼을 때 자녀 때문에 이혼을 결심하
지 못하거나 미루게 된다. 일반적으로 아들을 둔 부모보다 딸을 둔
부모의 이혼율이 더 높은데, 이는 아들이 대를 잇는다는 남성들의 기
대나 아버지 없이 아들을 키우는 것이 딸을 키우기보다 더 어렵다는

여성들의 믿음 때문인 것으로 풀이된다.

통계청이 발표한 1972년부터 1992년까지 20년 동안 우리나라의 연도별 이혼율 변화추이는 <그림 1-14>에 나타나 있다. 우리나라의 이혼율은 해방 이후 점진적으로 증가하다가, 1980년에 한 차례의 폭발적 증가를 보이고, 1985년에 또 한 번의 급격한 증가를 한 다음 계속적으로 증가 추세에 있다. 1980년대에는 경제발전으로 민주화와 개인의 권리에 대한 요구가 고조되어, 많은 사람들이 삶의 질에 대해서 생각하게 되었으며, 이러한 사회적 분위기 때문에 이혼이 급증하게 되었을 것으로 추측하고 있다. 1985년 이후에 나타나기 시작한 이혼율 급증은 '이혼이 금기가 아니라 경우에 따라서 할 수도 있다'든가 '결혼은 반드시 해야 하는 것이 아니라 경제력만 있으면 독신도 괜찮다'는 생각과 같이 결혼의 의미와 가족에 대한 가치관이 바뀐 전후세대들이 결혼에 대한 대안으로 이혼을 선택한 결과로 해석하기도 한다.

한편 최근의 이혼 경향을 살펴볼 때 중년의 이혼이 급증하고 있다는 점은 주목할 만하다. 이는 <그림 1-15>에 나타나 있는 총 여성 이

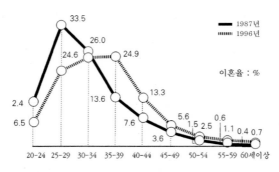

〈그림 1-15〉 1987년과 1996년에 조사한 우리나라
여성 이혼자의 연령대별 비율

혼자의 연령대별 추이로부터 알 수 있다.

1996년에 이혼하는 사람들의 평균연령은 남자 38.8세, 여자 35.2세로, 1988년에 비해 2~3세씩 높아졌다. 여성의 경우 1987년에는 25~29세의 이혼율이 33.5%로 가장 높았으나, 1996년에는 35~39세의 이혼율이 24.9%로 제일 높았다. 이처럼 최근 우리나라의 이혼자들을 연령별로 살펴보았을 때, 30대 후반이 가장 많았고, 40대 이후도 급격히 증가하였다.

풍수서에 나타나 있는 용호와 자손의 번성

여러 종류의 풍수서에는 자손의 번성이나 화합과 용호의 관계를 다음과 같이 기술하고 있다.

명산록에 의하면, 산이 직진하여 기가 모이지 않으면 사람들이 떠난다. 산이 등을 돌리고 있으면 사기꾼이 나온다. 산이 가지를 치고 맥을 쪼갤 때, 가지를 친 산이나 맥들이 등을 돌리거나(反), 멈추지 않고 계속하여 뻗어 가거나(走), 지나치게 뾰족하거나(尖), 혈장을 쏘는 듯하면(射), 그런 산들을 일러서 모두 귀룡(鬼龍)과 겁룡(劫龍)이라고 한다. 용과 호는 가지를 치고 맥을 쪼개는데, 그렇게 친 가지와 쪼개진 맥 중에서 많은 것이 겁룡이 되고, 적은 것이 귀룡(鬼龍)이 된다.

지리진보에는, 청룡백호가 왕성하면 본손과 외손이 모두 흥한다. 백호산이 감싸 안으면 외손들이 흥하고 복을 많이 받는다. 청룡산이 감싸 안으면 본손들이 흥하고 복을 많이 받는다.

명당론에는, 청룡산 상부가 튼튼하고 강하면 장자손이 흥하고 복을 많이 받는다. 백호산 상부가 튼튼하고 강하면 장녀손(長女孫)이 흥하고 복을 많이 받는다. 청룡산 중부가 훌륭하면 중자손이 복을 많이 받는다. 백호산 중부가 훌륭하면 중녀손이 복을 많이 받는다. 청룡산 하부가 훌륭하면 말자손이 복을 많이 받는다. 백호산 하부가 훌륭하면 말녀손이 복을 많이 받는다.

용과 호는 혈을 감싸주어 바람으로부터 혈의 생기를 보호한다. 혈의 입장에서는 용과 호가 묘소로부터 멀리 떨어져 있는 것보다는 가까이 있는 것이 더 좋다. 용과 호 중에서 한쪽이 길면 한쪽은 짧게 혈을 감싸는 모양이 된다. 만약 용호의 끝이 교차하지 않고 나란히 마주보며 고개를 쳐들고 다투는 형상을 하면, 그 후손의 형제나 가족이 서로 다툰다고 한다. 용호의 중간 부분이 요함하면 자손이 요절하고, 멀리 달아나면 자손이 불효하거나 이향을 하며, 짧아서 산소를 감싸지 못하면 누태라 하여 고아나 과부가 많이 난다고 한다.

이렇게 기술되어 있으나, 모두 부정확하고 불명확하게 표현되어 있다.

용호의 16유형

박기환은 용호의 기능을 확인하기 위해 우선 용호의 형상을 16유형으로 나누었다. 묘소를 둘러싼 좌측의 용과 우측의 호를 안과 밖으로 구분하여 내외로 두 겹까지 즉, 묘소에 가장 가깝게 위치한 용 2개와 호 2개 모두 4개의 용호에 대해서만 조사하고, 그 이외의 용호는 무시하였다. 내외용호가 묘소를 환포하는지 여부에 따라 묘소에 가장 가깝게 위치한 내용호와 그다음에 위치한 외용호의 환포상태를 기준으로 그 유형을 16종으로 분류하였는데 그 결과는 <그림 1-16>과 같다.

묘소를 둘러싼 내용과 내호의 곡률이 양(+)인 경우는 환포에 해당하며, 곡률이 음(-)이거나 0(직선)인 경우는 비환포에 해당한다. 외용과 외호의 환포 및 비환포 기준은 내용과 내호의 경우와 같다. 용과 호

가 환포에 해당하면 '1'로 분류하며, 비환포에 해당하면 '2'로 분류하였
다. 예를 들어 내용호가 모두 환포인 경우는 '11'이고, 외용호가 모두 비
환포인 경우에는 '22'로 표시되며, 내용 환포-내호 비환포는 '12', 내용
비환포-내호 환포는 '21'에 해당한다. 내외용호 모두를 고려하면, 내용
환포-내호 비환포-외용 환포-외호 비환포는 '1212', 내외용호 모두 환포
는 '1111'로, 내용호가 모두 비환포인 경우에는 '2222'로 표시된다.

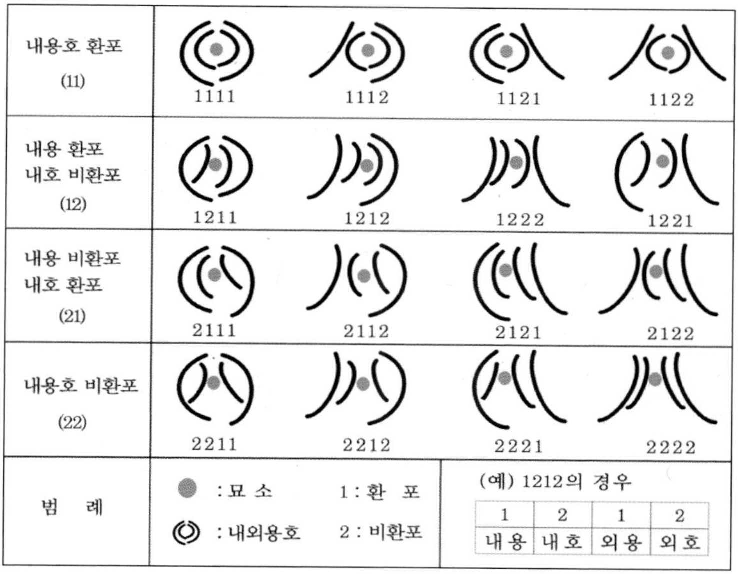

〈그림 1-16〉 내외용호 형상의 16 유형

용호가 달아나면 자녀부부가 이혼한다

박기환은 1970년 이후에 조성된 묘소에서 4개의 산맥으로 이루어
진 내외용호의 형상과 그 묘소의 결혼한 자녀들의 부부화합 간의 상
관성을 규명하기 위해서 묘소의 내외용호 형상을 관찰하고, 묘소의

자녀들에 대한 혼인관계를 가족등록부와 호적등록부로 확인한 후에, 그 결과를 통계적으로 분석하였다.

모집단으로 선택된 조사대상묘소는 경남 밀양시에 소재한 1,660기였으며, 조성시기는 1970년 이후로 한정하였다. 모집단 중에서 묘소의 이력이 분명하고, 묘소의 자녀들에 대한 혼인 기록이 명확한 131기를 표본으로 선택하였다. 묘소의 내외용호 형상을 확인하기 위해서 현장을 방문하여 형태 관찰 및 사진 촬영을 하였으며, 이로부터 묘소에 대한 자료를 수집하였다. 대상이 되는 표본묘소의 자녀 중에서 결혼경험이 있고, 조사시점에 생존한 사람만을 대상으로 법적인 혼인관계를 조사하였다. 가문의 화합 또는 이혼은 묘소 후손인 결혼한 자녀 중에서 1명도 이혼한 경험이 없으면 '화합' 가문, 1명 이상이 이혼한 경험이 있으면 화합하지 못한 '이혼' 가문으로 평가하였으며, 아들과 딸의 이혼을 분리하여 평가하였다. 조사된 결과들로부터 데이터베이스를 확보하여 통계적인 결과를 도출하였으며, 사회과학 통계 프로그램 SPSS(Version 14.0)를 사용하여 유의수준 0.05로 도출한 결과들의 유의성을 분석하였다.

분석결과 중에서 가장 중요한 것은 '묘소의 내외용호 형상이 그 묘소의 결혼한 자녀의 부부의 화합과 밀접한 관계가 있다'라는 점이다. 이혼한 경험이 전혀 없는 화합한 부부관계에 있는 경우는, 내외용호가 모두 환포하고 있을 때 94%, 4개의 내외용호 중에서 1개 이상이 환포하지 않을 때 46.5%로 각각 나타나, 모두 환포한 내외용호가 2배 이상의 자녀 부부의 화합률을 보인다.

그의 결론 중에서 가장 충격적인 사실은 '자녀부부의 이혼율은 묘소의 4개 내외용호가 비환포한 수에 따라 차이가 있다'라는 점이다.

4개의 내외용호 중에서 3개 이상이 비환포하면 화합률 0%, 2개 비환포하면 화합률 38%, 1개 비환포하면 화합률 80%로 나타났는데, 화합률 0%는 해당 묘소의 자녀 중에는 이혼하는 사람이 반드시 나타난다는 것을 의미한다.

폐곡선 용호가 존재하는 경우에 자녀부부의 화합률이 훨씬 높으며, 많은 풍수가가 예상했던 '묘소의 내용호는 외용호보다 자녀의 부부 화합에 더 큰 영향을 미친다'는 것은 의미는 있으나 별로 중요한 사항이 아닌 것으로 드러났다. 묘소의 용과 호가 자녀부부의 화합에 미치는 영향력의 차이는 없으며, 아들 부부와 딸 부부간의 화합률에도 차이가 없었다.

이상을 종합하면 용호의 환포는 가족의 화합 특히 결혼한 자녀의 부부관계를 결정하고, 용호가 환포하지 않을수록 가족관계가 나빠 자녀가 이혼하는 확률이 높아진다고 할 수 있다.

용호가 달아나면 후손 수가 줄어든다

용호가 환포하지 못하면 가족이 화합하지 않으며, 내외용호 모두가 환포하지 않을 때는 모두 환포할 때보다 2배 이상의 이혼율을 초래한다는 결론은 상당히 심각한 내용을 담고 있다. 이는 용호의 형상이 이혼율과 관계가 있다는 것을 의미하는 바, 용호의 형상이 후손 수와도 관련이 있을 것을 방증한다. 즉, 이혼은 부부간의 관계가 나빠짐을 의미하며, 이런 관계는 출산율의 저하를 초래할 수 있다. 출산율의 저하는 후손 수 증가율을 저하할 수 있기 때문에, 용호의 형상과 후손번성은 상관성을 가질 수 있다. 즉, 가정의 중심은 부부인데, 부부가 화합하지 않을 때는 많은 자녀를 두기 어려울 뿐만 아니라 남자 후손의 수가 줄어들 것이다. 이런 단순한 가정으로부터 최규석은 용호의 환포상태가 후손 수에 미치는 영향을 조사하였는데, 그 결과는 <표 1-17>과 같다.

3대에서의 후손 수는 묘소의 유형과 무관하게 2대보다 1.8~2.0배로 증가하였다. 4대에서는 비환포의 경우에 3대의 0.9배로 오히려 후손이 감소하였으나, 환포의 경우에는 3대와 마찬가지로 2.0배를 유지하였다. 비환포 묘소에 비해 환포 묘소의 후손증가가 훨씬 높은 현상은 5대에서도 관찰되는데, 다만 4대에 비하여 두 묘소 간의 차이가 다소 줄어들었다. 6대 후손에서는 통계적으로 의미를 가지는 차이가 나타나지 않았다.

이를 요약하면,

① 후손 평균증가율은 환포 묘소가 비환포 묘소보다 높다.

② 후손 수 증가율 차이는 3대와 4대에서 관찰된다.

후손 수 증가율의 차이가 평균 출산 수와 절자율의 차이 때문에 발생한 것인지를 확인하였다. 그 결과는 <표 1-18>과 <표 1-19>에 나타나 있다. 통계적으로 의미를 가지는 차이는 3대와 4대에서의 출산 수와 3대에서의 절자율이었다. 비환포 묘소에 비하여 환포 묘소의 후손들이 큰 출산 수와 낮은 절자율을 보였다. 즉, 비환포 묘소의 후손에 비하여 환포 묘소의 후손들이 3~4대에서 아들을 두지 못하는 비율이 낮고, 아들의 수도 많기 때문에, 4대에서 남자 후손의 증가율이 높았다. 이상을 종합하면, 용호가 달아나면 후손 수가 적다고 할 수 있다.

<表 1-17> 환포와 비환포 묘소의 대수별 후손 수 증가

묘소유형	후손증가 (단위: 배)			
	3대	4대	5대	6대
환포	2.0	2.0	1.8	1.5
비환포	1.8	0.9	1.3	1.3
대조군	1.9	1.8	1.5	1.6

<表 1-18> 환포와 비환포 묘소의 대수별 평균 출산 수

묘소유형	출산 수 (단위: 명)			
	2대	3대	4대	5대
환포(a)	2.3	2.4	2.1	1.9
비환포(b)	1.9	1.5	1.7	1.7
대조군(D)	2.2	2.1	1.9	1.9

<表 1-19> 환포와 비환포 묘소의 대수별 평균절자율

묘소유형	절자율 (단위: %)				
	2대	3대	4대	5대	6대
환포(a)	15.7	18.0	17.0	21.7	21.2
비환포(b)	8.1	38.5	21.7	21.4	17.9
대조군(D)	11.8	14.9	19.4	17.6	19.0

용호가 달아나면 역경사 묘소이다

모든 묘소는 경사상태에 따라 순경사 묘소와 역경사 묘소로 나뉘며, 용호의 환포상태에 따라 환포 묘소와 비환포 묘소로 나뉜다. 따라서 경사와 환포라는 두 종류의 독립변수를 조합하면 모든 묘소는 순경사-환포 묘소, 순경사-비환포 묘소, 역경사-환포 묘소 및 역경사-비환포 묘소로 나뉠 수 있다. 이를 확인하기 위해서 최규석은 다음의 조건을 만족하는 묘소들에 대하여 현장 조사를 행하였다.

① 묘소의 후손 개체 수를 알기 위해서 족보는 열람이 가능하고, 공개되어야 한다.

② 연구대상묘소는 현장 조사가 가능하고, 내력과 위치가 명확해야 한다.

③ 조사연구의 정확도를 위하여 대상묘소의 부부양위 묘소는 동일한 장소에 합분, 쌍분, 상하분 형태로 존재해야 한다.

④ 대상묘소는 족보상에 7대 후손의 출현이 완료될 때까지 이장된 적이 없어야 하고, 대 수별 후손 개체 수 증감의 변화에 대한 기록이 모두 있어야 한다.

⑤ 대상묘소의 실제 후손 개체 수를 산출하기 위하여 계자와 출계자는 생부 기준으로 파악한다.

⑥ 청룡과 백호의 환포 및 비환포는 후손 개체 수의 증감에 중요한 변수가 되기 때문에, 용호의 환포상태가 명확해야 한다.

그는 영남, 충청 및 경기 지역의 총 60개 문중으로부터 확보한 족보로부터 후손 개체 수를 확인하여 데이터베이스를 구축하였다. 이 족보 중에서 7대까지 후손 개체 수에 대한 기록이 명확하고 현재 그 자손이 존재하는 가문을 조사대상으로 하였다. <표 1-20>에 나타나 있는 조사대상 가문의 현황에서 보는 바와 같이 영남 지역의 42개 가문, 그 외 지역의 18개 가문으로 데이터베이스가 구성되어 있다.

이들 묘소를 경사상태와 환포상태로 분류한 결과는 <표 1-21>에 나타나 있는데, 48개의 묘소는 순경사-환포, 역경사-환포 및 역경사 비환포 등의 3그룹으로 나누어졌다. 특이한 점은 순경사-비환포 묘소는 전혀 관찰되지 않았다. 즉, 순경사 묘소는 모두 용호가 환포하였으며, 역경사 묘소는 용호가 환포 또는 비환포 형태를 취하고 있었다.

실제로 순경사-비환포 묘소가 전혀 없는지, 발견될 확률이 낮지만 실제로 존재하는지, 다른 지방이나 지역에서는 발견될 수 있는지에 대해서는 별도로 조사한 바 없다.

최규석이 확보한 데이터베이스에 의하면, 용호가 환포하지 않은 경우에는 모두 역경사 묘소였다. 다시 말하면 용호가 달아나면 역경사 묘소라 할 수 있으며, 순경사 묘소는 환포용호를 가진다고 할 수 있다.

〈표 1-20〉 조사대상 가문 현황

지역	영남	경기	충북	충남	계
가문 수	42	8	9	1	60

〈표 1-21〉 대상묘소의 분류

묘소유형	묘소 수	가문 수	폐곡선 수
순경사	16	13	
역경사	32	22	
환포	32	25	1~2
비환포	16	10	0
순경사-환포	16	13	1~2
역경사-환포	16	12	1
역경사-비환포	16	10	0

5. 묘소 위치

산 중턱이 좋다

산이 대부분인 곳에서는 사람이 죽으면 당연히 산에다 장사를 지냈는데, 장례방법은 시대에 따라 다양하게 변했을 뿐만 아니라, 매장하는 위치도 그 시대와 지역에 따라 달랐다. 이처럼 산과 밀접한 관계가 있는 우리 선조들의 장례 관습에 따라 산에 무덤을 만들 때, 무덤의 위치나 그 주변의 환경에 따라 후손의 개체 수가 달라질 수 있다. 일반적으로 산은 상층부·중층부·하층부 등과 같이 3부분으로 나눌 수 있다. 묘소가 산의 상중하 3부분 중에서 어느 한 곳에 위치할 때 그 후손의 개체 수는 달라질 수 있다. 왜냐하면, 산의 상층부 경사는 중층부나 하층부의 경사에 비해서 클 것으로 예상되기 때문이다. 이는 묘소의 경사도가 후손 수에 영향을 미친다는 최주대와 강상구의 결과와 산의 상중하 위치에서의 경사도를 결합하면, 묘소의 위치와 후손 수의 번성 관계를 개략적으로 유추할 수 있을 것으로 보이기 때문이다. 따라서 산의 상부, 중부 및 하부에 위치한 묘소와 묘소의 후손 수 증감 간의 상관관계를 규명할 필요가 있다.

최춘기는 산의 상중하에 위치한 묘소와 후손 수의 증감 간의 상관성을 조사하기 위해서 조사대상묘소를 기준묘소인 부부 2위와 선대묘소인 부부 2위 등 4위의 묘소가 모두 같은 위치에 해당할 때 상-상, 중-중, 하-하 등 3종류로 나누었다. 이들의 족보에서 기준 묘소로부터 5대 후손에 해당하는 결혼한 남자를 후손 개체로 설정하여 그 수를 확인하였다. 그리고 후손 개체 수의 증감에 영향을 미치는 시기를 규명하기 위하여 족보 기록을 통한 후손 증감의 시기를 대수별로 확인하였다.

묘소의 위치가 상-상일 경우에는 중-중이나 하-하에 비하여 4대와 5대 후손의 증가율이 훨씬 낮았는데, 상-상의 증가율은 1.1배, 중-중은 2.2~2.3배, 하-하는 1.8~2.0배였다. 묘소 위치가 상-상일 경우에는 중-중이나 하-하에 비하여 2~4대 후손의 절자율이 훨씬 높았는데, 상-상의 절자율은 30~37%로, 중-중 6~9%, 하-하 10~12%에 비해 3~6배가량 높았다. 이상의 결과를 종합하면, 산의 중간 즉 중턱에 있을 때 후손의 증가율이 가장 높고 절자율도 가장 낮으며, 산의 상층부에 있을 때는 후손증가율이 가장 낮고 절자율도 가장 높으므로, 후손의 번성이라는 입장에서 산의 중턱이 묘소의 입지로 가장 좋다는 결론을 내릴 수 있다.

지역마다 후손 수가 다른가?

어떤 집안은 후손 수가 많은 데 비하여, 어떤 집안은 후손이 너무 적어 자세히 들여다보면 몇 대에 걸쳐 독자로 내려오거나 절손되는 경우도 있다. 그런가 하면 평야가 많은 곳은 인심도 후하고 사람들도 많이 사는 것 같아 후손 수도 번성할 것으로 보이는데, 실제로 그러할까?

최춘기는 호남평야에 사는 사람들의 후손 수와 산악이 많은 경상도의 산간지방에 사는 사람들의 후손 수를 조사하였는데, <표 1-22>는 그가 조사한 지역별 가문 수를 나타낸 것이다. 조사한 총 74개 가문은 호남평야를 중심으로 하는 전북지역의 59개 가문과 전남, 경북, 경남 및 울산의 기타지역 15개 가문으로 구성되었는데, 이들의 묘소는 모두 그 지역에 있는 산에 위치하였다.

후손증가율을 조사한 결과, <표 1-23>과 같이 전북지역과 기타지역 간에는 전혀 차이가 없었다. 2~5대의 평균 후손증가율이 1.7~1.8배로 거의 같으며, 각 대수별로도 1.5~2.0배로 거의 같음을 알 수 있다. <표 1-24>는 절자율을 조사한 결과인데, 후손증가율과 마찬가지로 전북지역과 기타지역 간에는 거의 차이가 없다.

이상의 결과로부터 한반도 남부지역에서는 묘소의 위치에 따라 후손의 증가율이나 절자율에 차이가 없다는 것을 알 수 있다.

〈표 1-22〉 조사대상 가문의 현황

가문 총계	지역					
	전북지역	기타지역				
		전남	경북	경남	울산	계
74	59	4	5	3	3	15

〈표 1-23〉 전북지역과 기타지역에서 조사한 대수별 후손증가율 (단위: 배)

묘소 소재지	2대	3대	4대	5대	2~5대 평균
전북지역	1.5	1.6	2.0	1.9	1.8
기타지역	1.7	1.6	1.9	1.7	1.7

〈표 1-24〉 전북지역과 기타지역의 대수별 평균절자율 (단위: %)

묘소 소재지	1대	2대	3대	4대	5대	1~5대 평균
전북지역	19.6	16.4	13.3	11.3	4.5	13.0
기타지역	7.7	15.9	17.1	13.3	5.2	11.8

높은 산보다 낮은 산이 좋다

높은 산에 묘소가 있을 경우와 낮은 산에 묘소가 있을 경우에는 후손 수의 번성에 차이가 있지 않을까? 후손의 번성에는 식량이 중요한 요인 중의 하나이다. 높은 산이 있는 곳에는 대체로 농사지을 땅이 부족하고, 낮은 산 특히 전북의 김제평야 지역에서는 매우 낮은 산이나 구릉 같은 산이 주로 산재해 있어 농사지을 땅이 많다. 그래서 조사대상 지역을 김제지역과 그 외의 지역으로 나누고, 그중에서 김제지역의 낮은 산과 기타지역 중에서 산골에 해당하는 곳으로 구분하여 이 두 곳에 위치한 묘소를 관찰하고 그 후손의 수를 조사하였을 때 후손의 번성에 과연 차이가 있을까? 최춘기는 이에 대하여 명확한 결과를 도출하였다.

높은 산에 위치한 묘소의 4대 증가율은 75%이고, 낮은 산에 위치한 묘소의 4대 증가율은 92%로 나타나, 낮은 산에 위치한 묘소의 후손증가율이 17% 높다. 5대에서는 높은 산 71%, 낮은 산 96%의 증가율을 나타내므로 25%의 차이가 난다. 특이한 점은 높은 산에서는 4대 75%, 5대 70%의 증가율을 보인 반면, 낮은 산에서는 4대에서 92%, 5대에서 96% 증가하여 높은 산과 낮은 산 사이에 뚜렷한 차이가 남을 알 수 있다. 이는 높은 산일수록 산의 경사도가 크고, 낮은 산일수록 경사도가 낮기 때문인 것에서 비롯한 것이다. 낮은 산에 위치한 묘소는 대체로 묘소의 경사가 완경사에 해당하여 4~5대 후손의 증가율은 2.2배이며, 절자율은 6~9%로 나타났다. 높은 산에 위치한 묘소는 완경사 묘소와 급경사 묘소가 혼재할 것으로 추측되며, 4~5대 후손의 증가율은 1.6~1.7배이며, 절자율은 16~21%에 이르렀다. 결론적으로 높은 산보다는 낮은 산이 묘소의 입지로 우수하다고 할 수 있다.

6. 후손번성에 영향을 주는 시기

통계적 분석

묘소의 형상이 후손 수에 영향을 미치는 시점을 찾아내기 위하여 통계분석을 행하였는데, 사회과학 통계 프로그램인 SPSS(Version 14.0)를 이용하여 묘소유형에 따른 후손증가율, 절자율의 변화를 조사하였다. 분석방법과 순서는 참고문헌 <39>에 자세히 기술되어 있다. 비교하고자 하는 집단의 분산이 서로 같은지를 검정하는 등분산 검정과 집단 간의 평균을 비교하기 위한 일원배치 분산분석의 흐름도를 나타내면 <그림 1-17>과 같다. 묘소의 유형에 따른 후손 개체수 증가율, 출산율 및 절자율 등을 일원 배치 분산 분석법으로 평균을 비교하여 후손의 개체 수 변화를 분석하였다.

부부의 묘소가 같은 유형이거나 동일 장소에 있는 쌍분 혹은 합분일 때는 용이하게 후손 수 변화를 분석할 수 있지만, 부부묘소가 서로 다른 유형일 때는 후손 수 분석이 용이하지 않다. 따라서 후손 수 변화에 영향을 미치는 시점을 조사하기 위해서는 쌍분과 합분의 부부묘소로부터 후손 수의 변화를 조사 및 분석한 후에, 단분의 영향을 분석해야 한다. 단분은 부부간에 같은 유형일 경우와 다른 유형일 경우로 나누어서 행한다. 이로부터 얻은 결과를 확인하기 위해서 기점 부부묘소와 선대 부부묘소를 동시에 조사할 필요가 있다. 이러한 방법으로 조사 및 분석한 결과를 상술하면 다음과 같다.

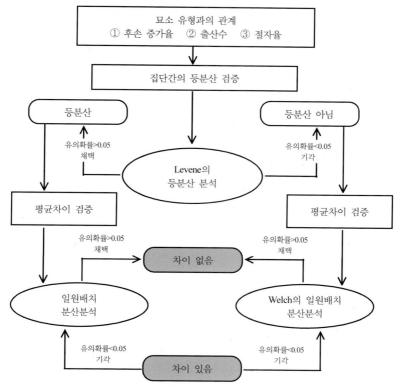

〈그림 1-17〉 등분산 검정과 평균 분석의 흐름도

동일 유형의 기점 부부묘소는 3~4대에 영향을 준다

최규석과 심봉섭은 쌍분과 합분 형태의 순경사 묘소와 역경사 묘소의 후손 수 변화를 조사하였다. 표본으로 선정된 60개 가문, 92기의 묘소에 대하여 혈판의 순경사와 역경사, 대수별 후손증가율을 조사한 결과 <표 1-25>와 <그림 1-18>과 같다.

여기서 출산 수에 영향을 줄 수 있는 각각의 부부가 처해 있는 지역과 산지, 평야 그리고 전쟁과 같은 환경 및 입지요인, 빈부의 차이와 같은 경제적인 요인, 출산시기와 같은 사회적인 요인 등은 계량화하기 어렵기 때문에 배제하였다. 다만 앞에서 논한 바와 같이 출산 수에 비례하고 절자율에 반비례한다. 물론 경사상태에 따라서도 변하는데, 경사상태에 따라서 대수별로 증가율이 변하는 경향은 <그림 1-18>에서 명확하게 확인할 수 있다. 통계분석결과 3대와 4대의 후손 수 증가율 차이는 통계적으로도 의미를 가진다. 순경사 묘소는 역경사 묘소에 비하여 3대와 4대에서 후손 수 증가율이 훨씬 높다.

〈표 1-25〉 순경사와 역경사 묘소의 대수별 후손 수 평균증가율

묘소유형	대수별 평균증가율 (단위: 배)				
	2대	3대	4대	5대	6대
순경사(A)	1.8	2.5	2.0	1.6	2.0
역경사(B)	1.9	1.2	1.4	1.4	1.3
비율(A÷B)	0.95	2.08	1.43	1.14	1.5
대조군	1.9	1.8	1.5	1.6	1.6

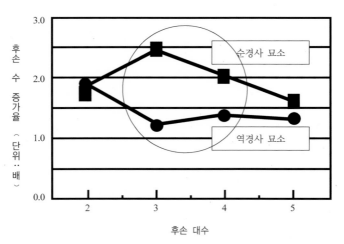

〈그림 1-18〉 순경사 묘소와 역경사 묘소의 후손 수 증가율 변화

기점과 선대의 2대에 걸친 묘소는 3~5대에 영향을 준다

강상구는 후손의 번성에 차이가 발생하는 시기를 밝히기 위해서 기준으로 하는 1대의 묘소와 그 선대 묘소의 유형을 조사 분류하여 묘소유형에 따른 후손 수의 변화를 조사하였다. 후손 수에 차이가 발생하더라도 그것이 기준으로 하는 묘소에 의한 영향인지, 아니면 그 선대 묘소의 영향인지, 혹은 그 후대의 영향인지를 명확하게 구별하기 위해서 2대의 묘소로부터 후손 수 변화를 분석하였다. 이를 위하여 5대 이상의 남자 후손이 출현된 묘소를 기준묘소로 하여 그 기준묘소의 선대 묘소를 포함한 2대(代)에 걸친 선대 부부묘소-기준 부부묘소를 연구대상묘소로 하고, 이를 각각 선대 묘소와 기준묘소라 칭하였다. 이러한 방법으로 조사한 25문중의 묘소 중에서 연구 목적에 해당하는 17문중의 67개 가문에 대한 268개 묘소를 데이터베이스로 확보하였다.

선대 묘소-기준묘소의 묘소 4기의 묘소 앞 종단 경사도를 토목 측량하여 이를 <그림 1-19>와 같이 완경사(20% 이하)와 급경사(40% 이상)로 분류하였는데, 이 과정에서 부부의 묘소 경사도가 동일한 분류에 해당할 때만 완경사 또는 급경사 묘소로 분류하였다. 따라서 기준 및 선대 묘소를 완경사(선대)-완경사(기준), 완경사(선대)-급경사(기준), 급경사(선대)-완경사(기준), 급경사(선대)-급경사(기준) 등 4종류의 유형으로 나누었다. 4종류의 유형으로 분류된 묘소에 대하여 그 가문의 족보 중에서 신뢰성 있는 자료만을 수집하여 기준 묘소로부터 5대까지 남자 후손 개체 수를 조사하였다.

선대 묘소-기준묘소유형이 후손 개체 수 증가율에 미치는 영향에서, 선대 묘소는 3대의 증가율에, 기준묘소는 4대의 증가율에 영향을 미칠 수 있는 가능성을 확인하기 위해서 급경사(선대)-완경사(기준) 묘소(C형)와 급경사(선대)-급경사(기준) 묘소(D형)에 대한 평균증가율 변화를 조사하였는데, 그 결과는 <그림 1-20>과 같다. 1대와 3대에서는 C형과 D형 간의 차이가 작은 것으로 나타났으며, 2대와 4대에서는 1대와 3대에 비하여 큰 폭의 차이를 보인다. 2대와 4대에 대한 일원배치 분산분석결과, 2대의 증가율에는 유의확률(p)이 0.05보다 높아 C형과 D형 간에 차이가 없는 것으로 나타났으나, 4대의 증가율에서는 F 통계량이 7.064이고 유의확률이 0.018이므로 C형과 D형 간의 증가율 차이는 통계적으로 유의하다. 단측 검정확률은 0.009로 C형의 증가율이 D형의 증가율보다 크다고 할 수 있다. 따라서 1~3대에서의 증가율은 C형과 D형 간에 차이가 없으나, 4대에서는 C형의 증가율이 D형의 증가율보다 높다. 이것은 두 경우에 선대 묘소의 경사율이 모두 급경사로부터 시작하여 기준묘소의 경사율이 완경사(C)와 급경사(D)로 나뉠 때, 3대의 증가율은 C형과 D형 간에 차이가 없다가, 4대의 증가율이 완경사인 C형에서는 증가율이 증가하고 급경사인 D형에서는 증가율이 감소한다는 것을 의미한다. 즉 선대 묘소의 경사율은 3대의 증가율에 영향을 미치고, 기준묘소의 경사율은 4대의 증가율에 영향을 준다는 것을 의미하는데, 이것은 완경사-완경사 묘소(A형)와 완경사-급경사 묘소(B형)의 증가율 비교에서도 동일하게 나타났다.

<그림 1-21>에 나타나 있는 완경사-완경사 묘소(A형)와 급경사-완경사 묘소(C형)의 대수별 평균증가율 비교 그래프에서는 2대와 4대에서는 A형과 C형 간에 차이가 없고, 1대와 4대에서 대수별 증가율에 차이를 보이는데, 1대에서 차이는 5% 이내의 유의확률을 갖지 못하고, 3대에서는 5% 이내의 통계적인 유의성을 가지는 것으로 분석

되었다. 따라서 A형과 C형의 증가율은 2대와 4대에서 서로 차이가 없으나, 3대에서는 A형이 C형보다 크다.

A형의 3대에서 증가율은 2.3배이며, C형의 증가율이 1.4배이므로 그 차이는 0.9배에 해당한다. 이러한 차이는 앞에서 도출한 '선대 묘소와 기준묘소의 경사율은 각각 3대와 4대의 개체 증가율을 지배한다'는 결과로부터 잘 설명된다.

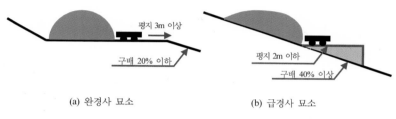

(a) 완경사 묘소   (b) 급경사 묘소

〈그림 1-19〉 완경사 묘소와 급경사 묘소

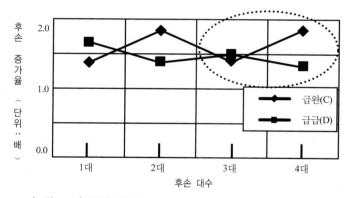

〈그림 1-20〉 급경사-완경사 묘소와 급경사-급경사 묘소의 대수별 후손증가율 변화

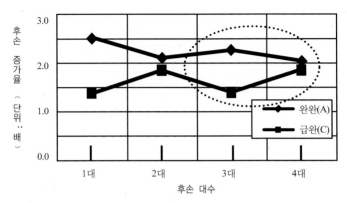

〈그림 1-21〉 완경사–완경사 묘소와 급경사–완경사 묘소의 대수별
후손증가율 변화

7. 서로 다른 곳에 부부묘소가 위치할 때

지금까지 조사한 결과들은 기준(혹은 기점)이 되는 부부묘소가 모두 쌍분이나 합분 또는 상하분인 경우에 대한 결과들이다. 만약 부부묘소가 서로 다른 곳에 위치할 경우에는 어떤 결과를 초래할까? 이런 경우에 쌍분 묘소와의 차이나 부부묘소의 조성시기 유형의 차이에 따라 다음과 같은 의문이 생긴다.

가. 같은 유형의 부부묘소

① 같은 유형을 가진 2곳의 부부단분과 쌍분(또는 합분) 간의 차이

② 같은 유형과 서로 다른 유형의 부부묘소 간의 차이

나. 서로 다른 유형의 부부묘소

③ 묘소 조성시기에 큰 차이가 나는 경우

④ 순경사 묘소를 먼저 조성한 경우

⑤ 역경사 묘소를 먼저 조성한 경우

⑥ 남편 묘소가 순경사인 경우

⑦ 남편 묘소가 역경사인 경우

이와 같은 여러 종류의 의문을 확인하기 위해서 서수환은 경북 의성군 일원에서 80여 가문의 묘소와 그 후손을 조사하여 다음과 같은 결과를 발표하였다.

같은 유형의 부부단분과 부부쌍분 간에는 차이가 없다

기준이 되는 부부의 묘소가 후손 수의 번성에 영향을 미친다는 연구결과는 통계학적으로 5%의 유의확률로 분석하였기 때문에 이로부터 얻은 결론이 틀릴 확률, 즉 제1종 오차는 5% 이내가 된다. 따라서 부부의 묘소유형과 3~4대 후손의 번성은 직접적인 상관성을 가진다. 그렇다면 부부묘소가 쌍분일 때만 상관성을 가지는 것일까? 부부의 묘소가 같은 유형일 때는 쌍분이 아닐 때도 같은 결과를 낳을까? 이러한 의문에 대한 답을 얻기 위하여 서수환이 조사한 결과를 분석할 필요가 있다.

<표 1-26>은 쌍분인 순경사 및 역경사 묘소와 부부간에 같은 유형을 가지는 단분의 순경사 및 역경사 묘소의 2~5대 후손의 평균증가율 변화를 조사한 결과이다. 먼저, 순경사일 때는 쌍분일 때와 같은 유형의 부부단분일 때의 3대에서의 후손증가율은 2.2~2.3배이며, 4대에서는 2.0~2.1배로 나타났다. 통계적으로 두 유형 간에는 후손증가율의 차이가 전혀 없다. 역경사 묘소일 때는 같은 유형의 부부단분과 부부쌍분의 후손증가율은 3대에서 1.0~1.2배, 4대에서 1.2배로 나타났으며, 두 유형 간의 후손증가율에는 차이가 없다. 순경사 묘소와 역경사

묘소 간의 3대와 4대에서의 후손 수 증가율 차이는 쌍분일 때와 같은 유형의 단분일 때와 아무런 차이가 없다. 즉, 순경사일 때는 3~4대에서 후손 수 평균증가율이 높아지며, 역경사일 때는 3~4대에서 후손 수 평균증가율이 낮아진다.

따라서 3대와 4대에서의 후손증가율은 부부쌍분(혹은 합분)과 같은 유형의 부부단분 간에 차이는 발생하지 않으므로 같은 유형의 부부단분은 쌍분과 같다고 할 수 있다.

〈표 1-26〉 묘소유형별 대수별 후손 수 증가율

묘소유형	대수별 평균증가율 (단위: 배)			
	2대	3대	4대	5대
쌍분 순경사	2.1	2.2	2.0	1.9
단분 순경사	1.3	2.3	2.1	2.0
쌍분 역경사	1.6	1.2	1.2	1.4
단분 역경사	1.5	1.0	1.2	1.8

부부간에 서로 다른 유형의 묘소는 특이한 결과를 낳는다

기준이 되는 부부단분묘소의 유형이 서로 다를 때 후손 수의 증가에는 어떤 결과가 나타날까? 이것은 후손의 증가에 부부묘소가 각각 영향을 미치는지 두 묘소의 평균 유형으로 미치는지를 확인하는 것과 같다.

만약 묘소가 역경사일 때 3~4대에서의 후손증가율이 1.0배, 순경사일 때 2.0배로 가정하면, 3대와 4대에서의 후손증가율은 순경사일 때 2.0배(3대)와 2.0배(4대)로 되어 5대 후손은 4배로 늘어난다. 역경사일 때는 3대에서 1배와 4대에서 1배로 5대 후손은 1배로 3대에서의 남자 수와 동일하게 된다. 결과적으로 순경사가 역경사의 4배나 되는 후손을 둘 수 있게 된다.

만약 부부묘소가 각각 따로 후손 수에 영향을 미칠 경우에 3대에서 1배(역경사), 4대에서 2배(순경사)의 후손증가나 혹은 그 역의 후손 증가를 기대할 수 있어서 5대에 가서는 약 2.0배 내외의 후손을 둘 수 있을 것이다. 물론 부부묘소의 평균으로 후손 수가 증가되는 것도 고려할 수 있다. 만약 평균적인 증가율이 1.5배라면 3대에서 1.5배, 4대에서 1.5배가 되어 5대에서는 모두 2.25배의 후손을 둘 수도 있을 것이다.

여기서 중요한 것은 부부의 묘소가 평균적인 영향을 미치는가, 아니면 개별적으로 영향을 미치는가이다. 이를 확인하기 위해서 75개 가문의 단분묘소와 다른 유형의 13개 가문의 단분묘소를 조사하고, 이들의 후손 변화를 조사하여 정리하였는데 그 결과는 <표 1-27>과 같다. 단분 순역경사로 표시된 것은 단분 부부묘소들 중에서 입수경사가 부부간에 서로 다른 순경사-역경사로 이루어진 것을 나타낸다. 단분 순역경사 묘소의 후손증가율은 3대에서 2.2배로 순경사 묘소와 같은 값을 나타내며, 4대에서 1.3배로 역경사 묘소의 1.2배와 거의 같은 값을 보인다. 이것은 3대에서 순경사의 영향을, 4대에서 역경사의 영향을 받았다고 할 수 있을 정도로 매우 특이한 결과이다.

〈표 1-27〉 묘소유형별 대수별 후손 수 증가율

묘소유형	대수별 평균증가율 (단위: 배)			
	2대	3대	4대	5대
쌍분 순경사	2.1	2.2	2.0	1.9
단분 순경사	1.3	2.3	2.1	2.0
쌍분 역경사	1.6	1.2	1.2	1.4
단분 역경사	1.5	1.0	1.2	1.8
단분 순역경사	1.2	2.2	1.3	1.4

서로 다른 유형의 결과는 묘소 조성시기와 무관하다

3대에서 순경사의 영향을, 4대에서 역경사의 영향을 받았을 것으로 추정되는 이러한 특이현상은 부부묘소의 조성간격에 따른 차이일까? 일반적으로 먼저 조성한 묘소의 영향이 먼저 나타나고, 나중에 조성한 묘소의 영향이 늦게 나타날 것으로 추측할 수도 있다. 그래서 묘소 조성간격에 따른 차이를 분석하였는데, 그 결과는 <표 1-28>에 정리되어 있다. 순역경사의 두 단분묘소가 조성된 시점의 차이를 5년 이내, 15년 이상, 20년 이상, 30년 이상 등으로 나누었다. 3대에서의 후손증가율은 조성간격과 관계없이 모두 2.2~2.3배로 나타났으며, 4대에서의 후손증가율은 1.3~1.4배로 단분 순역경사의 평균과 거의 차이가 없다. 여기서 30년의 차이라는 것은 대단히 중요한 의미를 가진다. 일반적으로 30년은 평균적으로 1세대의 차이를 의미한다. 따라서 1세대의 차이가 발생하여도 후손 수 증가 경향에는 아무런 변화가 없다는 것을 나타낸다.

이상의 결과는 묘소 조성시기나 묘소 조성간격에 따라 후손증가율이 변하지 않는다는 것을 의미한다. 이것은 일반적인 음택풍수 발복론과 상관성을 가진다. 일반적으로 음택풍수의 발복론 신봉자들은 조상의 묘소를 좋은 곳에 모시면 후손들에게 좋은 일이 발생하는데, 반드시 묘소를 조성한 후에 그 영향을 받는다고 믿는다. 이는 50%가량 맞는지도 모른다. 조상의 묘소유형과 후손 수의 증가율이 3~4대에서는 상관성을 가진다는 여러 연구의 결과에 일부 부합되지만, 묘소를 조성해야 그 결과가 나타난다는 것은 적절한 표현이 아닌 것으로 추측된다. 묘소를 조성하지 않은 경우에 해당할 것으로 보이는 30년 이상의 차이가 발생함에도 불구하고 반드시 3대 후손에서는 후손 수 증가율이 높고, 4대 후손 수의 증가율은 평균보다 낮은 결과가 나타나기 때문이다. 결론적으로 단분 순역경사는 묘소 조성시기와 관계없이 3대에서는 긍정적인 결과, 4대에서는 부정적인 결과를 낳는다고 할 수 있다.

〈표 1-28〉 단분 순역경사의 묘소 조성간격에 따른 후손증가율 차이

묘소유형	대수별 평균증가율 (단위: 배)			
	2대	3대	4대	5대
단분 순역경사 평균	1.2	2.2	1.3	1.4
묘소 조성 차이 5년 이내	2.5	2.2	1.3	1.2
묘소 조성 차이 15년 이상	1.5	2.3	1.3	1.8
묘소 조성 차이 20년 이상	1.6	2.2	1.4	1.5
묘소 조성 차이 30년 이상	1.6	2.3	1.4	1.3

서로 다른 유형의 결과는 묘소의 조성순서, 조성간격, 부부와 무관하다

단분 순역경사는 묘소 조성시기와 관계없이 3대에서는 긍정적인 결과, 4대에서는 부정적인 결과를 낳는다고 할 수 있는 대단히 특이한 결과는 음택풍수 신봉자들에게 큰 충격을 줄 것으로 보인다.

그런데 '3대에서 긍정적인 결과, 4대에서 부정적인 결과'라는 특이한 현상이,

① 부부 중에서 순경사 묘소를 먼저 조성하고 역경사 묘소를 나중에 조성한 결과는 아닐까?

② 부부 중에서 남편의 묘소를 순경사로 조성한 결과는 아닐까?

와 같은 의문과 관계가 없는지를 확인하였는데, 그 결과는 <표 1-29>에 정리되어 있다.

순경사 묘소를 먼저 조성한 후에 역경사 묘소를 조성하였을 때 3

대에서의 후손증가율 2.1배, 4대에서의 후손증가율 1.2배로 나타났는데, 3~4대에서 후손증가율은 통계적으로 단분 순역경사 평균의 후손증가율과 차이가 없다. 더욱이 순경사 묘소를 조성한 후 17년 이상이 경과한 후에 역경사 묘소를 조성한 경우에도 3대에서 2.3배, 4대에서 1.2배로 나타났는데, 3~4대에서 후손증가율은 통계적으로 단분 순역경사 평균의 후손증가율과 차이가 없다는 것을 알 수 있다. 역경사 묘소를 먼저 조성한 후에 순경사 묘소를 조성하였을 때와 그리고 역경사 묘소 조성 후 17년 이상이 경과한 후에 순경사 묘소를 조성하였을 때는 3대에서의 후손증가율 2.1~2.2배, 4대에서의 후손증가율 1.4~1.5배로 나타나, 순경사 선조성 시와 거의 유사한 결과를 보였다. 즉, 순경사 묘소를 먼저 조성하거나, 역경사 묘소를 먼저 조성하거나 간에 3대에서 후손증가율은 2.1~2.3배, 4대에서의 증가율은 1.2~1.5배로 거의 동일하였다.

부부묘소 중에서 남편의 묘소가 순경사와 역경사로 서로 다를 때 3~4대 후손의 증가율에 차이가 발생하는가도 조사하였다. 이때도 3대에서 2.1~2.2배, 4대에서 1.2~1.4배로 나타났는데, 이것도 단분 순역경사의 평균과 거의 동일하다.

따라서 3~4대 후손증가율은 묘소 조성순서에 무관하며, 조성한 간격에도 무관하며, 남편이나 아내가 순역경사로 서로 다른 것에도 무관함을 알 수 있다.

〈표 1-29〉 단분 순역경사의 묘소 조성순서에 따른 후손증가율 차이

묘소유형	대수별 평균증가율 (단위: 배)			
	2대	3대	4대	5대
단분 순역경사 (평균)	1.2	2.2	1.3	1.4
순경사 선조성	1.7	2.1	1.2	1.5
순경사 선조성-17년 이상	1.2	2.3	1.2	1.7
역경사 선조성	2.0	2.1	1.4	1.8
역경사 선조성-17년 이상	1.8	2.2	1.5	2.1
고위 순경사-배위 역경사	1.9	2.2	1.2	1.3
고위 역경사-배위 순경사	2.0	2.1	1.4	1.8

참고문헌

1. 이문호, 『펭슈이 사이언스』, 도원미디어, 2003.
2. 최창조 논문.
3. 통계청, 「통계청 KOSIS정보시스템」, 2006.
4. 한국지리연구회, 『자연환경과 인간』, 한올, 2003.
5. 유홍열 감수, 『한국사대사전』, 한영출판사, 1978.
6. 김두규 역, 『조선풍수학인의 생애와 논쟁』, 궁리, 2000.
7. 최길성 옮김, 村山智順 저, 『조선의 풍수』, 민음사, 1995.
8. 이응희, 『풍수문헌 목록집』, 형설출판사, 1984.
9. 이몽일, 「한국 풍수지리사의 변천과정」, 경북대학교 지리학과, 박사학위논문, 1990.
10. 박시익, 『한국의 풍수지리와 건축』, 일빛, 1999.
11. 김동규 역, 서선계 서선술 저, 『인자수지』, 명문당,1999.
12. 최창조 역주, 『청오경·금낭경』, 민음사, 2001.
13. 이응희, 『풍수문헌 목록집』, 형설출판사, 1984.
14. 신정일, 『다시 쓰는 택리지』, 청아문화사, 2006.
15. 이익성 역, 이중환 저, 『택리지』, 을유문화사, 1994.
16. 박시익, 『풍수지리로 본 서양건축과 음악』, 일빛, 2006.
17. 오상익 주해, 곽박, 『장경』, 동학사, 1993.
18. 정경연, 『정통풍수지리』, 평단문화사, 2006.

19. 신광주,『정통풍수지리학 원전』, 명당출판사, 1994.

20. 신 평 편역,『고전풍수학 설심부』, 관음출판사, 1997.

21. 이영관,『조선견문록』, 청아출판사, 2006.

22. 장용득,『명당론』, 신교출판사, 1976.

23. 『세종실록』

24. 이희승 감수,『민중 엣센스 국어사전』, 제5판, 민중서림, 2001.

25. 박채양,「묘소의 입수상태와 자손번성, 영남대 박사학위논문, 2007.

26. 최춘기,『산의 상중하에 위치한 묘소와 자손수의 상관관계, 영남대학교 박사학위논문, 2009.

27. 이석정,『공학박사의 음택풍수 기행』, 영남대학교 출판부, 2006.

28. 이동걸,「묘소 기반의 횡경사와 후손 수의 상관관계」, 영남대학교 박사학위논문, 2009.

29. 최규석,「龍虎의 環抱가 後孫數에 미치는 影響」, 영남대학교 박사학위논문, 2011.

30. 심봉섭,「入首稜線 變化가 後孫數에 미치는 影響」, 영남대학교 박사학위논문, 2011.

31. 최주대,「비탈에 쓰여진 묘와 후손번성에 대한 SPSS 통계분석」, 영남대학교 박사학위 논문, 2007.

32. 통계청,「통계청 KOSIS정보시스템」.

33. 유홍열 감수,『한국사대사전』, 한영출판사, 1978.

34. 한국사전편찬회,『대국어사전』, 현문사, 1984.

35. 이준기, 김강동,『지리진보』, 계축 문화사, 1978.

36. 정경연,『정통풍수지리』, 평단문화사, 2003.

37. 김두규 역해, 채성우 원저,『명산론』, 비봉출판사, 2002.

38. 최창조역, 청오자 저,『장경』, 동학사, 2001.

39. 강상구,「후손 개체 수 변화에 미치는 묘소 경사도의 영향」, 영남대학교 박사학위논문, 2008.

40. 박기환, 묘소의「용호 형상과 자녀 부부의 화합」, 영남대학교 박사학위논문, 2008.

41. 정현욱, 유계숙 ,『가족관계』, 신정, 2001.

42. 안병철, 서동인,『가족사회학』, 을유문화사, 1993.

43. 정민자, 박초아, 이진숙,『가정과 사회』, 양서원, 1997.

44. 통계청,「통계청 KOSIS 정보시스템」, 1996.

45. 김우헌,『한국 가족제도 연구』, 서울대학교 출판부, 1980.

46. 김양희,『한국 가족의 갈등 연구』, 중앙대학교 출판부, 1993.

47. 김광일,『가정폭력: 그 실상과 대책』, 탐구당, 1987.

48. 신용하, 장경섭, 『21세기 한국의 가족과 공동체 문화』, 지식산업사, 1996.

49. 유영주, 신가족 관계학』, 교문사, 1992.

50. S. Southworth and J. C. Schwarz, 『Postdivorce contact, relationship with father, and heterosexual trust in female college student, Am. J. of Ortbopsycbiatry』, 57,371~382 (1987).

51. M. A. Schwarz and B. M Scoot, 『Marriages and families: diversity and change』. Prentice Hall, N. J., 1944.

52. 정현욱, 유계숙, 『가족관계』, 신정, 2001.

53. 정경연, 『정통풍수지리』, 평단문화사, 2003.

54. 통계청, 「통계청 KOSIS 정보시스템」, 1996.

55. 서수환, 「유형이 다른 단분묘소의 후손 수 변화」, 영남대학교 박사학위논문, 2011.

CHAPTER 2

능묘 관찰방법론

능묘 관찰방법론

　왕릉과 같은 묘지에 대한 관찰은 그것이 위치한 지면에서 관찰하는 방법과 그곳보다 훨씬 높은 곳에서 관찰하는 방법, 이보다 훨씬 높은 곳, 즉 비행기나 기구를 타고 하늘 높은 곳에서 관찰하는 방법 등이 있을 것이다. 이들 방법은 제각기 특징을 지니고 있다. 이들 특징은 관찰하는 공간의 차원(次元: dimension) 차이와 같다. 지면에서 관찰하는 경우에는 3차원적인 정확한 형태 관찰이 어려울지도 모른다. 사진을 통한 관찰은 2차원 평면도나 측면도 혹은 정면도와 같은 2차원적인 묘사가 될 것이다. 비행기나 기구를 타고 관찰하는 경우에도 조감도와 같은 관찰결과가 되거나 평면도와 같은 2차원적인 관찰이 될 수도 있다. 이렇게 관찰하는 방법에 따라 관찰자에 따라 그 결과는 다르게 나타날 수 있기 때문에 능묘를 관찰하고 이의 배치를 분석, 해석하기 전에 이러한 관찰방법과 분석방법에 따른 해석상의 차이를 먼저 살펴볼 필요가 있다.

1. 개미의 세상과 사람의 차원

(1) 1차원 동물 개미

우리 인간은 시간과 공간으로 이루어진 4차원 세계에 살고 있다. 공간에만 국한할 경우에는 x, y, z 등으로 이루어진 3차원 공간에서 살고 있다. 같은 3차원 공간에 살고 있는 곤충들의 애벌레를 생각해 보자. 소위 굼벵이라는 것들도 눈을 가지고 있다. 이들이 보는 세상은 어떠할까. 바닥을 기어 다니기에 우리 인간에 비해서 훨씬 좁고 작은 공간만을 보고 인식할 것이다. 그리고 이들은 표면을 기어 다닌다. 이들이 기어 다니는 표면에 담뱃갑이 하나 놓여 있다고 생각해보자. 장애물인 담뱃갑의 높이가 굼벵이의 길이보다 훨씬 높아서 이들이 담뱃갑이라는 장애물을 넘어가지 못할 경우에 어떤 행동을 하는가? 수많은 시도 끝에 겨우 담뱃갑을 우회하여 장애물을 통과할 것이다. 이들은 왜 처음부터 담뱃갑을 우회하여 통과하려고 하지 않았을까? 지능이 나쁘기 때문일까. 그럴 수도 있을 것이다. 어쩌면 그것이 정확한 답일 수도 있다. 만약 지능의 문제가 아니라면 어떤 이유가 있을까?

움직임이 느려서일까?

굼벵이보다 움직임이 빠른 개미는 어떠한가? 개미는 무리를 이루어 산다. 개미는 겹눈과 3개의 홑눈이 발달해 있지만 시력은 형편없다. 시력이 나쁘기 때문에 눈뜬장님이다. 그래서 당연히 바로 앞의 사물밖에 볼 수 없다. 형편없는 눈 대신에 개미는 더듬이를 가지고 방향을 인지하고 이동한다. 원래 개미의 더듬이는 촉각, 후각, 접촉에 의해서 화학물질을 알아내는 접촉 화학각 등의 기능을 가지고 있다.

개미 외의 다른 곤충들도 눈을 가지고는 있지만, 시력이 매우 나쁘기 때문에 눈뜬장님이다. 많은 곤충도 개미처럼 더듬이의 기능 중에서 후각을 이용하여 장거리 이동을 한다. 멀리서 냄새가 나면 더듬이의 후각을 이용해서 냄새가 나는 방향으로 움직인다. 이동 중에 장애물을 만나면 더듬이를 쉬지 않고 움직여 촉각의 기능으로 장애물의 위치를 파악해서 피해갈 수 있다.

개미들끼리 이동할 때는 다른 개미가 배출한 페르몬이라는 물질의 냄새를 더듬이로 맡아 방향을 잡으면서 이동한다. 만약 개미의 더듬이를 없애버린다면 개미는 방향을 잡지 못하여 한곳을 계속 빙빙 돌거나, 페로몬 냄새를 맡지 못하기 때문에 동료 개미들을 인식하지 못하여 동료의 이동 대열을 따라가지 못하게 되고, 후각뿐만 아니라 촉각이 없기 때문에 장애물을 피해 가지 못한다.

이런 개미가 평소에 다니는 길에 담뱃갑을 두면 어떤 일이 벌어질까? 페로몬 냄새로 확인하면 분명히 길이 맞지만 더듬이의 촉각으로 확인하면 도저히 넘어갈 수 없는 장벽이 앞을 가로막고 있다. 그래서 개미도 굼벵이와 마찬가지로 우왕좌왕하다 수많은 시도 끝에 담뱃갑을 우회하여 통과한다. 물론 굼벵이에 비해서 행동이 빠른 개미는 훨씬 빨리 담뱃갑이라는 장애물을 통과할 것이다. 장애물 통과에는 행동이 빠르고 느린 것이 문제가 되지 않는다.

개미가 다니는 길에 장애물로 담뱃갑 하나를 두지 않고, 많은 담뱃갑을 통로를 가로질러 길게 늘어놓으면 어떻게 될까? 이렇게 하면 하루 종일 돌아다녀도 장애물을 통과하지 못한다. 왜 이런 행동을 보일까? 왜 이들은 다른 물체들을 운반해 와서 장벽의 높이를 낮춘 후에 장벽을 넘어가려 하지 않을까? 하다못해 동료들을 받침으로 하여 장벽의 높이를 낮춘 후에 통과하지 않을까? 높은 장벽이 아니고 골과 같은 경우에는 동료들끼리 서로 붙어 다리로 만든 후에 다른 개미들이 이를 이용해서 골을 통과한다. 그런데 벽의 경우에는 왜 그렇게 하지 못할까? 장벽이 아주 높지 않을 경우에는 어쩌다 그걸 통과하는 경우도 있다. 지능이 나쁘기 때문일까? 이것이 아니라면 또 다른 이유가 있을까?

(2) 3차원 동물 인간

사람도 어떤 장벽을 만나면 이를 극복하기 위해서 장벽에 대한 정보를 수집하고, 이로부터 그것을 극복할 수 있는 방법을 강구한 후에, 구체적으로 실행에 옮겨 장벽 문제를 해결한다. 여기서 가장 중요한 단계는 장벽에 대한 정보수집이다. 이것이 불충분하거나 정확하지 않을 경우에는 제대로 된 해결책을 찾아낼 수 없을지도 모른다. 우리 인간은 많은 종류의 다양한 수단을 이용하여 정확한 정보를 수집하고 있다.

제2차 세계대전에서 연합국이 강력한 힘을 가진 이유가 무엇이었을까? 우선 많은 무기와 당시로는 최첨단 장비를 생각할 수 있다. 동시에 많은 군사와 군 장비를 실어 나르며 전쟁을 치를 수 있는 항공모함이나 잠수함, 항공모함에 적재할 수 있는 전투기, 헬리콥터 등을 생각할 수 있다. 현대전에서는 무엇보다도 정확한 정보수집이 가장 중요하다. 제2차 세계대전에서 일본이 전쟁에서 패한 이유는 여러 가지가 있겠지만, 전쟁 후반에는 정보의 낙후성을 첫손으로 꼽을 정도이니 정보의 중요성은 자세한 설명이 필요 없을지도 모른다. 오늘날에는 정보수집을 위한 군사 인공위성이나 스텔스기를 비롯한 수많은 종류의 정보수집을 위한 첨단장비가 속속 개발되고 있으며, 제1~2차 걸프전이나 아프가니스탄 전쟁, 사라예보 전쟁 등에서 이들의 적용 성능시험을 한 적이 있다. 군사전쟁이나 상업전쟁, 무역전쟁 혹은 학문이나 기술 등을 망라한 지식전쟁과 같은 각종의 현대전에서 정보의 우위를 점하는 국가나 집단 혹은 개인이 승리를 쟁취하는 것은 지극히 당연한 결과이다.

곤충학자들의 연구결과에 의하면 개미도 인간과 마찬가지로 여러 정보(감각)기관을 통하여 정보를 수집한다. 그들의 주된 정보기관은 눈과 다듬이이다. 더듬이는 접촉과 냄새를 이용하는 정보수집 기관이다. 그래서 접촉하지 않은 것에 대한 정보는 부정확할 수밖에 없다. 개미는 눈뜬장님이기에 눈을 통해서 얻은 정보는 부정확하다. 개미가 3차원 공간에 살긴 하지만 스스로 얻은 정보는 촉각에 의한 위치와 냄새를 통한 방향밖에 없다. 위치와 방향만 알고 크기를 모를 경우에 이것은 오로지 1차원 공간(선)에서의 이동에만 활용될 수 있는 정보이다. 결론적으로 개미는 3차원 공간에서 살지만 실제로는 1차원적인 움직임을 보이는 동물이다. 즉, 개미는 1차원 동물인 셈이다. 그 이유는 정보를 획득하는 정보기관의 특성 때문이다.

사람은 어떠한가?

사람은 시각, 청각, 후각, 미각, 촉각 등의 5대 감각을 얻는 기관을 갖추고 있다. 그런가 하면 자기장을 감지하는 능력을 가춘 사람도 있다고 한다. 인간이 개미나 다른 동물들과 다른 특별한 점은 뛰어난 두뇌를 가지고 있다는 것이다. 즉, 여러 감각기관을 통해서 얻은 정보들을 서로 비교, 분석, 종합하여 대상을 총체적으로 평가하는 능력을 가지고 있다.

예를 들어 우리가 가진 눈은 근본적으로 2차원 그림 또는 2차원 형상에 대한 정보를 입수하여 뇌로 그것을 전달한다. 왼쪽 눈과 오른쪽 눈은 각각의 2차원 정보를 뇌로 전달한다. 우리의 뇌는 두 눈으로부터 입수한 정보를 비교, 분석, 종합하여 3차원 형태의 결론을 내리며, 심지어 그것의 기능과 과거 현재를 파악하여 가까운 미래까지 예측한다. 즉 우리의 뇌는 좌우의 두 눈으로부터 2차원 정보를 입수하여 공간개념의 3차원 입체 형태로 결론을 내리고, 심지어는 그 길이가 길지 않지만 시간적인 변화까지 파악하여 공간(3차원)과 시간을 망라한 시공 4차원의 결론을 만들어낸다. 이처럼 사람은 3차원 공간에서 행동하면서 4차원적인 움직임을 보인다.

이상과 같이 개미와 인간은 같은 3차원 공간에 존재하고 행동하지만, 각 개체가 가진 정보기관의 특성으로 인해서 개미는 오로지 1차원적인 행동을 보이고 인간은 4차원적인 행동을 보인다.

(3) 개체 간의 차이

부분적이긴 하지만 4차원적인 행동을 하는 인간의 경우에 개인 간의 차이는 없을까?

주위의 사람 중에는 냄새를 맡는 능력이 특별히 뛰어난 사람이 있는가 하면, 청력이 뛰어난 사람이 있다. 우리에게 친숙한 시력의 경우에는 능력의 차이가 명확하다. 어떤 사람은 겨우 0.2까지밖에 볼 수 없는가 하면, 어떤 사람은 2.0의 시력을 가진 사람도 있다. 젊다고 해서 무조건 시력이 뛰어나거나, 나이가 많다고 해서 반드시 시력이 나쁜 것만도 아니다. 맛의 경우에도 매우 강한 매운맛조차도 느끼지 못하는 사람이 있는가 하면, 매우 약한 매운맛에도 민감한 반응을 나타내는 사람이 있다. 우리가 온몸으로 느끼는 온기(따스함)도 아주 작은 차이까지 구별해내는 사람도 발견된다. 2003년에 일본에서는 도심거리에 존재하는 전자파에도 민감하게 반응하여 도저히 도시에서는 생활할 수 없는 전자파에 대한 과민반응을 보이는 사람들을 전자파 과민증 환자로 분류하여 산업재해로 정의한 바 있다. 이러한 모든 현상은 모두 사람들 간의 감각기관의 차이에서만 비롯된 것일까? 아니면 또 다른 차이가 있는 것일까?

사명대사

정말로 사명당은 뜨거운 방에서도 추운 것처럼 느꼈을까?

우리의 전설이나 설화 또는 위인전기 중에는 어떤 위대한 인물에 대한 특별한 내용이 많이 나온다. 이 중에서 조선 중기에 발생한 임진왜란 당시에 대단한 활약을 한 사명당 혹은 사명대사에 대한 내용 중에서 아주 특이한 점을 찾아낼 수 있다. 특이한 내용은 사명당의 특별한 능력에 관한 것으로 그 일부를 발췌하면 다음과 같다.

"…… 일본에 간 사명대사는 죽임의 대상이었다. …… 일본 대신들은 사명대사를 으리으리하게 큰 방으로 안내한 후에 이 방에 밤새도록 불을 지폈다. 방바닥에는 철판이 깔렸고, 그 방의 아궁이는 시뻘건 불꽃을 뿜었다. 이윽고 날이 밝았다. 시꺼멓게 타 죽었을 사명대사의 시신을 확인하기 위해 방문을 열어본 일본 대신들은 놀랐다. 사명대사가 멀쩡하게 살아 있을 뿐만 아니라 그의 수염에 고드름이 매달려 있었기 때문이다.……"

마땅히 타 죽어야 할 사명대사가 살아 있다는 사실 자체가 이상하지만, 하도 추워서 수염에 고드름이 매달려 있다니 사명당은 분명히 특별한 능력을 지닌 분이다. 물론 동화책에서 읽은 내용이다. 이 내용을 처음 접하던 때가 기억난다. 웬일인지 사명당의 경이로운 능력에 놀라운 마음이 생기지는 않고 전설 같은, 믿을 수 없는(incredible), 그보다도 거짓말 같은 내용이라서 경외심이나 존경심은 전혀 생기지 않았다. 왜일까? 바로 거짓말이었기 때문이다.

무엇이 거짓말이었을까?

① 방바닥에 철판이 깔렸다. 이 당시에는 일본에도 철제도구들이 많이 보급되었기에 가능하다. 철판의 크기나 두께에 대한 이야기는 없지만 가능하다. 철판이 의미하는 것은 열전도가 잘 되어 불을 지피는 대로 거의 대부분의 바닥으로 그대로 전달된다는 의미일 것이다. 즉, 바닥이 무척 뜨겁다. 바닥의 온도는 나무나 짚을 태울 정도로 높다는 의미일 것이다.

② 시커멓게 타 죽었다. 통닭을 구울 때처럼 육신이 시커멓게 변했을 것으로 추측했다는 뜻이다. 이렇게 높은 온도에서 구웠으니 죽는 것은 물론이거니와 몸까지도 통닭처럼 시커멓게 변했을 것이다.

③ 사명당이 죽기는커녕 멀쩡하게 살아 있다. 이 부분은 역전을 노린 것이 아니다. 절대로 살아남을 수 없는 환경에서도 목숨을 지탱하다니 이것은 대반전이자 거짓말이다. 그래서 위의 내용이 놀랍지 않고 듣는 이나 읽는 이에게 아무런 느낌을 주지 못한다.

④ 수염에 고드름이 매달려 있다. 철판이 깔린 방에 엄청나게 불을 지폈으니 방 속에 들어 있는 사명당이 뜨거운 바닥에 데어서 죽었거

나, 너무 높은 온도 때문에 타 죽었거나, 통닭처럼 시커멓게 그을려 죽었거나, 뜨거운 공기로 인해서 숨이 막혀 죽었거나 해서 당연히 사명당은 목숨이 떨어져 나간 저세상의 사람이어야 했다. 그럼에도 불구하고 오히려 코에서 나온 열기가 수염에 가서 응고되어 고드름으로 매달려 있다니, 이것은 과학적으로 옳지 않은 결과일 뿐만 아니라 절대로 일어날 수 없는 일이다.

이처럼 너무 거짓말로 일관하거나 거짓말을 너무 과장하면 글을 읽거나 듣는 사람들에게 감흥은커녕 기억에조차 남지 않게 된다. 우리의 경험에 비추어 보거나 그동안 배우고 익힌 자연과학적인 법칙에 의하면 위의 ③항과 ④항은 누구나 거짓말이라고 생각한다. 그런데 ③항과 ④항이 진실로 거짓일까? 부분적으로는 가능할 수도 있지 않을까?

T-타입 칼숨채널

통증에 관한 최근의 연구결과에 따르면 통증이 면역기능을 약화시키기 때문에 만성통증환자는 감기와 같은 여러 질환에 쉽게 걸릴 수 있고, 불안증이나 불면증 혹은 우울증과 같은 정신질환에 시달릴 수 있다고 한다. 이런 통증의 악순환을 피하기 위해서는 조기에 통증을 치료해야 한다. 그렇다면 어떤 과정을 거쳐서 통증의 악순환이 발생하는 걸까? 우리의 신체에서 발생한 통증신호는 척수(등골)를 통해서 뇌로 전달된다. 척수를 통해서 머리로 전달된 통증신호는 뇌의 시상핵을 거쳐 대뇌피질에 도착하는데, 이때 비로소 아프다는 생각이 든다. 통증신호가 척수로 들어오면 척수에서는 척수반사라는 길을 통해 통증신호가 발생한 부위의 운동신경과 교감신경을 흥분시킨다. 이런 흥분은 근육과 혈관을 수축시키고, 혈관의 수축에 의해서 산소와 영양을 공급하는 피가 잘 통하지 않고 노폐물이 축적된다. 이런 현상은 자연치유력을 감소시켜 통증을 더욱더 악화시키는데 이런 과정을 통하여 통증의 악순환이 발생한다.

우리 몸이 바늘에 찔리는 순간 "앗 따가워!"라고 외치든지, 뜨거운 것에 닿는 순간 "앗 뜨거워!"라고 외치면서 화들짝 놀란다. 이로부터 알 수 있듯이 통증은 몸의 이상을 알리는 경보이다. 우리가 통증을 느끼지 못하면 우리 몸이 신체 내외의 환경에 대처할 수 없다는 것과 같다.

통증을 일으키는 자극의 강도와 통증의 크기는 비례할까? 반드시 비례하지는 않는다. 자극의 세기가 같더라도 사람에 따라, 환경에 따라 느끼는 통증의 크기는 달라질 수 있다. 예를 들어 만성화된 통증에 대해서는 특이한 반응이 나타난다. 통증을 유발하는 자극이 없는데도 불구하고 통증이 저절로 생기기도 한다. 그런가 하면 통증이 절대로 유발되지 않는 가벼운 자극에도 통증이 발생하기도 한다.

특별한 환경에서는 통증이 반드시 발생해야 하는 자극에도 통증을 전혀 느끼지 못하는 경우도 있다. 예를 들어 전쟁 중에 총상을 입거나 운동경기 중의 흥분상태에서 다쳤을 때는 종종 통증을 전혀 느끼지 못하는 경우가 있다. 아무리 강한 통증신호라도 그것이 대뇌피질에 전달되지 않아서 통증을 인식하지 못하는데, 이것은 뇌가 통증신호를 제어할 수 있다는 것을 의미한다. 즉 뇌가 통증신호를 받아들여 통증을 느끼지만, 반대로 통증을 억제하는 신호를 내보내 통증을 완화하거나 느끼지 못하게 할 수도 있다는 것이다.

2003년에는 이와 관련한 재미있는 연구결과가 발표되었다. 한국과학기술원 신희섭 박사는 티-타입(T-type) 칼슘채널이라는 유전자의 통증조절기능을 밝혀낸 연구결과를 <사이언스> 잡지에 실어 눈길을 끌었다. 티-타입(T-type) 칼슘채널 유전자는 잠을 잘 때나 뇌 질환에 걸렸을 때 의식을 차단하는 작용을 하는 것으로 알려져 있다. 시상핵은 뇌에서 감각신호를 받아들이는 관문역할을 한다. 이 유전자가 감각신호의 관문인 시상핵에서 통증을 조절하는 역할을 수행한다는 사실을 처음 발견한 것이다.

시상핵에서 티-타입채널이 제거된 변이 생쥐의 경우에 통증신호가 여과 없이 그대로 전달되어 매우 심한 통증이 유발된다는 사실을 찾아내었는데, 이런 사실은 통증을 느끼는 뇌의 작용을 분자생물학적 수준에서 밝혀낸 것이다. 이것은 티-타입채널을 활성화할 경우에 통증을 완화할 수도 있음을 의미한다.

이러한 결과로부터 티-타입 칼슘채널은 시상핵에서 일반 신호와 통증신호를 구별하여 통증신호를 차단하며, 잠을 잘 때나 뇌질환을 앓을 때 의식을 차단하는 역할을 한다. 이런 논리대로라면 어쩌면 티-타입 칼슘채널이나 혹은 다른 것이 모든 의식신호를 개별적으로 선별하여 차단하거나 통과시키는 역할을 하는 것인지도 모른다. 아직은 밝혀지지 않은 것이지만.

판단능력의 차이—각종의 맹(盲)

박쥐는 사람이 들을 수 없는 초음파를 이용해서 앞에 있는 사물을 파악한다. 눈이 퇴화하여 볼 수는 없어도 귀를 이용해서 사물의 형체를 판단한다. 박쥐는 우리 인간보다 뛰어난 귀를 가지고 있는 셈이다. 사람의 귀보다 뛰어난 능력의 귀를 가지는 동물은 수도 없이 많다.

우리 인간은 1초에 16번 진동하는 소리에서 약 12,000번 진동하는 소리까지 들을 수 있다고 한다. 그러나 이런 범위의 소리나 진동도 사람에 따라서 들리는 정도가 다르다. 어린이나 젊은 사람들은 노인에 비해서 들을 수 있는 소리의 범위도 훨씬 넓으며, 인지할 수 있는 강도의 범위도 훨씬 넓다. 그런가 하면 같은 연배의 사람들끼리도 들을 수 있는 소리의 주파수 범위와 강도의 범위가 서로 다르다.

귀뿐만이 아니다. 눈의 경우에도 사람마다 시력이 다르고, 볼 수 있는 범위도 다르다. 그래서 동화인 아라비안나이트에는 천리안을 가진 사람이 종종 등장한다.

일반적으로 개는 사람보다 후각이 훨씬 발달했다. 뱀과 같은 동물은 냄새까지도 혀를 통해서 구별할 정도이니 사람보다 훨씬 뛰어난 혀를 가진 것으로 보인다.

이와 같이 여러 가지 자극을 감지하는 감각기관의 감지능력은 동물마다 다르고, 개체마다 다르다. 사람의 경우에도 사람마다 감지능력이 서로 다르다. 그래서 시각장애인 시맹(맹인), 청각장애인은 청맹, 후각장애인은 후맹, 맛을 느끼지 못하는 사람은 미맹, 촉각을 느끼지 못하는 사람은 촉맹으로 표현해야 하지 않을까? 그런가 하면 특정한 색상들을 인지하지 못하면 특정 색맹(예를 들어 적록색맹, 녹황색맹 등등), 특정한 소리를 듣지 못하면 특정 청맹이라고 해야 옳을지도 모른다. 특정 맛, 예를 들어 매운맛을 모르면 매운맛맹, 이런 경우가 있는지는 모르지만 설탕과 같은 단맛을 느끼지 못하면 감맹(?), 등등과 같은 다양한 맹들이 존재할 수도 있다.

뛰어난 감각능력

이 세상에는 맹에 대응되는 개념도 있다. 앞에서 기술되었던 천리안을 가진 사람, 즉 천 리 앞을 내다볼 수 있는 눈을 가진 사람이란 뜻인데, 과연 동화나 전설에만 나오는 사람일까? 어떤 사람은 천 리까지는 아닐지라도 10리까지 내다보는 사람, 50리, 무려 100리까지 볼 수 있는 사람도 실제로 존재한다고 한다. 근시인 사람은 안경의 도움 없이는 5미터 앞에 있는 물체도 정확하게 내다볼 수 없을지도 모른다.

시각만이 아니다. 청각의 경우에도 귀가 밝다는 개나 쥐처럼 작은 소리는 물론 아주 큰 소리도 들을 수 있는 사람이 있는가 하면, 아주 저주파수의 소리를 들을 수 있는 사람, 박쥐처럼 대단히 높은 주파수 즉 초음파 영역의 소리도 들을 수 있는 사람이 있다.

이렇게 특별한 시각이나 청각, 후각, 촉각, 미각 등등의 감각능력을 가진 사람이 있는가 하면, 그저 사람들의 평균에 해당하는 평범한 능력을 가진 사람도 있다.

감각능력의 차이는 동식물과 같은 생명체에만 국한된 현상이 아니다. 우리가 흔히 과학적 기계라고 하는 여러 종류의 계측기도 목적과 용도에 따라 감각능력의 차이가 있다. 이런 차이를 측정범위와 정밀도로 구분하여 그 계측기의 특성을 대별한다. 이 외에도 사용목적에 따라 여러 분류항목들이 있으나 그것들에 대해서는 생략한다. 측정범위는 어디에서 어디까지 측정이 가능한가를 나타낸 것이다. 소리의 경우를 예를 들면, 주파수 100에서 90,000까지 측정한다든가, 1에서 10,000까지 측정한다든가 하는 것은 측정의 범위를 나타낸 것이다. 그런가 하면 특정한 주파수에서 0.1m dB에서 1,000m dB까지 조사 가능하다든가 하는 것도 범위에 속한다. 그런가 하면 주파수 100인 소리를 측정하는데, 측정한 결과 100.000±0.002로 나타낼 수 있는 경우는 100.0±0.1로 나타낼 수 있는 경우에 비해서 정밀도가 훨씬 높다고 말한다.

이러한 관점에서 볼 때 과연 '감각능력'의 진정한 의미는 무엇일까? 당연히 객관화된 능력을 의미한다. 무엇에 대한 객관화된 능력일까? 감각 즉 어떤 자극을 인식하는 객관화된 능력을 감각능력이라 할 수 있을 것이다. 시각의 경우에 눈을 통하여 들어온 여러 자극들이 신경 신호로 바뀌어 시상하부를 거쳐 대뇌로 가서 들어온 정보가 무엇인가를 판단하였을 때 눈으로 본다, 즉 눈을 통해서 보는 능력을 가지고 있다고 할 수 있다. 이상의 과정을 단순하게 나누어보면, 첫째로 눈을 통하여 받아들인 시각정보에 대한 신경신호, 둘째로 신경을 통하여 전달된 신경신호를 받아들인 시상핵에서 필요 없는 정보를 제거한 필요한 정보, 셋째로 뇌로 전달된 정보에서 삼차원 공간에서의 형상화(이미지화) 등이 된다. 여기서 시각이나 시력이 뛰어나다는 의미는 어느 단계의 능력이 우수하다는 것을 의미할까?

판단능력과 감각능력

인간이 가진 감각능력과 판단능력은 정보의 획득과 밀접한 관계가 있다. 우수한 감각능력과 판단능력은 우수한 정보 획득에 필수불가결하다. 우수한 정보 획득은 관찰결과의 정확성과 객관성 확보에 대단히 중요하다. 우수한 정보는 객관성을 바탕으로 한다. 우수한 정보는 정보의 정확성에 기초한다. 획득한 정보가 객관성과 정확성을 모두 확보한 경우에는 별문제이겠지만, 2가지 중에서 하나를 취할 수밖에 없다면 어느 것이 우선적일까? 객관성은 가지고 있으나 정확성이 떨어지는 정보는 여러 가지 방법을 통하여 정확도를 높이거나 신뢰도를 높일 수 있다. 이러한 방법론은 이미 통계학이나 수학에서 체계적으로 정립된 상태이다. 이와는 달리 정확성은 있으나 객관성이 결여된 정보는 어떠한가? 즉 정확하지만 주관적인 정보는 관찰의 결과가 아닌 개인적인 견해에 해당한다. 따라서 관찰에서는 객관성이 가장 중요하다.

2. 객관적 관찰에 대한 비판

'객관적'(客觀的, objective)이란 용어의 의미는 무엇일까? 우선 사전적인 의미를 알아보자. 객관적이라는 것은 자기와의 관계에서 벗어나 제삼자의 입장에서 사물을 보거나 생각하는 것을 의미한다. 모든 학문의 근간을 이루는 철학에서는 '세계나 자연 따위가 주관의 작용과는 독립하여 존재한다고 생각되는 것'으로 백과사전(두산대백과사전)에 명시되어 있다. 관찰은 그 결과를 공유하기 위한 중간과정이다. 결과를 공유하기 위해서는 관찰결과가 객관성을 가져야 한다. 객관성을 가지는 관찰결과는 당연히 관찰과정의 객관성이 확보되어야만 확보가능하다. 관찰과정의 객관성을 이해하기 위해서 먼저 관찰과정을 살펴보자. 관찰은 정보의 확보이므로, 인간이 획득하는 정보 중에서 약 90%를 차지하는 시각정보를 중심으로 그 과정과 판단에 대하여 알아보면 다음과 같다.

(1) 센서와 정보

센서

사람마다 2개(1쌍)의 눈을 가지고 있다. 2개의 눈은 서로 다른 능력을 가진다. 모양이 같고 모델이 같지만 성능이 서로 다른 스피커와 같다. 이 2개의 스피커를 동시에 사용하여 소리를 내도록 하면 원음(소스: source)이 같을지라도 각각의 스피커는 서로 다른 소리를 낸다. 즉 성능이 다르기 때문에 재생하는 소리의 음폭이 다르고 음질도 다르다. 이럴 때 모양과 모델이 같다고 두 스피커가 같은 소리를 낸다고는 할 수 없다.

자연계에 존재하는 생명체들 중의 한 종류인 인간의 몸은 좌우대칭을 이루고 있다고 한다. 전체적인 개략적 형상이 그렇다는 것이다. 세세히 따지고 보면 좌우가 완벽하게 대칭인 것은 전혀 없다. 왼쪽 엄지손가락은 오른쪽 엄지손가락과 절대로 대칭이 아니다. 왼쪽 귀는 오른쪽 귀와 대칭인 것처럼 보이긴 하지만 완벽한 대칭 형상은 아니다. 눈도 마찬가지다. 모양은 유사하지만 엄밀하게 따지면 전혀 다르다. 보는 능력인 시력은 어떤가. 물론 같지 않다.

그 이유는 무엇일까? 해부학적인 지식을 동원할 필요도 없다. 시각정보가 들어오는 창구인 각막의 상태가 다르고, 수정체(렌즈)의 형태가 달라서 이미 서로 다른 시각정보가 들어오게 된다. 그뿐인가. 망막의 상태는 물론이거니와 초점거리가 서로 다르고 정보를 인식하는 시신경의 기능이 서로 다르다. 그래서 우리 얼굴의 좌우에 위치한 각각의 눈은 별도로 시각정보에 대한 신경신호를 만든다. 이것은 중요한 의미를 가진다.

사람의 눈이나 귀 혹은 코와 같은 감각기관은 자동차의 속도센서나 온도센서 혹은 연료센서와 같은 각종 센서(sensors)에 대응된다. 20세기 초에 판매되었던 미국 포드사의 베스트셀러인 T-형 자동차의 경우에도 각종의 센서가 부착되었으며, 21세기에 판매되고 있는 롤스로이스나 BMW 혹은 벤츠 등에서 출고되는 최고급의 승용차들에도 각종의 센서들이 부착되어 있다. 각종 센서들은 차를 운전하거나 관리하는 데 반드시 필요한 것들이기 때문이다. 그런데 같은 기능을 하는 센서의 경우, 20세기 초의 자동차에 탑재된 것과 요즈음의 최고급 최신형 자동차에 탑재된 것 간에는 그의 기능과 성능 면에서 차이가 없을까? 당연히 지난 1세기 동안에 발전한 과학기술의 덕택으로 각종의 센서들도 기능과 성능 면에서 엄청난 발전을 했을 것으로 추측된다.

그렇다면 사람의 눈도 지난 1세기 동안 기능과 성능 면에서 발전했을까? 이 질문은 부적절할지도 모른다. 그렇지만 이 질문에 대한 답은 자동차의 각종 센서의 발전에 비해 사람의 시력에서는 그 발전의 정도가 미미할 것으로 추측된다. 자동차용 각종 센서는 사람의 능력으로 점차 개선, 발전시킬 수 있지만, 눈과 같은 사람이 가진 감각기관은 사람의 능력 밖의 일이기 때문이다.

과연 그러할까? 사람이 만든 센서는 그 성능을 명확하게 계량화할 수 있다. 즉 센서가 감지할 수 있는 물리적인 양의 종류와 그 물리량의 크기, 물리량의 성질 등을 명시할 수 있다. 센서 간의 성능비교도 계량화할 수 있기 때문에 각 분야나 영역별로 센서 간의 성능차이를 숫자로 나타낼 수 있다. 특정 센서의 성능이 결정되면 이것으로 획득할 수 있는 정보의 종류와 성질과 같은 정보의 특성이 명확하게 정의

될 수 있다. 그래서 이로부터 획득한 정보에 대한 신뢰도가 명확하게 결정된다.

사람이 가진 각종 감각기관의 경우에도 자동차의 센서처럼 감각기관의 특성을 명확하게 정의할 수 있을까? 물론 어려울 것이다. 경우에 따라서는 불가능할지도 모른다. 특정한 한 사람의 경우에도 때와 장소와 컨디션과 환경에 따라 그 성능은 달라질 수 있다. 기분에 따라서도 달라질 뿐만 아니라 하물며 의지에 따라서도 달라질 수 있다. 즉 자동차의 센서처럼 객관화할 수는 없다. 너무나 주관적이기 때문이다. 사람들은 나름대로의 주관을 가지고 있다. 사람마다 서로 다른 성능을 가진 2개의 눈을 가지고 있다. 사람마다 그때그때에 따라 기분이 다르고 컨디션이 다르다. 따라서 모든 사람들은 동일한 대상이나 물체 혹은 현상에 대해서 그 나름대로의 시각정보를 가지게 된다. 동일한 사물을 동시에 같은 각도에서 볼지라도 그 결과는 서로 다른 것을 본 것과 같을 수 있다.

정보의 증폭과 필터링

눈을 통해 들어온 여러 자극들은 신경신호(센서의 출력)로 바뀌어 신경(통신선로)을 통하여 머리의 대뇌 바로 아래에 위치한 시상핵에 도달한다. 시상핵은 필요 없는 정보를 제거하는 기능을 가진다. 이러한 능력은 사람마다 다르기 때문에, 제거하는 정보의 종류와 제거하는 능력이 사람마다 다르다.

산속 깊은 곳에 자리한 산사의 대웅전 앞마당에 서 있으면 속세의 모든 시끄러운 소리들이 사라지고 적막한 침묵만이 흐른다. 그런데 이도 잠시. 3~5분의 시간이 흐르고 나면 우리 귀엔 작지만 분명한 소리가 들리기 시작한다. 가까이 있는 나무의 잔가지가 흔들리는 소리. 조금 더 있으면 멀리 있는 개울에서 물 흐르는 소리가 덩달아 들린다. 조금 더 있으면 스님의 목탁 두드리는 소리도 들려온다. 개울물 흐르는 소리만을 듣고 싶을 때, 나뭇가지 흔들리는 소리나 목탁소리, 매미 소리, 바람 소리는 정말로 듣고 싶은 소리인 개울물 흐르는 소리를 방해한다. 필요 없는 소리이다. 여기서 개울물 흐르는 소리는 우리가 듣고 싶어 하는 신호(信號, signal)이며, 다른 모든 소리를 듣고 싶지 않을 뿐만 아니라 신호를 방해하는 잡음(雜音, noise)이다.

센서의 출력에는 우리가 원하는 신호와 원하지 않는 잡음이 들어 있다. 신호가 무엇인지를 알아내기 위해서는 센서의 출력에 포함된 잡음을 제거하거나 줄여 원하는 신호로 가공할 필요가 있다. 그런데 애초에 센서의 출력이 너무 낮아서 신호인지 아닌지 구별이 매우 어려울 때가 있는데 이런 경우에는 센서출력을 우리가 인식할 수 있도록 그 세기를 키워야 한다. 이처럼 신호의 세기를 키우거나 잡음을 줄여 원하는 신호를 추출하는 과정을 신호처리(signal processing)라고 한다. 여기서 신호의 세기를 키우는 것을 증폭이라 하며, 잡음을 줄이거나 제거하는 과정을 필터링(filtering)이라 한다.

출력을 단순히 증폭하는 경우에는 우리가 원하는 신호가 증폭되는 것은 물론 잡음 자체도 증폭된다. 그래서 우리가 원하는 신호를 제대로 인식하기 위해서는 신호는 증폭하고 잡음은 제거할 필요가 있다.

눈을 통하여 들어온 시각정보는 시신경과 그 선로를 통하여 시상핵에 도달한다. 시상핵에 도달한 시각정보는 필요한 정보와 불필요한 정보로 나뉜 후에 필터링을 거쳐 증폭된 후에 대뇌로 옮겨간다. 이때 정보의 필터링과 증폭을 담당하는 시상핵의 기능과 그 능력은 사람마다 다르며 때와 장소에 따라 다르다. 또한 이러한 능력은 교육과 훈련에 의해서 변할 수 있다. 집중력이 뛰어난 사람은 어떤 일에 깊이 빠져 있을 때 웬만한 자극에 대해서는 반응조차 하지 않는다. 그래서 독서삼매경이나 무아지경이라는 말이 있지 않은가. 이런 경지는 아무나 맛볼 수 있는 것이 아니긴 하지만, 오랜 기간의 수련을 통하면 불가능한 것만은 아닐 것이다. 이런 방법으로 얻은 증폭과 필터링 기능은 사람마다 다르며, 처해진 환경마다 다르고, 때와 장소 그리고 이력(履歷)에 따라 다르다.

(2) 정보의 분석과 판단

우리 몸이 인식한 신호를 받아들여 그것을 판단하는 기능을 하는 곳인 대뇌는 수백억 개에 달하는 뇌세포로 이루어져 있다. 이렇게 수많은 뇌세포의 수명도 제한되어 있어 하루에 약 10만 개의 뇌세포가 죽는다고 한다. 눈을 통해 들어온 여러 자극들은 통신선로인 신경을 통하여 우리 머릿속의 대뇌 바로 아래에 있는 시상핵에 도달한다. 이곳에서 필요한 신호로 추출되어 대뇌에 도착하면 이 신호들이 분석되어 이 신호가 무엇인지 판단된다.

분석과 판단의 방법과 그 능력은 사람마다 다르다. 일반적으로 이런 과정은 교육과 경험의 정도에 따라 사람마다 상당한 차이를 보이기도 한다. 왜 이런 차이가 나타날까? 그 원인을 이해하기 위해서는 분석과 판단에 대한 의미를 이해해야 할 것이다.

분석

분석의 사전적 의미는 '얽혀 있거나 복잡한 것을 풀어서 개별적인 요소나 성질로 나눔'이지만, 학문의 기본이라 할 수 있는 논리학적으로는 '개념이나 문장을 보다 단순한 개념이나 문장으로 나누어 그 의미를 명료하게 하는 것'을 의미한다. 철학적으로 분석의 의미는 매우 단순하고 명료하다. 분석은 '복잡한 현상이나 대상 또는 개념을, 그것을 구성하는 단순한 요소로 분해하는 일'이다. 분석력은 분석하는 능력을 의미하는데, 그것의 본질을 알아내기 위해서 그것을 구성하는 단순한 요소로 분해할 수 있는 능력을 의미한다.

판단

논리학적으로 판단은 '개개의 사실이나 의문에 대하여 단정하는 인간의 사유작용'을 의미하며, 사전적으로는 '사물을 인식하여 논리나 기준 등에 따라 판정을 내리는 것'을 의미한다. 현대 논리학은 사고와 논증을 지나치게 밀착시켜 이 미로(迷路)에 빠져들기를 피하며, 언어 표현에 맞추어 논증을 분석한다. 따라서 예외적인 경우를 제외하고는 '판단'이라는 말을 사용하지 않는데, 최근에는 '의사결정'을 판단이라고 부르는 예가 많다.

경영학적으로 의사결정은 '기업의 소유자 또는 경영자가 기업 및 경영상태 전반에 대한 방향을 결정하는 일'을 말한다. 이때의 결정은 다음의 3가지 조건들 중의 하나의 조건으로 이루어진다. 즉 ① 확실성에 의한 의사결정, ② 위험도가 있는 상태에서의 의사결정, 즉 기업 간 위험도와 기업 내 위험도에 대한 경험적 확률을 근거로 한 의사결정, ③ 불확실성에 의한 의사결정, 즉 생길 수 있는 결과의 확률을 알지 못하고 있을 경우의 주관적 확률에 따른 의사결정 등이다.

이러한 정의들에 따르면 판단은 의사결정을 하거나 판정을 내리는 것을 말한다.

정보의 분석과 판단

정보의 분석과 판단은 '정보의 본질을 알아내기 위해서 입수한 정보를 단순한 요소들로 분해하여 판단하는 논리나 기준에 따라 판정을 내리는 것'을 의미한다. 이것을 ① 단순한 요소의 정의, ② 입수한 정보를 단순한 요소들로 분해하는 능력, ③ 판단하는 논리의 정의, ④ 판단하는 기준의 설정, ⑤ 판정을 내리는 능력 등으로 나누어 검토하자.

①과 ③과 ④의 '단순한 요소의 정의와 판단의 논리 및 기준 등'은 어느 정도 객관화된 것이라 할 수 있지만, 엄밀하게 말한다면 이것도 때와 장소 및 환경에 따라 변할 수 있기 때문에 완벽하게 객관화되기 어렵다. 예를 들어 우리가 마시는 식수를 보자. 지구 상에서 산업화가 이루어지기 훨씬 이전인 1600년대에는 인류의 생존조건을 논할 때 식수는 분명히 중요한 요소로 평가되었다. 그 이유는 그때나 지금이나 지구 상에는 식수가 풍부한 곳이 있는가 하면 사막이나 건조 지역처럼 식수가 풍부하지 않은 곳도 있었기 때문이다. 그러나 식수의 조건을 논할 때는 상황이 전혀 달라진다. 산업화 이전은 지구 상에서의 환경오염이 문제시되지 않던 시기이므로 식수오염 정도가 중요한 요소가 될 수 없고, 단순히 식수의 양만이 중요한 요소였다. 이처럼 단순한 요소의 정의, 판단의 논리, 판단의 기준 등도 절대 불변이 아닌 가변성을 가지고 있다.

②와 ⑤는 철저히 주관적(主觀的, subjective)이다. 주관적은 '자기의

견해나 관점을 기초로 하는 것'이라는 의미를 가진다. 이것은 사람마다 다르며, 때와 장소 및 환경 그리고 그 사람의 이력에 따라서도 변한다. 때와 장소 및 환경이 결정된 후에 절대로 변하지 않는 '객관적'인 것과는 완벽하게 대응되는 개념이 바로 '주관적'이다.

따라서 정보의 분석과 판단은 철저하게 사람마다 다르며, 때와 장소 및 환경 그리고 그 사람의 이력에 따라서도 변하는 주관적인 것이다.

(3) 객관적 관찰

눈을 통해 들어온 시각정보를 중심으로 신호의 발생, 전달, 증폭과 필터링, 분석, 판단의 전 과정을 통해 관찰한 결과와 결론이 객관성을 가질 수 있는가? 앞에서 자세히 설명한 것과 마찬가지로 모든 과정에서 객관성을 발견하기는 어려울지 모른다. 이들을 자세히 살펴보면 어떤 단일 과정에서도 객관성을 발견할 수 없다는 심각한 결론을 얻게 된다. 그래서 이로부터 도출한 결론은 당연히 객관성이 철저히 배제된 주관적이라는 것이 문제의 핵심이다.

객관성을 가지는 수단을 통하여 정보를 취하며, 객관성을 가지는 방법으로 신호를 증폭하고 필터링해야 하고, 객관성을 지니는 방법으로 분석하며, 객관성을 가지는 기준으로 판단해야만 객관성이 확보된다.

이처럼 엄밀한 객관성이 요구되는 이유는 관찰 자체가 객관성을 가져야만 그 결과를 모두가 서로 공유할 수 있기 때문이다. 그래서 모두가 인정하고 공유할 수 있는 정보가 되기 위해서는 관찰결과가 철저하게 객관성을 가져야만 한다.

3. 객관적 관찰의 방법론

(1) 자연과학

학문(學問)이나 과학으로 번역되는 science는 모두 어떤 사물을 '안다'는 라틴어 scire에서 연유된 말로, 넓은 의미로는 학(學) 또는 학문(學問)과 같은 뜻이다. 독일어로는 과학(Wissenschaft)이 학문(Wissen)과 명백히 구별되며, 철학·종교·예술과 대립하는 개념으로 쓰이는 일이 많다. 학문의 한 분야인 인문학(人文學)은 인간이 처해진 조건에 대해 연구하는 것으로, 분석적이고, 비판적이며, 경험에 의하지 않고 순수한 이성에 의하여 인식하고 설명하는 사변적(思辨的)인 방법을 넓게 사용한다. 인문학의 분야로는 철학, 문학, 언어학, 여성학, 예술, 음악, 역사학, 고고학, 종교학 등이 있다.

이와 유사한 뜻을 지닌 인문과학(人文科學, humanities)은 정치·경제·역사·학예 등 인간과 인류문화에 관한 정신과학을 통틀어 이르는 말이다. 인간과 인간의 문화에 관심을 갖거나 인간의 가치와 인간만이 지닌 자기표현 능력을 바르게 이해하기 위한 과학적인 연구방법에 관심을 갖는 학문 분야이다. 인문과학이라는 개념은 라틴어의 '후마니타스(humanitas)'라는 말에서 유래되었다. 후마니타스는 '인간다움'이라는 뜻이며, 중세 초기 성직자들은 후마니타스를 그리스도교의 기본교육 과정으로 채택하여 교양과목이라 부르기도 하였다. 19세기에 이르러 인문학은 자연과학과 구분하기 시작하였으며, 오늘날에는 자연과학뿐만 아니라 사회과학과도 구별해야 한다는 주장이 나와 일반 교양과목을 인문과학, 사회과학, 자연과학으로 나누는 경우도 있다.

사회과학(社會科學, Sozialwissenschaft)은 인간 사회의 여러 현상을 과학적인 방법으로 체계적으로 연구하는 모든 경험과학(經驗科學)을 뜻하는데, 여기에는 사회학, 정치학, 법학, 종교학, 예술학, 도덕학, 인류학, 경제학, 교육학, 역사학, 인문지리학, 정보과학, 언어학, 경영학, 심리학 등이 포함된다. 이 경우 사회과학은 자연의 여러 현상을 과학적인 방법으로 체계적으로 연구하는 자연과학과 대치(對置)되며, 인간 사회의 여러 현상이 자연의 그것과는 달리, 일정한 인위적(人爲的)·창조적 요소를 포함하고 있다는 것이 전제되어 있다.

자연과학(自然科學, natural science)은 자연현상을 연구대상으로 하는 과학으로 일반적으로 과학이라고도 한다. 자연과학의 고유한 분야로는 크게 물리학, 화학, 생물학, 천문학, 지학이 있다. 그중 지학은 지질학, 지구물리학, 지구화학, 지리학 등으로 다시 분류된다. 과거에는 자연현상이 재현 가능하다는 특성에 따라, 자연과학은 실험이 가능하고, 정밀한 수리적 방법으로 현상들 사이에 함수관계를 확정할 수 있는 등의 특징이 있었다. 그러나 현재는 사회과학에서도 같은 방법을 채택하려고 하여, 심리학, 인류학, 지리학 등에서는 자연과학과 사회과학의 경계가 분명하지 않은 경우가 있다.

이들 세 분야는 과학적인 방법으로 연구한다는 공통점을 지닌다. 다만 인문과학은 인간과 인간의 문화를, 사회과학은 인간 사회의 여러 현상을, 자연과학은 자연현상을 연구의 대상으로 한다는 차이가 있다.

자연과학 연구의 목적은 현상이나 법칙의 발견에 있을 뿐만 아니라 그것들을 설명할 수 있어야 한다. 과거의 경험적 사실로부터 귀납적인 방법으로 새로 발견된 현상을 설명하는데, 이렇게 하여 결론을 얻기 위해서는 가설(假說)을 설정하는 경우가 많다. 이때, 가설을 설정하면 실험이나 관찰로 직접 검증할 수 있는 명제(命題)를 찾아내는 데 편리하다. 법칙(法則)도 일단 가설로 제시될 수 있으며, 그 법칙이 확실시될 때 새로운 법칙이 발견되는 것이다. 어떤 법칙, 다시 말해서 가설에 따른 예언은 무제한으로 있을 수 있으며, 그것이 실현되었다고 하여 반드시 절대적 진리라고는 할 수 없다. 몇 가지 가설과 그에 관련되지 않는 경험적 사실을 토대로 하여 더 보편적인 가설 또는 법칙을 발견할 수도 있다.

가설은 경험적인 사실로부터 귀납적인 방법으로 일반화되는데, 연구대상과 어느 정도 공통된 성질을 가진 것을 모델로 삼고, 그 모델이 가지고 있는 다른 성질들이 연구대상에도 타당하다고 가정하여 가설을 세우는 것이 모델을 이용한 유추의 기본이다. 원칙적으로 실험은 가설을 검증(檢證)하기 위해서 실시하는 것이지만, 자연계에서 복잡하게 야기되는 현상을 부분적으로 재생해서 관찰하려는 뜻을 가지고 있다. 즉, 실험은 분석(分析)과 불가분의 관계에 있다. 이렇게 인위적으로 조건을 설정하고 거기서 일어난 현상을 관찰하는 것이 실험이다.

숫자로 표현되는 개념은 주관성(主觀性)을 떠나서 객관적이며 누구에게나 똑같이 이해된다는 뜻에서 보편성(普遍性)을 가지고 있다. 법칙이 방정식으로 표시되고, 가설의 실험적 검증이 엄밀히 이루어질 수 있는 것은 모두 이 보편성 때문이다. 즉, 보편성이 만족되어야 정밀과학이라고 할 수 있다.

(2) 관찰방법

사물을 주의 깊게 살펴보는 것이 사전적인 관찰의 의미이다. 관찰의 주체는 당연히 관찰을 하는 자신이다. 자신이 가진 여러 종류의 감각기관을 총동원하여 관찰대상을 주의 깊게 살피는 것이 관찰이지만, 관찰결과를 다른 사람들과 공유하기 위해서는 객관적인 방법으로 살펴야 하며, 객관적인 방법으로 관찰결과를 기술해야 한다.

인간이 가진 감각기관들 즉 센서(sensors)로는 시각, 청각, 후각, 미각, 촉각 등의 감각들을 인지할 수 있는 눈, 귀, 코, 혀, 피부 등이 있다. 이들 감각기관들은 특정한 자극들을 인지하며, 인지할 수 있는 자극의 크기와 특성 또한 한정되어 있다.

소수의 사람들을 제외하고 누구나 소리를 들을 수는 있다. 그렇지만 동일한 소리가 모두에게 똑같이 들리지는 않는다. 그래서 각자의 귀를 통하여 같은 장소에서 동시에 서로 같이 들은 결과를 공유하기 위해서는 특별한 약속을 해야만 한다. 이 특별한 약속이 바로 객관화를 위한 약속이다. 즉 결과를 객관화하기 위해서는 기준을 설정해야한다. 이는 가장 명쾌하고 단순하며 복잡하지만 가장 심오한 분야들 중의 하나이며, 모든 자연과학의 기초가 되는 수학에서의 출발점과도 같다. 모두가 인정할 수 있는 약속에서 출발해야 한다. 기준이 되는 영(0, zero)과 1의 설정과 1+1=2와 1-1=0이 성립하는 논리의 설정이 요구된다. 이러한 기준과 논리에 대한 약속은 관찰의 주관성 때문에 필요하다. 관찰자가 가진 센서들의 주관성 때문에 관찰결과의 객관성 확보를 위해서는 당연히 요구되는 약속이다.

모두가 공유할 수 있는 객관성을 가지는 관찰결과를 얻기 위해서 이미 많은 국가에서 관찰방법을 설정해 놓은 바 있다. 미국의 NSF(National Standard Foundation, 국가표준국)를 비롯하여 각국의 표준기구들이 이미 설립되어 국가표준을 설정하고 세계표준을 설정하고 있을 뿐만 아니라 과학기술의 발전으로 새로운 표준설정을 연구하고 있다. 그럼에도 불구하고 스페이스 셔틀(space shuttle)을 우주공간에 올리기 위해서 로켓을 발사하는 순간에 발생한 여러 번에 걸쳐서 발생한 불행한 사고들은 모두가 표준에 대한 약속을 지키지 않은 결과로 초래한 것들이라고 한다. 이처럼 표준화된 방법을 지키는 것은 안전뿐만 아니라 지식과 결과의 공유라는 면에서 대단히 중요하다.

미국의 NSF에서는 ASTM(American Standards for Test and Materials: 시험과 재료에 대한 미국표준)에 조사방법이나 관찰방법을 명확하게 규정해 두고 있다. 일반적으로 객관성을 가지는 관찰결과를 얻기 위해서는 ASTM에 명시된 규정을 따르면 된다. ASTM에 명시되어 있지 않은 경우에는 관찰방법을 공유할 수 있도록 적용한 방법과 순서, 사용한 도구, 사용한 기술, 관찰조건, 관찰 시의 환경과 그 조건, 관찰자의 상태 등등을 명확하게 기술하여 관찰방법을 재현할 수 있도록 해야 한다.

(3) 분석과 판단

사람을 비롯한 모든 동물들은 판단을 할 수 있는 머리 즉 두뇌를 가지고 있다. 사람은 모든 입수한 정보를 종합하고 분석할 수 있는 두뇌를 가지고 있으며, 이로부터 판단을 내릴 수 있다. 이러한 분석과 판단능력은 사람마다 서로 다르다. 따라서 그 결과 또한 서로 다르다.

개인의 능력 차이 외에도 서로 다른 결과를 얻게 되는 이유 중의 하나는 사람마다 서로 다른 분석과 판단에 대한 기준의 차이를 들 수 있다. 너무나도 서로 다른 주관적인 기준들. 이것은 관찰방법과 관찰 과정의 객관성 못지않게 분석과 판단의 객관성에 치명적인 영향을 준다.

관찰결과를 분석하고 판단할 때 객관성을 확보할 수 있는 방법에는 어떤 것이 있을까? 모든 학문에서의 논리전개는 객관성과 보편타당성을 확보해야 한다. 자연과학에서는 재현성도 심각하게 요구된다. 학문에서 요구하는 논리전개는 당연히 논리학적 논리전개를 충족해야 한다. 가장 단순한 논리전개 방법으로는 개개의 구체적인 사실로부터 일반적인 명제나 법칙을 유도하는 방법이 있다. 이를 귀납법(歸納法, the inductive method)이라고 한다. 이와는 대조적으로 이미 알고 있는 일반적인 원리에서 논리의 절차를 밟아 다른 사실을 이끌어내는 연역법(演繹法, the deductive method)이 있다.

우리가 대상으로 하려고 하는 것은 산과 들 그리고 호수와 바다, 바람과 물과 공기 등의 자연형상과 자연 그 자체이다. 즉 자연에 속하는 모든 대상을 다루는데, 이것을 다루는 학문을 자연과학이라 한다. 자연의 법칙이나 현상을 살피는 자연관찰을 통하여 도출한 결과를 분석 검토하여 결론을 도출하고자 하기 때문에 이미 알고 있는 일반적인 원리가 있는가 하면 아직 그 원리를 제대로 알지 못하는 경우도 많다. 많은 경우에 그에 대한 일반적인 원리를 모른다. 이러한 상황에서 우리가 채택할 수 있는 논리전개의 방법은 귀납법이 적합하다고 할 수 있다.

4. 능묘의 조사와 관찰

(1) 능묘와 시스템(system: 界)

시스템과 그 주변

자연법칙을 경험에 입각하여 찾아내고 그들의 상관성을 규명하는 자연과학 분야의 학문 중에서 경험에 가장 충실한 것이 열역학(熱力學, thermodynamics)이다. 열역학에서 추구하는 본질을 탐구하는 기본 입장은 어떤 것일까.

예를 들어 100㎖의 물 한 컵과 10g의 설탕을 사용하여 설탕물 한 컵을 만드는 것을 생각해보자. 목적물은 설탕물 한 컵이다. 설탕물을 만드는 방법에는 여러 종류가 있을 것이다. 우선 컵에 설탕가루 10g을 담고 나서 여기에 100㎖의 물을 부어서 설탕물을 만들 수 있다. 그런가 하면 컵에 100㎖의 물을 담고 여기에 10g의 설탕가루를 부어서 설탕물을 만들 수도 있다.

원하는 것이 설탕물 한 컵일지라도 설탕물을 어떻게 만드는가 하는 방법에 따라 제조하는 데 걸리는 시간이 다르고 경우에 따라서는 그 맛이 다를 수도 있다.

① 물과 설탕가루를 섞고 난 후에 그대로 방치하여 오랜 시간이 경과하면 전체적으로 맛이 거의 균일한 설탕물이 제조된다. 이 방법은 시간이 많이 소요된다. 옛날 얘기에 나오는 신선들이나 이런 방법으로 설탕물을 만들까?

② 설탕과 물을 섞은 후에 막대나 섞음 보조기구(agitator)를 사용하여 저어서 설탕이 빨리 녹고 그 농도가 균일하도록 하는 방법이다.

이 방법은 혼합체를 젓는 방법에 따라서 소요되는 시간과 농도와 맛까지도 다를 수 있다.

③ 설탕을 아주 미세한 가루로 만든 후에 물속에 넣어 빠른 속도로 젓는 방법도 있을 것이다.

④ 설탕과 물을 섞은 후에 강하게 바람을 불어넣어 거품이 생기도록 하여 빠른 속도로 설탕물을 만들 수도 있다.

⑤ 설탕과 물을 섞은 것에 열을 가하면서 막대로 저어 설탕물을 만든 후에 식히는 방법도 있다.

⑥ 설탕과 물을 섞은 것을 차갑게 식힌 후에 막대로 저어서 설탕물로 만들 수도 있다.

⑦ 물을 액체질소(영하 196℃)로 급속냉각하면 얼음으로 바뀌는데, 이 얼음과 설탕을 믹서기에 넣어 빠른 속도로 곱게 갈아 가루로 만든 후에 그릇에 담아서 100℃의 스팀 속에 넣어 급속도로 설탕물로 만들 수도 있다.

⑧ 이뿐만 아니라 여러 가지 제조방법으로 만든 설탕물을 4℃의 온도가 되도록 유지하면, 상온(25℃)으로 유지한 것 혹은 50~100℃로 유지한 따뜻하거나 아주 뜨거운 설탕물과는 그 맛이 다를 수도 있다.

이렇게 설탕물 한 컵도 어떤 방법으로 만드는가? 어떻게 보관하느냐?에 따라 만드는 시간과 맛이 달라진다.

여기에서 대상인 목적물은 단순히 설탕물 한 컵이다. 이 컵에 담겨 있는 설탕물의 맛이나 색상 또는 향기와 같은 여러 성질이 대상체인 설탕물의 상태를 나타낸다. 설탕물의 상태는 그것을 담은 그릇이나 설탕물을 놓아두거나 보관한 장소, 보관한 환경 등에 따라서도 다르다. 예를 들어 깨끗한 온장고에 두거나, 깨끗한 냉장고에 두거나, 비린내가 진동하는 어물창고에 두거나 양곡을 저장하는 양곡창고에 두거나, 시원한 바람이 불어오는 깊은 산속의 계곡에 두거나, 차갑고 강한 바람이 불어오는 히말라야의 산 정상에 두거나, 높은 첨탑을 가진 성당의 중앙 홀에 두거나, 50층 빌딩의 현관 안에 두거나 하면, 경우에 따라 그 맛이 전혀 다르고 설탕물의 상태는 전혀 달라진다.

설탕물은 우리의 눈과 혀를 자극하는 그 대상체이다. 이 대상체의 상태는 어떻게 만드느냐, 어떻게 보관하느냐에 따라서 전혀 달라진다. 즉 대상체의 상태는 그것이 놓여 있는 환경에 의해서도 영향을 받는다.

이처럼 알려고 하는 대상(對象, objectives)의 상태를 이해하기 위해서는 이 대상에 영향을 주는 주변의 환경(環境, surroundings)도 같이 이해해야 한다. 열역학에서는 대상을 계(系, system)라고 하고, 이를 둘러싸고 있는 것을 주위(周圍, surroundings) 또는 주변(周邊)이라 한다.

열린계와 닫힌계

이제는 흔히 보기 힘들지만 지금부터 10여 년 전인 1990년대 말까지는 중·고등학교에 다니는 학생들이 아침마다 점심 도시락을 챙겨서 등교를 했다. 이 학생들의 손에는 점심 도시락뿐만 아니라 물통도 함께 들려있었다. 대부분이 보온 물통 속에 뜨겁거나 따스한 물을 담아 다녔다. 학교에서 목이 마르면 따뜻한 물을 꺼내어 마시지만 물에 대한 특별한 생각을 하는 학생들은 거의 없었다.

이보다 훨씬 전인 1960년대에는 보온 물통은 커녕 물통 자체를 들고 다니는 학생들이 거의 없었다. 그래도 물통을 들고 다니는 학생들도 있긴 했는데, 그들은 대부분 경제적으로 여유가 있는 집 자녀들이었다. 그렇지만 요즈음의 보온 물통과는 비교도 되지 않았다. 뜨거운 물을 담아서 학교엘 가져간 후 6~8시간이 지나면 물통 속의 물은 이미 식어버리기 일쑤였다. 한겨울에는 차가운 물로 변하기도 했다. 여름에는 차가웠던 물이 뜨뜻미지근하게 변해버렸다. 하기야 수돗물을 설치해 놓은 수돗가에 가서 꼭지에 입을 대고 염소 냄새나는 수돗물을 마시는 것보다야 몇 백 배나 나을지도 모른다. 요즈음 학생들에게 이런 물통을 쥐여 주면 학교로 가져갈 생각조차 하지 않을 것이다. 그렇지만 그 당시에는 그런 물통을 들고 다닌다는 사실 자체가 우쭐거릴 만한 일이었다.

왜 옛날 물통은 뜨거웠던 물이 몇 시간 만에 식어버리고 차가웠던 물이 몇 시간 만에 뜨뜻하게 변해버릴까? 물론 물통의 보온 기능이 나빠서이다. 외부와 열을 차단하는 기능이 떨어져서이다. 내부와 외부의 열을 차단하는 단열기능이 나빠서이다. 단열(斷熱: thermal insulation, adiabatic)기능이 우수하면 물통 내부와 물통 외부 간의 열 이동이나 교환이 어려워진다. 심지어 아주 질 좋은 보온 물통은 보온 지속 시간이 3~4일이나 되는 것도 있다.

열 교환과 열 이동이 어렵지 않을 경우에는 바깥의 뜨거운 열이 물통의 벽을 통하여 내부로 이동하여 물통 속의 차가운 물을 미지근한 물로 바꿔버린다. 뜨거운 물통 속의 열기가 물통 벽을 통과하여 바깥으로 쉽게 이동하면 물통 속의 물은 금방 식어버린다. 이것은 모두 물통 벽의 단열기능에 의해 좌우된다. 뜨거운 국을 식혀서 빨리 먹으려고 할 때 빈 대접을 사용한다. 입이 큰 스테인리스 스틸로 된 대접이 안성맞춤이다. 때로는 뜨거운 국밥을 파는 집에서 뚝배기에 담겨 있는 뜨거운 국밥을 빨리 먹기 위해서 빈 뚝배기 그릇을 사용하는 사람을 볼 수 있는데, 왜 열전도가 잘되는 입이 큰 스테인리스 스틸로 된 대접을 사용하지 않는지 이해가 되지 않을 때도 있다. 토기로 만든 뚝배기에 비해 스테인리스 그릇은 열을 쉽게 전달하는 성질을 가지고 있으므로, 뜨거운 국의 열을 쉽게 전달하여 그릇 밖으로 잘 배출한다. 반대로 국밥을 다 먹을 때까지 뜨거운 상태를 유지하려고 할 때는 빈 그릇을 사용하지 않고 뚝배기에 담은 채로 먹는 것이 좋다.

입이 큰 스테인리스 스틸로 된 대접은 뚝배기에 비해서 그릇 바깥과 그릇 속의 음식 사이에서 열전달을 잘하는 그릇이다. 보온 통은 열전달을 잘 못하는 그릇이며, 아주 질 좋은 보온 통은 열전달을 거의 하지 않는 그릇이다. 열을 전달하는 정도를 비교해보면 (입이 큰 스테인리스 스틸로 된 대접)＞(뚝배기)＞(보온 통)＞(아주 좋은 보온 통)의 순서가 될 것이다. 극단적으로 나타내면 (열전달이 잘 되는 통)＞(열전달이 되지 않는 통)이 될지도 모른다.

물통 속의 물을 계 혹은 시스템이라 할 때, 열이나 물(수증기)이 밖으로 빠져나오는 방법에 따라 시스템은 고립계, 닫힌계, 열린계로 나뉘는데, 이들의 특징을 개략적으로 나타내면 <그림 2-1>과 같다.

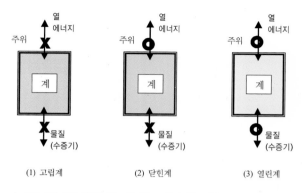

〈그림 2-1〉 고립계, 닫힌계 및 열린계

여기서 통 바깥과 안 사이에서 열의 왕래가 불가능한 것을 고립계 (孤立系, isolated system)라 하는데, 열과 에너지뿐만 아니라 물질의 이동마저 일어날 수 없다. 이러한 고립계는 자연현상에서 거의 발견되기 어렵다. 가끔 주변과 완전히 단절되어 폐쇄된 경우가 있다고는 하지만, 엄밀히 조사하면 에너지나 물질 이동이 발견되는 경우가 많다.

보온 물통이나 그릇 속의 물과 같이 열의 이동은 가능하지만, 물질의 이동은 불가능한 것을 닫힌계(閉鎖界: closed system)라 한다. 스테인리스 스틸로 만든 밀폐용기 속에 물과 같은 액체를 담고 가열하거나 냉각시키면 용기 바깥에서 안으로 열이 들어가거나 용기 안으로부터 열이 빠져나온다. 그러나 밀폐된 용기이기 때문에 용기 안에 들어 있는 액체는 빠져나오지 못하므로 물질의 이동은 불가능하다. 이와 같이 밀폐된 용기는 열 이동이 가능하지만 물질 이동이 불가능한 닫힌계이다.

이들과는 달리 열 이동과 물질 이동이 모두 가능한 계를 열린계(開

放界: open system)라 한다. 일반적으로 관찰되는 많은 자연과학적인 현상들이 대부분 열린계에 해당한다. 열린계의 경우에 관찰의 대상이 되는 계와 그 주변 간에 에너지나 물질의 이동이 발생하므로, 계의 열역학적인 상태(일반적으로 상태)는 주변 환경에 의해서 영향을 받는다. 따라서 계의 상태를 조절하기 위해서는 계의 상태변수를 조절해야 함은 물론이거니와 주변 환경의 상태변수도 조절하지 않으면 안 된다. 즉, 계 자신의 상태를 조절하기 위해서는 계를 둘러싸고 있는 주변도 잘 조절해야 한다.

능묘 시스템

능묘에 대한 평가는 대체로 용혈사수에 의해서 결정이 난다. <그림 2-2>에 나타나 있는 바와 같이 능묘가 위치한 혈(穴)은 물론이거니와 이를 둘러싸고 있는 사(砂)와 주위의 물(水) 그리고 혈에 이르기까지 산이 내려온 형태(來龍)에 의해서 능묘의 특성이 대체로 파악된다. 이 중에서 물론 혈의 성질이 가장 중요하다. 가장 중요한 혈의 성질에 영향을 주는 것으로는 혈을 둘러싸고 있는 산의 형태, 주산에서 내려와 혈을 구성할 때까지의 산의 흐름, 그리고 주위에 있는 물의 분포 등이 있다. 따라서 혈 하나만이 좋다고 해서 능묘가 좋다고는 할 수 없다. 그 이유는 능묘가 있는 곳에서의 유체역학적인 환경과 장의 분포는 사와 수와 용의 형태와 분포에 의해서 결정되기 때문이다. 즉 혈 주위에서의 바람의 세기나 분포와 같은 것은, 계곡의 규모와 깊이, 그 속을 흐르는 물의 양과 유속, 심지어 물의 청결, 시간과 계절에 따른 변화, 혈을 둘러싸고 있는 산들의 크기와 형태, 주산에서 혈까지 내려오는 산의 규모나 흐름, 형태 등에 의해서 결정된다. 사(砂)를 고려한다는 것은 능묘를 둘러싸고 있는 산이나 산맥(山脈) 밖에서 불어오는 바람과 습기 등도 능묘의 환경에 영향을 미친다는 의미이다.

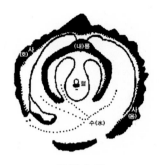

<그림 2-2>
용혈사수(龍穴砂水)

이처럼 능묘의 환경은 <그림 2-2>에 나타나 있는 것과 같이 사(砂)로 둘러싸인 영역 내부(領域 內部)에 있는 모든 것들의 특성에 의해 좌우된다. 이 영역은 바로 열역학에서의 시스템에 해당한다. 사가 위치한 밖은 환경 혹은 주위에 해당한다. 따라서 풍수에서의 시스템은 능묘가 위치한 곳에서 보이는 국(局)이 그 핵심이지만, 실제로는 능묘에 영향을 주는 경계(境界: boundary)까지 포함한 영역이 된다. 이 영역 밖은 바로 주위가 된다.

풍수에서는 경계로 둘러싸인 내부가 시스템이 되고, 경계 밖은 주위가 된다. 주위 밖의 공기는 바람을 타고 산을 넘어 시스템 내부로 들어온다. 많은 수분을 머금은 구름도 경계인 산을 넘어 혈이 있는 곳을 지나 산을 넘어 다시 경계 밖으로 빠져나간다. 이들은 강한 바람을 선사하는가 하면, 때로는 많은 비를 혹은 폭풍우를 선물하기도 한다. 이들은 가끔 혈 주위의 형상과 그 상태를 바꾸기도 한다. 이처럼 경계 밖의 여러 유체는 경계를 쉽게 넘나들기도 한다. 이것은 어떤 계(system)인가?

풍수에서 연구대상이 되는 시스템은 바로 열린계이다.

(2) 열린계 능묘

경계의 획정

경계를 중심으로 그 외부와 내부 사이에 물질과 에너지가 들락날락하는 것을 열린계라 한다. 열린계에서 시스템의 성질을 정확하게 파악하기 위해서는 경계를 정확하게 파악해야 한다. 왜냐하면 경계는 경우에 따라 마음에 드는 것은 통과시키지만 그렇지 않은 것은 통과를 억제하기도 하기 때문이다. 즉 어떤 구체적인 것을 걸러내는 기능을 가지기도 하고, 움직임을 방해하기도 한다. 그래서 경계가 어디인지, 무엇인지, 어떤 성질을 가지는지를 명확하게 파악해야 한다.

경계는 때에 따라 환경에 따라 달라질 수도 있다. 같은 평야지대일지라도 나무가 울창한 브라질의 열대우림지역과 나무 한 그루, 풀 한 포기 없는 모하비 사막은 서로 성질이 전혀 다른 경계를 가진다. 사계절이 뚜렷한 우리나라에서는 산마루의 성질이 계절에 따라 다르다. 봄과 여름, 겨울이 다르고, 가을과 봄, 겨울이 서로 다르다. 계절에 따라 경계에 해당하는 산마루의 성질이 다르다. 남쪽지방의 활엽수로 우거진 산마루와 설악산의 바위로 이루어진 산마루도 계절에 따라 서로 그 특성이 다르다.

경계를 획정하는 목적은 무엇인가? 능묘의 특성은 혈과 그 주위에서의 환경 즉 온도 분포, 물이나 공기, 바람, 수분 등과 같은 유체의 분포, 기압이나 중력 혹은 자기장과 같은 장의 분포 등으로 나타낼 수 있다. 여기서 혈의 성질에 직접적인 영향을 주는 것은 바로 경계와 그 내부에 존재하는 것들이다. 경계를 어떻게 획정하는가에 따라서 경계의 성질은 물론이거니와 그 내부에 존재하는 것들의 종류와 수, 분포 등이 달라져 능묘에 미치는 영향이 전혀 달라질 수도 있다. 경계를 획정하는 목적은 능묘의 성질에 직접적인 영향을 미치는 것을 설정하기 위한 것이다.

경계를 어떻게 설정할 것인가? 단순히 능묘에서 눈으로 직접 관찰되는 부분과 보이지 않는 부분의 경계를 계의 경계로 삼을 것인가? 이것도 하나의 방법이 될 수 있다. 그러나 경계를 설정하는 궁극적인 목적은 직접 능묘의 성질에 영향을 미치는 것을 설정하기 위한 것이므로 이러한 단순결정은 부적절한 방법이라 할 수 있다.

그렇다면 경계의 획정은 어떻게 하는가? 어떤 사람들처럼 감정으로 판단하는가? 이성에 맡기는가? 이 모두가 부적절한 방법이다. 학문은 객관성과 보편성 타당성을 지녀야 한다. 그러기 위해서는 규칙이나 기준이 명확하고 그 방법이 확실해야 한다. 관찰자의 감정이나 이성이 파고들 수 있는 여지가 전혀 없어야 한다. 그래서 엄한 객관성을 가져야 한다. 재료의 종류와 성질 및 그것을 시험(test)하는 방법을 엄격하게 정의한 후에 그에 따라 그 결과를 서로 공유하는 미국의 NSF나 ASTM과 같은 엄한 규정에 따라 획정해야 그 경계가 명확해진다. 여기에 경계 획정의 필요성이 있다.

좌청룡 우백호

혈을 중심으로 하여 전후좌우에 위치한 사는 좌청룡, 우백호, 남주작, 북현무로 나뉜다. 이들은 서로 명확하게 구분이 되는 경우가 있으나, 대부분은 그 구분이 모호하다. 그래서 혈의 뒤쪽에 위치한 북현무에 해당하는 산을 조산으로 하고, 그것의 좌측에 있는 산과 그 흐름을 (좌)청룡, 우측에 있는 산과 그 흐름을 (우)백호라 한다. 혈의 좌측에 있는 청룡의 수는 0개이거나 1개 혹은 2개, 3개, 등으로 다양한데, 백호의 수도 마찬가지이다. 용과 호는 <그림 2-2>에서 알 수 있는 바와 같이 주변의 환경으로부터 혈을 보호하는 기능을 하므로, 그 수가 많은 것이 보호 효과가 훨씬 우수할 수 있다. 용과 호의 분포와 형상에 따라서 여러 개의 용과 호가 필요하지 않고 용과 호가 각각 1개씩 1쌍 만으로 유체의 흐름으로부터 혈을 충분히 보호할 수 있는 경우도 있지만, 대체로 2쌍 이상의 용호가 갖추어져 있을 경우에 그 기능이 원활할 수 있다. 이런 점을 고려하여 혈의 좌우에 위치한 모든 산의 형태, 크기, 분포 등을 고려하여 조사의 대상이 되는 시스템의 경계를 획정할 수 있다.

일반 풍수가들 사이에는 아직도 혈이나 묘소에서 눈으로 관찰할 수 있는 영역과 관찰할 수 없는 영역 간의 경계를 시스템의 경계로 설정하는 경우도 있으나, 이는 합당하지 않다. 눈으로 보이지 않는 곳에 있는 산과 들의 분포가 혈의 상태에 직접 영향을 미치는 경우도 있기 때문이다.

(3) 상태변수

능묘를 포함한 계는 지상과 지하로 이루어진다. 능묘의 상태는 계의 지표면과 그 위의 상태에 따라 변하기 때문에, 계를 조사하기 위해서는 계의 상태변수를 조사 및 관찰해야 한다.

지상의 상태변수

계의 상태를 나타내는 변수를 상태변수(狀態變數, variable of state)

라 하는데, 이들 변수는 질량, 내부 에너지, 엔트로피, 전자기 모멘트 등과 같이 계를 구성하는 전체의 분량에 따라 비례하는 시량변수(示量變數, extrinsic properties)와 온도, 압력, 전기장의 세기 등과 같이 그 값이 계(系) 전체와 관계없는 시강변수(示强變數, intrinsic properties)로 나뉜다.

능묘의 상태를 나타내는 시강변수는 능묘 위의 온도와 주변의 온도, 기압, 습도, 자기장의 세기, 바람의 방향, 바람의 세기, 햇빛의 입사각, 햇빛의 강도, 일조량, 능묘가 위치한 곳의 경사도, 표토의 산도, 표토의 굵기와 구성성분 등과 같이 매우 다양하다. 이들 중에서 어떤 변수들이 능묘의 어떤 특정한 상태를 결정하는가를 예측한 후에 우리가 필요로 하는 변수들을 조사 및 관찰할 필요가 있다.

계를 기술하기 위한 상태변수로는 계의 크기와 형태, 혈의 상태(위치, 높이, 경사도, 온도, 습도 등), 사신사에 해당하는 사의 상태(형태, 분포, 높이, 폭, 길이, 혈에서부터의 거리 등), 내룡의 상태(분포, 형태, 크기, 높이, 경사도, 조산으로부터 혈까지의 거리 등), 혈 주변의 계곡의 상태(분포, 형태, 크기, 높이 등), 계 내부에 있는 물(개울, 강, 호소 등)의 상태(위치, 형상, 크기, 물의 양, 수온, 산도 등) 등이 있다.

지하의 상태변수

① 바람(風)

풍수는 바람과 물을 뜻한다. 여기서 물은 습기 혹은 습도의 분포와 밀접한 관계가 있으며, 바람은 공기의 흐름으로 공기의 밀도(기압) 분포와 밀접한 관계가 있으므로 이들은 모두 유체의 흐름을 의미한다.

능묘는 표토에 조성되어 있는데, 능묘 속의 상태는 능묘 밖의 습도나 기압과 같은 여러 상태변수에 따라 변한다. 능묘의 표토는 그 아래에 있는 암반 위에 위치하고 있다. 산에 있는 묘들은 매우 다양한 곳에 위치해 있으며, 그곳이 위치한 암반의 형태도 매우 다양하다. 바닷고기 중에서 갈치의 등과 비견할 정도로 폭이 아주 좁고 그 두께가 아주 얇은 능선 위에 있는 묘가 있는가 하면, 한쪽이 절벽으로 된 곳에 묘가 위치해 있는 경우도 자주 발견된다. 암반 중에는 공기가 거의 통과할 수 없는 통기성(permeability)이 거의 없는 것이 있는가 하면, 공기가 쉽게 통과할 수 있는 통기도가 높은 것도 있다. 통기성이 약간 있고, 그 두께가 아주 얇은 갈치 등과 같은 능선 위에 조성된 묘의 내부에는 바람이 들어오지 않는다고 장담할 수 없다. 외기가 자유로이 들락거릴 것으로 추측하는 것이 오히려 정확할 것이다.

② 물(水)

대양(大洋)에 태양이 내리쪼이면 바닷물의 일부가 증발하여 수증기로 변하여 공중으로 올라간다. 높은 하늘에서는 기온이 낮아 수증기들은 서로 응결하여 작은 물방울이 되고, 이들은 서로 엉겨 붙어 약간 큰 물방울로 변하는데, 이들이 모여 있는 것이 구름이다. 기압의 차이로 구름들은 대기 중에서 이동을 하는데, 능묘가 속해 있는 계의 속으로 들어왔다가 대부분은 계의 밖으로 빠져나간다. 일부는 계의 내부에 갇혀 있기도 하는데, 이들은 나무나 풀 또는 지표면에 습기를 제공한다. 비나 눈이 오거나 태풍이 지나갈 때는 많은 양의 수분이 계의 내부에 남아 있게 된다.

지표면에 떨어진 빗방울은 대부분 지표면을 따라 낮은 쪽으로 흘러내려, 다른 곳에서 흘러온 물과 만나서 물줄기를 만들고, 작은 개울에서는 조금 더 큰 물줄기로 변하고, 큰 개울이나 개천 혹은 시내에서는 큰 물줄기를 만든다. 큰 물줄기는 강을 만들고 종래에는 바다로 돌아가 시작점이었던 대양의 구성요소인 바닷물로 돌아간다.

지표면에 도달한 빗방울 중에서 대부분은 지표면을 따라 흘러내려 가버리지만, 극히 일부분은 땅속으로 스며들어 지하수로 변한다. 이들 중에서 거의 대부분은 흙 알맹이에 흡착되고, 일부는 계속 스며들어 마지막에는 암반의 표면을 만난다. 암반의 표면에 도달한 지하수는 암반 표면의 경사를 따라 낮은 쪽으로 이동하는 지하수로 변한다. 암반에는 수많은 형태의 균열과 파단면, 지층의 경계, 파쇄대, 빈 구멍 등과 같은 결함(缺陷, defects)이 존재한다. 이들 결함 속에는 물이 들어갈 수 있는 빈 공간이 존재한다. 암반의 표면을 따라 아래로 흘러가던 물이 이런 암반의 결함을 만나면 일부가 이 결함 속의 빈 공간 속으로 스며들 수 있다.

날이 개여 내리던 눈비가 그치고 햇볕이 나면 지표면에 있던 수분은 증발하여 공간 속으로 확산되어 날아가 버린다. 그래서 지표면의 습기는 사라지고, 그곳의 습도 또한 낮아진다. 비가 올 때는 빗물 때문에 지표면의 습도는 100%가 되고, 땅속은 지면에서 깊어질수록 습도는 낮아진다. 비가 그치고 나면 수분의 증발로 인해서 지표면의 습도가 낮고, 땅속의 습도가 높은 습도 역전 현상이 일어난다. 계속된 증발로 인해서 지표면의 습도는 심하게 낮아서 깊이에 따른 습도분포에 심한 기울기(傾斜, gradient)가 발생하는데, 이것이 땅속의 습기가 지표면으로 이동하게 하는 구동력(驅動力, driving force)을 제공한다. 즉 지면과 땅속간의 심한 습도 차이 때문에 땅속의 습기가 땅위로 이동한다.

땅 위의 습도는 강우, 강설, 안개, 구름 등에 의한 물이나 주변의 물(개울이나 호소 등)과 같은 지상에 존재하는 물에 의해서 가장 큰 영향을 받지만, 땅속에서 위로 이동한 습기에 의해서도 습도는 영향을 받는다.

땅속에 존재하는 물의 양과 땅 위로 습기가 올라오는 길의 특성에 따라서 땅 위의 습기가 지하수에 의해 영향을 받는 정도가 달라진다. 이 중에서 땅속에 존재하는 물의 양에 의해서 지상으로 올라오는 물의 양과 올라오는 기간이 주로 결정되므로, 지하수의 양이 중요한 문제 중의 하나이다. 지하에 존재하는 물의 양이 많기 위해서는 지하암반에 구조적인 결함이 많이 존재하여야 한다. 암들 사이에 존재하는 공극의 부피가 커야만 그곳에 채워지는 물의 양이 많기 때문이다. 이처럼 지하암반의 구조가 지상의 습도에 영향을 미칠 수 있는 가능성이 매우 크기 때문에 계의 관찰에서 지하의 상태를 포함해야만 한다.

이처럼 묘 내부의 압력이나 온도 또는 습도는 지상의 조건뿐만 아니라 지하의 상태에 의해서도 커다란 영향을 받을 수 있다. 즉 지하암반의 상태와 지하구조의 상태는 지상과 묘 내부의 상태에 영향을 미친다. 묘가 있는 곳의 표면과 그 바로 위 그리고 묘 내부의 상태가 주된 대상이므로 이것들에 영향을 미치는 지하의 상태 역시 중요한 조사와 관찰의 대상이 될 수밖에 없다.

따라서 지하의 상태는 표토의 구조와 물리적 및 화학적 성질, 암반의 표면형상, 구조적 특성, 결함, 구성성분, 물리적 성질 및 화학적 성질 등에 따라 변한다.

(4) 능묘 조사와 관찰

시스템과 주위

능묘를 구성하는 시스템은 ① 혈, ② (내)룡, ③ 사(사신사: 용호), ④ 수(계곡, 개울, 개천, 하천, 호소, 바다 등)라 하면, 시스템의 밖에 위치한 주위는 ⑤ 주변(surroundings)에 해당한다. 따라서 조사의 범위는 시스템과 주변이 된다.

시스템 관찰에서 중요한 것은 혈의 형상(위치, 형태, 크기, 고도, 넓이, 표토의 종류와 구성성분 및 물성 등)과 각 구성요소들의 위치, 형상, 크기, 분포, 각 요소 간의 상관성(상대적 위치, 상대적 크기, 대칭성 등) 등이다. 주변에 대한 관찰 내용은 시스템 밖의 형상을 결정하는 혈의 지구 상 절대 좌표와 종류, 형상, 크기 등이다.

능묘의 조사와 관찰에서 가장 중요하고 핵심적인 대상은 바로 혈의 상태이다. 혈의 상태는 혈 내부 즉 주검이 위치할 혈심이 있는 곳의 상태를 의미한다. 혈심의 상태는 혈심 바로 위의 상태와 혈심 바로 아래의 상태로부터 추정하는 방법으로 유추하여 결정한다.

혈심 아래의 상태조사

혈심 아래의 상태는 혈심 아래에 있는 암반의 종류와 그 표면의 형상 및 내부의 구조적 결함 등이다. 이 중에서 가장 중요한 것은 암반 내부에 있는 구조적 결함의 존재여부이다. 보다 정확하게 표현하면 암반 표면으로부터 내부로 발달한 구조적 결함이다. 결함의 종류는 균열, 벌어진 틈, 종류가 다른 층이나 암석의 경계면(層離面), 파쇄대, 단층, 빈 구멍(空洞) 등이다. 이들 결함은 지하로 스며든 물이 머물 수 있는 곳이므로, 혈 위에 있는 식물에게 수분을 공급하는 공급원으로 작용할 뿐만 아니라, 혈심이 있는 관이나 주검에 주위보다 훨씬 많은 양의 수분을 공급할 수 있는 공급원이다. 또한 혈판을 가로지르는 결함들은 땅속으로 바람이 비교적 용이하게 스며들어(penetrate) 지나갈 수 있는 지하 바람 길로 작용할 수 있다. 따라서 혈심 아래에 있는 암반표면에 발달한 구조적 결함은 혈심으로 물과 바람을 공급하는 통로로 작용할 수 있으므로, 혈심의 상태 및 환경조사에서 가장 중요한 요소이다.

지하암반의 상태를 관찰하는 방법으로는 지질구조도로부터 계산하는 방법과 물리탐사법이 있다. ① 지표조사를 통하여 지질구조도를 작성한 후에 층리면, 층후(層厚), 노두(蘆頭, outcrop), 내외암(內外岩) 등의 분석으로부터 개략적으로 추정하는 방법을 지질구조도법이라 한다. 암반 내부에 구조적 결함이 존재하지 않은 단일암반(clean rock)은 주위의 암들에 비해서 기계적 강도가 높기 때문에, 암석 층리면에 파쇄대가 존재하거나 불규칙한 형상을 한 부서진 바위가 지표에 노출된 경우가 많다. 이러한 바위의 존재와 지질구조도를 활용하면 개략적으로 그 내부의 상태를 추정할 수 있다. ② 물리탐사법으로는 탄성파나 전자파를 이용하여 탐사하는 탄성파탐사, 전자 탐사, 지오 레이더 등과 전기탐사, 자력탐사 등이 있다. 이들은 각각 장단점을 가지고 있어 목적에 적합한 방법을 선택하여 활용할 필요가 있다. 작은 규모의 결함이 지표면 가까이에 분포하고 있을 경우에는 자력탐사를 이용하여 자기이상(magnetic anomaly)을 찾아내는 방법이 가장 유용하다.

시스템의 지상에 대한 상태조사

혈심에 두 번째로 강한 영향을 미치는 시스템의 지상 상태는 혈의 외형(위치, 형태, 크기, 고도, 넓이 등)과 혈을 구성하고 있는 표토의 종류와 구성성분 및 물성 등에 대한 조사가 가장 우선적이다. 다음으로는 내룡과 사신사 및 물의 위치, 형상, 크기, 분포, 각 요소 간의 상관성(상대적 위치, 상대적 크기, 대칭성 등) 등에 대한 조사와 관찰이 수반되어야 한다. 이러한 조사와 관찰을 행하는 이유는 햇빛, 바람, 수분, 계절풍 등과 같은 유체의 이동이나 유체를 구성하는 공기, 수분, 태양에너지 등의 분포를 조사하여 이들이 혈에 어떠한 영향을 미치는가를 분석하기 위한 것이다.

이상은 크게 외형에 대한 조사와 물성에 대한 조사로 나뉜다. 물성 조사는 많은 시간과 노력을 요구하지만, 외형조사는 물성 조사에 비해서 비교적 단순하고 용이하다.

외형조사는 그 지역에 대한 등고선도로부터 조사하는 방법, 현장에서의 눈을 통한 조사, 위성이나 항공사진을 통한 조사, 등고선도와 위성사진으로부터 만든 지형도를 통한 조사 등으로 나눌 수 있다. ① 전통적인 방법인 현장에서 조사하는 방법도 혈이 있는 곳 부근 중 가장 높은 곳에서 내려다보는 방법, 혈이 있는 곳에서 주위를 관찰하는 방법, 가장 낮은 곳에서 위로 바라보는 방법 등으로 나뉘며, 이들 방법으로 조사한 결과를 종합하는 방법으로 현장 조사를 실시하는 것이 일반적이다. ② 지형도를 통한 조사법은 가장 최근에 등장한 방법이다. 등고선도와 항공사진 및 위성사진을 서로 결합하여 컴퓨터를 통한 3차원 이미지를 구성하면 관찰하는 시점을 관찰자가 원하는 대로 바꿀 수 있다. 이러한 방법은 기존의 관찰방법에서 문제점으로 제시된 모든 사항을 해결할 수 있는 가장 강력한 수단이라 할 수 있다. 이런 정보는 컴퓨터 전문가가 아니더라도 쉽게 사용할 수 있도록 인터넷상에서 포탈로 서비스되고 있는데, 현재의 수준에서는 그것의 공간해상도가 낮다는 것이 아쉬운 부분이다. 하지만 광역에 대한 조사관찰로는 가장 우수한 도구이다.

시스템의 주변에 대한 상태조사

시스템의 주변은 혈심에서 가장 먼 곳에 위치하므로 그 영향력이 가장 낮다. 그래서 시스템 내부에 있는 작은 크기의 산과 계곡에 비해서도 그 영향력이 작을 수도 있다. 주변에 있는 여러 요소들은 시스템 내부에 있는 것들에 비해서 규모가 크지 않으면 그 영향력은 무시된다. 따라서 관찰대상이 되는 것은 주변에 있는 것들 중에서 시스템 내부에 있는 것들 보다 그 규모가 큰 것들로 제한된다. 즉, 시스템 주변에 있는 들판, 산맥, 하천과 호소를 비롯한 비교적 큰 규모의 물이 해당하며, 이들의 형상과 상대적인 위치 및 규모 등이 상태조사의 항목으로 선택된다.

주변은 시스템과 서로 맞닿아 있는데, 이곳이 바로 경계이다. 경계의 형태는 산이나 계곡 또는 들판이나 호소 등으로 이루어져 있는데, 이들 중에서 산을 제외한 경계는 시스템과 주변을 열린 공간으로 직접 연결한다. 마치 담장과 대문을 가진 집에서 대문과 같은 기능을 한다. 열린 공간이 있을 경우에는 집의 대문이 열린 것과 같고, 열린 공간이 없을 때는 대문이 없는 것과 같다. 큰 열린 공간은 열려있는 큰 문에 해당하며, 작은 열린 공간은 열려있는 작은 문에 해당한다. 전형적인 명당도에서 수구가 보이지 않는 형태는 문의 개폐가 가능한 작은 대문에 해당할 것으로 보인다.

열려 있는 큰 문은 외부에 의한 영향을 직접 받으며, 내부에 있는
여러 조절장치로 내부의 상태를 용이하게 조절하기 어려울 것이다.
즉 열려 있는 큰 대문의 경우는 외부 환경에 많은 영향을 받는다. 따
라서 열린 공간이 큰 경계를 가진 경우에는 혈심의 상태가 주변의 상
태에 많은 영향을 받게 된다. 따라서 열린 공간이 아주 작은 경계를 가
지거나 수구가 보이지 않는 경계를 가지는 것이 그렇지 않은 경우보다
혈심의 상태를 쉽게 조절할 수 있을 것이다. 이처럼 경계가 열린 정도
에 따라 혈심의 상태가 변할 수 있으므로 시스템의 주변에 대한 상태
조사에서 경계의 형상도 반드시 조사 관찰할 대상에 포함된다.

참고문헌

1. 일본 전자파 장애 뉴스보도.
2. 사명대사, 위인전, 어린이.
3. 신희섭, 「T-type Ca capsule」, 논문.
4. 두산대백과사전
5. ASTM
6. Pridgogin 열역학 책,
7. 시스템, 계, 위키디피아. 인터넷
8. 이문호, 『펭슈이사이언스』, 도원미디어, 2004.

CHAPTER 3

조선왕릉

조선왕릉

    신라나 고려시대와는 달리 조선시대에는 화장이나 조장보다는 거의 대부분 매장을 하였다. 조선은 절대왕권의 귀족사회였으므로 왕과 왕가는 물론이거니와 귀족인 양반들도 당연히 매장을 하였으며, 중인을 비롯한 가장 많은 비율을 차지한 일반 평민들도 매장을 주로 했을 것으로 추측된다. 숙종 때의 한반도 인구가 500만 명인 점을 고려할 때 조선시대의 평균인구를 500만 명으로 산정하면, 전 인구의 20%가 매장할 경우에 약 70~100만 기의 묘소가 필요하다. 1세대를 30년이라 하면 500년 조선역사는 약 17세대에 해당하므로 조성된 전체 묘소는 1,190~1,700만 개소가 되며, 광복 후 현재까지의 60년간 평균인구 4,000만 명의 묘소(50%)는 2,000~4,000만 개소에 이른다. 모두 합하면 최소 3,000만 개소의 묘소 중에서 남쪽에 위치한 것이 2/3이라 가정하면 최소 2,000만 개소에 해당한다.

    한반도 남쪽의 좁은 땅덩이에 산지가 60~70%에 이르기에 산소를 쓸 자리는 그런대로 구할 수 있었을 것으로 보이지만, 높은 산이나 바위산 그리고 급경사지에는 산소를 조성하기 어려웠다. 그래서 산소를 조성할만한 곳은 이미 선인들이 차지하였기에, 때로는 이미 조성된 산소지만 허물어져 자취가 희미한 곳에 새로운 산소가 조성되었는데, 심지어는 3층 형태의 산소도 가끔 발견되기도 한다. 수많은 조선의 능묘 중에서 가장 빼어난 산소나 자리는 어떤 곳인가? 하는 의문은 근거가 별로 없는 모호한 답을 양산한다.

　　조선왕조실록을 비롯한 여러 기록을 참고하면, 풍수지리는 그 당시의 제도권 학문이었음에 틀림없다. 그래서 조선의 풍수사 혹은 지관에 대한 기록을 발췌한 후에 조선왕릉을 입지적으로 분석한 결과를 기술하고자 한다.

1. 조선의 지관과 왕릉

(1) 지관(地官)

조선의 국장

　　한반도에서 왕릉 조성에 풍수가 도입된 시기가 언제부터인가는 명확하지 않다. 여러 가지의 기록에 의하면 조선조에는 왕릉 조성에 풍수가 적용된 것이 확실하다. 조선왕조실록에 의하면 임금이 승하하면 국장을 치를 임시기구가 설치되는데, 빈전도감(殯殿都監), 국장도감(國葬都監), 산릉도감(山陵都監)이 그것이다. 각 도감의 책임자는 제조(提調)라 하고, 좌의정이 총호사(總護使)가 되어 3명의 제조를 총괄하였다. 빈전도감은 1명의 당상관과 1명의 당하관으로 구성되어 소렴과 대렴에 필요한 물품을 준비하는 곳이다. 국장도감은 예조판서, 호조판서, 선공감과 4명의 당하관 및 기술관원으로 구성되어, 재궁과 거여 및 부장품을 준비하고 궁궐에서 왕릉까지 발인 행렬을 책임진다. 산릉도감은 공조판서, 선공감, 2명의 당하관 및 기술관원으로 구성되어, 왕릉을 축조하는 일을 책임진다. 실제로 왕릉 조성 시에 부역에 동원된 인원은 어마어마하였는데, 태조의 건원릉 조성에는 6,000명이 한 달 이상 동원되었다.

국장에서 제일 중요한 일은 왕릉의 택지이다. 정3품 이상의 당상관들이 여기에 참여하였는데, 이들은 자신들의 선산과 산소에 이러한 택지방법을 적용하기도 하였다. 조선왕조실록의 기록에 의하면 태조의 왕릉을 선정하는데 영의정 하륜과 풍수사 이양달, 의정부사 김인귀 등이 등장한다. 세종과 세종비의 국장에는 풍수사 최양선, 이양달, 고중안, 어효첨, 문맹겸, 목효지 등이 등장한다. 세조의 국장에는 지관 안효례가 등장하는데, 그는 광릉 선정에 탁월한 실력을 발휘하였다 하여 정3품 당상관으로 승진하였다. 이후로도 조선왕조실록에는 왕릉 축조 시에는 반드시 지관이 왕릉의 택지에 참여하였다는 기록이 존재한다. 이처럼 조선조의 왕릉 축조에서는 공식적으로 풍수사인 지관이 등장하였다.

지관의 등용문, 잡과─음양과─지리학

조선시대에는 역관, 의관, 음양관, 율관, 산원, 화원, 악원 등의 기술관료와 서리, 향리, 군교, 서얼 등이 중인에 해당하였다. 전문직의 중인을 선발하는 잡과는 역과, 의과, 음양과, 율과로 구성되었다. 잡과에 합격한 상급 기술관료를 잡과 중인이라 하였는데, 이들은 전문적인 행정실무와 실용기술을 통하여 양반 못지않은 부를 축적하였다.

이들이 편찬한 잡과방목(雜科榜目)에 기초하여 잡과를 분석한 이남희의 연구결과에서 지관과 관련된 부분을 정리하면 다음과 같다.

조선시대에는 잡과를 233회 시행하였는데, 이 중에서 기록이 남아 있는 177회분에 등장한 음양과 급제자는 총 865명이다. 3년마다 실시되는 식년시에서 음양과의 복시 급제자는 9명인데, 이 중에서 2명이 지리학 급제자이다. 증광시에서도 같은 수의 급제자를 배출했으므로 총 233회의 잡과 시행에서 약 400여 명의 지리학 급제자가 배출되었다.

급제자에게는 백패를 수여한 뒤 등위에 따라 7품~9품의 관품을 주었다. 1등은 해당 아문에 서용하고, 2등은 해당 아문의 권지(權知, 임시직)에 임명했다. 참상관(參上官, 종6품 이상)의 고급 기술 관료로 승진하기 위해서는 잡과 급제가 필수적이었는데, 잡과 출신자는 3품 이상 진출할 수 없는 거관(去官)에도 불구하고, 급제자는 98.6%가 당상관으로 승급했으며, 관직에 있어서 71.0%가 참상관 이상으로 진출했다. 잡과 출신의 다른 분야와 마찬가지로 음양관은 풍수지리를 통해서 부를 축적할 수 있었다.

일설에 의하면 조선 선조 때에 중국에서 조선으로 귀화한 두사충이란 풍수사가 있었다. 그는 임진왜란 때 명의 장수 이여송과 같이 압록강을 넘어서 조선으로 입국하였다. 그의 신분은 풍수사로서, 전쟁 시에 군의 진지를 구축하는 일을 맡았다. 당시의 장수들은 풍수지리에 대한 지식이 해박하지 않아서 지형지물과 환경과의 관계를 정확하게 이해할 수 없었다. 그래서 이여송의 진지구축 참모로서 두사충도 참전하였다. 첫 전투에서 이여송 군대는 왜군에게 패하였다. 그래서 이여송은 패전의 책임을 두사충에게 물어 사형에 처하려고 하였다. 이때 조선에서 파견된 접반사(정5품 이상)인 이시발(李時發)이 이여송에게 이의 제기를 하였다. 두사충을 처형하면 다음 전투부터 진지구축을 행할 풍수사는 있는가? 이여송은 자신의 어리석음을 뉘우치고 두사충을 살려두었다. 그 후로 두사충은 진지구축 임무를 성공리에 마치고, 이여송과 중국으로 귀국하게 되었으나, 명으로 귀환할 경우 진지구축 실패에 대한 책임으로 목숨을 보장할 수 없을 것 같아 그는 조선에 남아 조선인으로 귀화하였다. 그리고 대구 인근에 자리를 잡았다. 그 후예들의 세거지인 대구시 수성구 만촌동에 그의 묘소가 현존한다. 이런 기록을 통해서 풍수지리사의 업무를 이해할 수 있는데, 토목, 건축, 능묘의 입지 선정, 군사요충지의 진지구축, 전시진지구축 등이 그 예이다.

(2) 왕릉

왕릉의 종류와 형태

조선시대에는 3종류의 묘가 있는데, 능(陵), 원(園), 묘(墓)가 바로 그것이다. 능은 왕과 왕비의 무덤을 말하며, 원은 왕세자와 왕세자비, 왕의 사친의 무덤을 말하고, 묘는 그 밖의 무덤을 말한다. 조선 왕족의 무덤은 모두 100여 기인데, 이 중에서 능은 44기이며, 원은 14기이다. 조선 왕들의 수는 모두 27명인데, 그들의 정실인 왕비는 1인당 1~3명이었다. 이들의 능은 단독으로 있는 단릉, 2기의 무덤이 같이 있는 쌍릉, 3기의 무덤이 같이 있는 삼연릉, 이 외에도 합장릉, 같은 지역의 다른 곳에 있는 능(동역이강릉), 같은 곳에 상하로 있는 능(동원상하봉) 등의 형태를 취한다. 6,000여 명이 한 달 이상 동원된 대토목공사를 통해 조성되었기에 왕릉의 주위와 내룡은 원래의 형태와는 사뭇 다르다.

왕조실록에 의하면 능원을 조성하는 토목공사 중에 부상자가 속출하고, 사망자도 부지기수였다. 조선 후기에는 무거운 돌을 운반하고 다루는 기중기까지 동원하여 돌로 그 형태를 구축한 후에 흙을 덮어 <그림 3-1>처럼 왕릉을 축조하였다 한다.

〈그림 3-1〉 숙종 왕릉과 중종 왕릉

이렇게 축조된 왕릉의 소위 강(岡)이라고 하는 곳은 원래의 형태와는 전혀 다를 것으로 추측된다. 혈과 그 주변에 대한 평가는 자연이 만들어 놓은 원래의 상태에서 가능하기 때문에, 왕릉 뒤쪽에 있는 내룡에 더부룩하게 부풀어 올라 있는 잉(孕)마저도 원래의 형태라고 단정하기 어렵다.

조성혈

인공적으로 가감하여 조성한 조성혈(造成穴)은 여러 종류의 과학장비로 엄밀하게 조사 분석하지 않으면 평가가 용이하지 않다. 그 이유는 자연 상태에서는 이렇게 거대한 규모와 잘 정돈된 형태를 나타내지 않을 뿐만 아니라, 설사 그 규모는 원래와 같다할지라도 대칭성이나 표면의 굴곡(roughness and undulation)은 현재의 형태와 많은 차이가 있기 때문이다. 원래의 형태를 가공하여 현재의 형태로 만들었다면 지하내부에 많은 변형이 존재하고, 극단적인 경우에는 새로운 구조적인 결함이 존재할 수도 있다. 강과 잉을 커다란 바위로 기초를 구축하였다면 서로 마주하고 있는 바위들의 경계는 설사 다양한 자갈과 흙으로 이를 치밀하게 메웠다 하더라도 물이 쉽게 스며들 수 있는 공간을 만들기 때문에 <그림 3-2>의 태종 왕릉에 나타나 있는 원훈이 나타난다. 이런 원 형태의 원훈을 둥근 모양으로 나타나는 인목(印木) 현상이라 하여 생기가 있는 곳이라는 주장도 있으나, 이는 내부결함으로 인하여 수분이 많이 있기 때문에 풀이나 나무들이 쉽게 잘 자라는 곳으로 많은 돌을 쌓아 축조한 곳임을 나타내는 근거이다. 따라서 원훈은 특별한 생기를 의미하지 않으며, 오히려 내부에 구조적 결함이 존재한다는 것을 의미한다. 원훈 현상과 유사한 현상은 산중턱에 있는 골프장에서 쉽게 발견할 수 있다.

풍수적으로 부족한 부분을 채워 보완하는 것을 비보라 하여 비보풍수로 부른다. 석축을 쌓거나 흙이나 자갈을 채워 부족한 부분을 보완한 곳에서는 자연적으로 형성된 곳에 비해서 바람을 가두는 능력이 떨어

〈그림 3-2〉 태종 왕릉의 원훈: 수분이 많은 곳임을 의미함

지거나 물을 막는 능력이 현저하게 감소할 뿐만 아니라 내부가 균일하지 못하거나 치밀하지 못할 경우에는 이곳으로 바람이나 물이 집중될 수도 있다. 그래서 땅속의 비보는 아무런 의미가 없다 할 수 있다.

왕릉 관찰

왕릉에 대한 관찰은 용이하지 않다. 문화재로 등록되어 있기에 일반인의 출입이 통제되어 있고, 그 규모가 일반 묘에 비해서 몇 배나 되기 때문에 그 면적은 일반 묘소의 10배 이상이 보통이다. 이 외에도 앞에서 기술한 것처럼 조성혈에 대한 평가와 혈심의 정확한 위치에 대한 정보의 부재, 특히 혈심의 깊이에 대한 정보 부재는 평가의 객관성을 해치게 한다.

따라서 당대의 고수로 이루어진 지관과 고위관료들의 토론 결과 정해진 왕릉의 위치를 명당에 준하는 것으로 인정하기로 하고 다음 과정을 진행하는 것이 합리적일 수도 있다. 물론 왕릉의 위치가 대부분 명당에 해당할 수도 있고, 일부분만 해당할 수도 있으며, 극단적인 경우에는 한 곳도 명당에 해당하지 않을 수도 있다. 그러나 현존하는 왕릉은 그 당시의 풍수류를 나타내는 것이며, 귀납법적인 논리전개를 하지 않고 연역적인 논리전개의 결론이므로, 그 자체에 대한 평가를 생략하기로 한다. 그 이유는 이 책은 귀납적인 논리전개로 여러 현상을 설명하고 결론을 유도하고 있기 때문이다. 명당에 준한다는 표현도 이러한 이유에서 내린 결론이다.

왕릉의 혈심에 대한 평가를 유보하였기 때문에 혈심을 제외한 내룡, 사, 수에 대한 조사와 분석 및 평가는 왕릉 관찰에서 계속 유효하다고 할 수 있다. 이들 중에서 사와 내룡은 우리 육안으로 관찰하는 것보다는 지형도로부터 그 형상과 배치를 관찰하는 것이 보다 면밀하고 확실하며 객관적이라 할 수 있다. 예를 들어 관찰자의 직교좌표(直交座標, cartesian coordinate)에서의 위치와 혈을 바라보는 극좌표(極座標, polar coordinate)에서의 위치를 명확하게 정의할 수 있기 때문에 관찰방법과 결과를 객관화할 수 있다. 따라서 이 책에서는 지형도에서 관찰자의 위치와 관찰 각을 변화하면서 발견되는 유의할만한 결과들을 정리한 후에 비교 분석하여 결론을 내리고자 한다. 이때 활용한 지형도는 미국 구글(google)사에서 인터넷으로 제공하는 구글어스(googleearth) 지형도이다.

(3) 사신사와 용호의 형상

사신사와 동서남북

사신사(四神砂)는 동서남북에 해당하는 용, 호, 주작, 현무를 말한다. 이를 대표하는 색상이 청, 백, 적, 흑이 되며, 위치는 좌, 우, 전, 후에 해당한다. 이를 합치면 좌청룡, 우백호, 남(前)주작, 북(後)현무로 나타낼 수 있다. 동서남북과 사신사의 표현은 대체로 같은 의미를 지니지만 엄밀하게는 전혀 다른 의미를 지닌다.

동서남북에 대한 중심은 중앙이며, 사신사의 중심도 물론 중앙이다. 그런데 동서남북의 기준은 지구 상의 절대적인 방위이다. 즉 지구 상에서 동쪽은 언제나 동쪽이며, 북쪽은 언제나 북쪽이다. 북(자)극을 향하는 나침반의 바늘은 북반구나 남반구에 관계없이 항상 같은 방향을 의미한다. 동서남북은 지구 상에서의 절대 방향이므로 위치와 장소에 따라 변할 수 없다.

사신사의 원래 의미와 실질적인 의미를 확인하면 다음과 같다. 현무(玄武)는 북쪽 방위의 태음신(太陰神)을 상징한 짐승으로, 거북을 형상화하여 예로부터 무덤 속의 뒷벽과 관의 뒤쪽에 그렸다. 오행의 수(水) 기운에 해당하며, 하루의 한밤중인 자정의 태양으로 새로운 아침을 위하여 준비하는 가장 정(靜)적인 상태이다. 모든 사물이 바닥의 상태로 가라앉아 있어 고요하다. 주체의 뒷면(後面)을 나타낸다. 주작(朱雀)은 남방을 지키는 신령으로서 남방성수(星宿)의 이름인데, 붉은 봉황(鳳凰)으로 형상화된다. 정오의 해가 하늘 높이에서 그 열과 빛을 마음껏 발산하는 것을 의미하므로, 가장 정열적이며 원기가 왕성함을 나타내고, 주체의 전면 혹은 정면을 나타낸다. 청룡(靑龍)은 주산의 좌측에 있는 산을 말하는데, 오행 중에서 목(木)의 성질을 가진다. 동쪽에 있지 않아도 되며, 아침에 태양이 뜨는 곳에 해당하므로 새로운 태양, 생기가 가득한 곳, 새로운 기운이 솟는 곳을 의미한다. 주산에서 오른쪽으로 뻗어나간 산줄기를 백호(白虎)라 하는데, 오행의 금(金)에 해당한다. 저녁의 태양이 지평선 아래로 지는 곳이므로, 모든 사물의 기운이 스러져 가는 것을 뜻하기도 한다. 청룡과 백호는 주체의 좌우를 나타내므로 좌청룡, 우백호로 부르기도 한다.

따라서 사신사의 4방향은 동서남북과는 다소 다르다. 북쪽을 현무에 일치시켰을 때만 사신사의 동서남북과 절대방향인 동서남북은 일치한다. 사신사의 방향은 기본적으로 절대방향에서 출발하였지만, 좌청룡, 우백호에서 확인할 수 있듯이 어떤 주체에 대한 전후좌우로 그의미가 변한다. 즉 관찰하는 주체, 관찰대상인 주체에 의해서 전후좌우가 결정되며, 이것에 의해 사신사가 결정된다. <그림 3-3>에서와 같이 주체가 동쪽을 바라보고 있다면, 전은 동쪽, 후는 서쪽, 좌는 북쪽, 우는 남쪽이 된다. 따라서 동쪽이 남주작, 서쪽이 북현무, 북쪽이 좌청룡, 남쪽이 우백호로 결정된다. 이처럼 사신사는 주체에 의해서 정해지는 방위를 의미하므로 동서남북과는 방향이 달라질 수 있다.

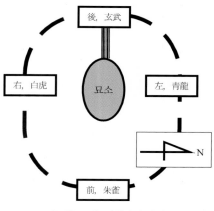

〈그림 3-3〉 사신사의 배치

사신사는 동서남북에 해당하는 용, 호, 주작, 현무를 말하지만, 대체로 주산에 해당하는 현무에서 산이 좌측으로 뻗어내려 좌청룡을 형성하여 혈의 앞을 휘감는다. 마찬가지로 현무에서 산이 우측으로 뻗어내려 우백호를 만든 후에 계속 혈을 우측에서 휘감으면서 뻗어간다. 이처럼 사신사가 독립된 산형을 이루기도 하지만 대체로 현무에서 청룡까지, 현무에서 백호까지 연결된 경우가 많으며, 가끔은 백호-현무(주산)-청룡-주작으로 모두 연결되거나 일부가 연결된 경우도 있다. 분화구나 운석공(crater)과 같은 경우에는 모두가 다 연결된 형태로 관찰되기도 한다. 이러한 경우에는 사신사를 뚜렷하게 구별하기 어렵다.

실제로 사신사나 좌우의 용호는 혈을 감싸면서 그것을 보호하는 기능을 하므로, 기능 면에서 본다면 각각의 구별보다는 주체인 혈을 감싸고 있는지 여부가 훨씬 중요하다. 따라서 혈의 평가에서는 사신사의 뚜렷한 구별보다는 혈을 어떻게 감싸고 있는지가 훨씬 중요하다.

혈을 감싸는 용호가 한 겹인 경우보다는 두 겹인 경우가 대체로 혈을 훨씬 더 잘 보호할 것으로 추측된다. 그래서 사신사 평가에서는 용호가 몇 겹으로 이루어져 있는가를 확인하는 것이 매우 중요하다.

2. 조선의 왕릉

(1) 조선왕릉의 구조

조선왕릉은 풍수를 기본으로 하여 축조된 구조물인데, 하나의 능만 있는 단릉(單陵), 두 개의 능이 있는 쌍릉(雙陵), 세 개의 능이 있는 삼연릉(三連陵), 한 능에 두 위가 합장되어 있는 합장릉(合葬陵), 같은 지역이지만 서로 다른 능선에 위치한 동역이강릉(同域異岡陵), 같은 능선에 상하로 있는 동원상하봉(同原上下封) 등으로 나뉜다. 귀족이나 상민들과 마찬가지로 위에서 아래로 능을 바라볼 때 우측에는 왕을 좌측에는 왕비를 위치한 우상좌하(右上左下)의 배치를 하고 있다.

대부분의 능은 <그림 3-4>에 나타나 있는 구조물의 배치를 하고 있다. 능이 위치한 영역의 입구에는 홍살문이 있고, 그 뒤에 정자각과 비각, 그 뒤에 능침이 위치한 강(岡)이 위치한다. 강 위쪽에는 왕이나 왕비의 침전인 능침을 비롯한 여러 부대 조형물이 위치한다. 이러한 구조의 능원을 나타낸 대표적인 사진이 <그림 3-5>와 <그림 3-6>이다.

종9품 벼슬의 능참봉이 왕릉을 관리하였는데, 대체로 근처에 있는 사찰을 원찰(願刹)로 지정하여 관리를 책임지게 하였다. 정릉의 홍천사, 영릉(세종)의 신륵사, 광릉(세조)의 봉선사, 정릉(중종)의 봉은사, 융릉(장조, 정조)의 용주사 등이 대표적인 원찰이다. 유교국가인 조선

〈그림 3-4〉 세종대왕의 영릉

〈그림 3-5〉 태조의 건원릉

〈그림 3-6〉 중종 왕릉

에서 원찰을 지정하여 능을 관리하도록 한 것은 특이한 일이다. 능원 묘위전(陵園墓位田)을 두어 능의 관리에 들어가는 경비를 충당하게 하였는데, 그것의 규모는 대체로 오늘날의 밭 24만 평에 해당하는 80결(結)이었다 한다.

(2) 조선의 왕릉

태조(太祖)의 건원릉과 동구릉

조선 3대 임금인 태종은 문무를 겸비한 왕이다. 개국이 아닌 역성혁명을 성공하기 위해서 당대 최고의 문신이자 존경받는 학자인 정몽주를 살해할 만큼 강한 성품을 가졌다. 뿐만 아니라 제1차 및 제2차 왕자의 난을 일으켜 친형제를 살해할 만큼 냉정한 사람이며, 외척의 발호를 사전에 막기 위해 처남들을 죽이기까지 했다. 심지어 아들 세종이 바른 정치를 펼 수 있도록 사돈이자 세종의 장인인 심온을 명나라에 사신으로 보낸 뒤에 그의 가족을 멸하고, 귀국한 심온을 죽이기까지 한 냉혈한이다.

중국과 한반도의 왕들은 사후에 조종(祖宗)으로 이름을 남기는데, 종은 문치(文治)를 한 왕, 조는 무치(武治)를 한 왕에게 붙인다. 예를 들어 세종, 성종 등은 문치로 종을 붙인 경우이며, 태조, 세조 등은 무치로 조를 붙인 경우이다. 가끔은 종을 남발한 경우도 있다, 철종, 고종, 순종 등과 같이 무능하고 힘없는 왕에게도 종을 붙였다. 그런가 하면 당연히 종을 붙여야 할 왕인데도 그렇지 못한 경우가 있다. 정조는 조선 후기의 학문과 예술 및 문화의 발달을 도모하여 한반도의 르네상스를 일으킨 탁월한 문치의 왕임에도 조가 붙었다. 정조 사후에 재집권한 노론들이 왕을 폄하하기 위한 졸렬한 행위였을까? 그런데 강건한 힘을 과시한 냉혈한인 태종 이방원에게 어떻게 종을 붙였는지 이해하기 어렵다. 아들인 세종의 배려였을까?

태종 8년에 경복궁에서 승하한 태조는 조선 건국 후에 처음으로 격식을 갖춘 국장의 의식에 따라 지금의 경기도 구리시 동구릉에 묻혔는데, 능호는 건원릉이다. 건원릉은 태조 사후에 태종의 지시로 영의정 하륜이 총호사를 맡아 3도감을 설치한 후에, 충청도에서 3,500명, 황해도에서 2,000명, 강원도에서 500명 모두 6,000명의 사람들을 징발하여 한 달 이상의 노역을 통해서 이루어진 거대한 인공적인 구조물이다. 그 모양은 <그림 3-7>에 잘 나타나 있다. 한편 태조의 계비인 신덕왕후 강씨의 능은 현재 서울 성북구 정릉동에 있다.

태조의 건원릉 주위에는 8개의 왕릉이 있어 이 모두를 동구릉이라 한다. 1대인 태조의 건원릉, 5대 문종과 현덕왕후의 현릉, 14대 선조와 의인왕후 및 인목왕후의 목릉, 18대 현종과 명성왕후의 숭릉, 20대 경종비 단의왕후의 혜릉, 21대 영조와 정순왕후의 원릉, 24대 헌종의 생부모인 추존왕 문조와 신정익황후의 수릉, 24대 헌종과 효현성황후 및 효정성황후의 경릉 등이다. 이 외에 휘릉이 있다.

특기할만한 사항은 수릉인데, 순조의 독자이며 헌종의 아버지인 효명세자 문조를 모신 능이다. 효명세자는 왕위에 오르지 못한 채로 22세로 요절하여 동대문구 석관동 천장산에 묻혔다가 16년 후에 용마봉으로 옮겨진 후, 다시 9년 후인 1855년에 동구릉으로 옮겨졌다 (그림 3-8).

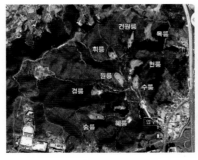

〈그림 3-7〉 동구릉 　　　　　　　　　　〈그림 3-8〉 수릉

태종의 헌릉과 세종의 영릉

태종과 원경왕후의 능침인 헌릉은 서울 서초구 내곡동 산 13-1에 위치하는데, 대모산(大母山) 산자락에 단정히 있다. 강 위에 봉분이 두 개인 쌍릉 형식을 취하고 있는데, 태종이 재위하던 1420년에 태종비인 원경왕후 민씨가 승하하자 풍수사인 이양달이 자리를 잡았다. 태조의 동구릉에서 멀리 떨어진 한강 건너편에 위치하고 있다.

조선 4대 왕인 세종의 능은 태종의 헌릉 오른쪽에 있었는데, 예종 1년(1469)에 경기도 여주군 능서면 왕대리 산83-1로 옮겨졌다. 처음 있던 곳 인근에 제23대 순조의 인릉이 있다. 처음 세종의 능을 대모산에 잡은 사람은 우의정 하연(河演)이었는데, 천장 시에 광 중의 물로 인해서 수의가 썩지 않은 채로 발견되었다.

세종비인 소헌왕후를 대모산에 장사지낼 때 이미 이곳의 물을 염려하였으나, 세종은 발복설을 강력하게 거부한 것으로 보인다. 이 때문이었을까? 세종의 자손인 문종, 단종, 세조, 의경세자, 예종의 단명과 여의치 않은 후사로 인해 논란이 있었다. 문종은 1남 2녀를 두었으나, 그의 유일한 아들인 단종은 폐위된 후 영월에 유배되어 후사가 없었다. 세조의 두 아들 중 장자인 의경세자는 요절하였으며, 차자인 예종의 장자인 인성대군은 요절하였다. 조선 초기 1~4대 왕까지의 자녀 수는 태조의 8남 5녀, 정종의 15남 8녀, 태종의 12남 17녀, 세종의 18남 4녀 등 모두 53남 34녀이며, 왕의 적자인 대군의 수만 19명이나 된다. 5대인 문종부터 8대인 예종까지는 모두 세종의 직계 손인데, 이 4대 동안 왕의 자녀 수는 문종의 1남 2녀, 단종의 0명, 세조의 4남 1녀, 예종의 2남 1녀 등 모두 7남 3녀에 지나지 않으며, 단명과 요절 및 사사로 점철되었다.

이런 연유에서일까. 예종 때 세종의 능은 대모산에서 여주로 천릉(遷陵)되었다. 천릉된 곳은 세조 때의 좌익공신인 이계전의 무덤이었다고 한다. 이로 인해서 수많은 기존의 무덤이 옮겨지고, 5,000여 명의 부역군과 150명의 기술자들이 한 달여에 걸친 노력 끝에 현재의 영릉으로 새로운 모습을 하고 있다. 이처럼 왕은 살아서 백성을 통치할 때도 무서운 존재였지만, 죽어서도 많은 사람을 죽이거나 수많은 민초들을 괴롭혔다고 할 수 있다. 역대 조선의 왕들 중에서 가장 존경을 받았고 현재도 존경의 대상이 되는 세종의 경우가 이러한데, 다른 왕들에 대해서는 논의할 필요조차 없다.

단종의 장릉

단종은 조선시대 비운의 왕 중 한 사람이다. 삼촌인 세조에게 왕위를 찬탈당하고 영월로 유배된 뒤에 사약을 받고 죽임을 당했지만, 시신조차도 제대로 처치되지 못하여 능은 고사하고 무덤조차 존재하지 않았다. 영월의 호족 엄홍도에 의해 비밀리에 암장된 후에, 무려 59년 만인 1516년에 봉분을 갖춘 무덤으로 된 후에, 숙종 24년 1698년에 단종으로 복권되고, 장릉이라는 능호를 가진 왕릉으로 승격하였다. 현재 강원도 영월군 영흥리 산121-1번지에 위치하고 있다.

왕릉 벼락

세조는 세종의 차자로 태어났다. 진양대군이었던 그가 29세에 수양대군으로, 다시 왕인 세조로 바뀌어 간 그는 분명 풍운아이다. 세조가 승하하자 왕릉 택지로 대모산, 광주의 이지직 선산, 연희궁 뒷산, 정흠지의 선산 등이 거론되었으나, 최종적으로 남양주시 진전읍 부평리 247번지에 소재한 정흠지의 선산이 광릉으로 선정되었다. 정흠지는 세조 때 영의정을 지낸 정창손의 부친으로 광릉을 조성할 때도 생존하고 있었다.

조선조에 왕릉을 조성하는 한계는 한양 백 리라는 것이 있었다고 한다. 한양 백 리 이내에 선산이 있을 경우에는 여차하면 왕릉으로 조성될 우려가 있기 때문에, 왕릉으로 조성되는 벼락을 피하려면 한양 백 리를 벗어나야 했을지도 모른다. 그래서 '生진천 死용인'이 생겨난 것인지도 모른다. 한양에서 용인 정도로 떨어져 있어야 '왕릉 벼락'으로부터 보호받을 수 있었기 때문인가?

왕릉으로 택지 되면 그곳에 속한 모든 가옥은 물론이거니와 묘지들은 모두 다른 곳으로 옮겨야만 했다. 세종의 영릉 천장 시에는 이계전의 선산이 벼락을 맞았으며, 이곳에 있던 이인손의 선산도 거덜났다. 이계전은 세종 때 좌부승지, 문종 때 도승지, 세조 때 좌익공신 경기관찰사를 지냈다. 그의 화려한 경력은 선산 벼락으로부터 보호받지 못하고 오히려 화를 자초하였다 할 수 있다. 이인손도 마찬가지다. 이인손은 태종 때 등과하였는데, 세종 때 대사헌, 단종 때 호조판서,

세조 때 우의정을 지냈다.

성종의 선릉을 조성할 때도 약 500여 기의 무덤을 옮겼다고 한다. 그뿐인가. 할아버지인 세조의 넷째 동생인 광평대군의 묘까지 이장시켰다고 한다. 왕의 적자인 대군이자 왕의 작은할아버지의 묘소조차도 왕릉 벼락으로부터 자유롭지 못했다.

세조가 택지한 서오릉

세조는 풍수에 대하여 해박한 지식을 가지고 있었다. 부친인 세종의 능과 형님인 문종의 능까지 잡았다. 그런가 하면 병약한 장남인 의경세자가 세조 3년 1457년에 20세의 나이로 요절하자 자신이 직접 나서서 왕세자 묘지를 택지하였다. 현재 경기도 고양시 용두동 산 30-1번지에 위치하며, 서오릉으로 불린다. 의경세자이자 성종의 부친인 덕종이 이곳에 묻힌 후로 인수대비가 동역이강으로 묻혀 경릉이 되었고, 그의 동생인 예종의 창릉, 숙종의 명릉, 숙종의 계비 인경왕후의 익릉, 영조의 계비 정성왕후의 홍릉이 속속 들어차 동구릉에 대응하는 서오릉이 조성되었다.

(3) 대한제국

2대 천자의 땅 남연군 묘

흥선군은 정모라는 풍수사의 말을 듣고 천하의 대명당이 있다는 충청도 가야산으로 가서 대명당지를 찾아 나섰다. 678미터 높이의 가야산은 그 모양이 제법 웅장하게 보인다. 이중환의 택리지에는 가야산 동편에 대해, '가야산 동남쪽은 흙이 많고 산으로 둘러싸인 텃 자

〈그림 3-9〉 충남 가야산 자락에 있는 남연군 묘소

리가 하나 있는데, 그 한가운데에 가야사가 있고, 그곳은 뛰어난 인물의 궁궐터이다'라 하였다. 일설에 의하면 흥선군은 그곳에 있는 가야사를 불태우고 그곳으로 부친인 남연군 묘를 이장하였다. <그림 3-9>는 남연군의 묘소이다.

많은 풍수가들은 가야산의 두 봉우리인 천을봉과 태을봉으로 인해서 2대 천자의 등극을 기약한다고 한다. 이 때문일까? 흥선군의 차자 명복이 고종으로 즉위하고 국호마저 대한제국으로 고친 후에 한반도 남쪽에서 최초의 황제가 되었다. 중국의 진시황제에 버금가는 최초의 황제로 즉위하였다. 그뿐만 아니라 그의 손자는 순종황제로 등극하였으며, 여러 명의 손자들이 왕자나 대군이 아닌 황태자나 황자로, 왕손이 아닌 황손으로 태어났다. 많은 사람들의 말대로 두 명의 천자가 나온 셈이다.

선출직 대통령

이와는 전혀 다른 주장도 있다. 제왕이나 대통령을 점지하는 혈은 용과 사에 다른 점이 있다는 것이다. 박채양은 이런 곳의 혈에는 ① 주룡(내룡)에 '+'자형의 용(용맥)이 있거나, ② 주산에 바위로 된 '-'자 형태의 긴 문성이 있거나, ③ 용호나 안산에 바위로 된 '-'자 문성이 길게 뻗어 있거나, ④ 주산이 좌우가 대칭인 삼각형으로 이루어져 있을 뿐만 아니라 상부 1/3 이상이 바위(암)로 되어 있다고 한다.

남연군이 묻혀 있는 곳은 우선 혈이 되며(이 점은 『공학박사의 음택풍수기행』에 혈이 되기 위한 기본 조건에 명시되어 있음), 실제로 내룡에 2개의 '+'자형의 용이 존재하는 것이 확인된 바 있다. 이러한 이유만으로 천을봉과 태을봉설이나, 2개의 '+'자형의 내룡설 모두 제도권의 논리로 적용되기는 어렵다.

박채양의 논리는 다음의 내용 때문에 더욱 흥미를 끈다. 위의 4종류의 대통령의 땅에서 그 기세는 ④에서 ①로 갈수록 더욱 강하며, 그 강함은 서로 경쟁 시에 우열로 나타난다. 즉 ①은 ②, ③, ④를 이기고, ②는 ③, ④를 이기며, ③은 ④를 이긴다. 동일그룹에서는 규모가 큰 것, 내부 결함이 적은 것의 순으로 정해진다. 참고로 역대 대통령 중에서 K씨는 ④항, J, R씨는 ③항, L씨는 ②항, P와 R씨는 ①항에 해당하지만, 그들의 상호경쟁은 어떠한지 알 수 없다. 그들과 대적한 후보들과의 경쟁에서는 일견 틀리지 않는 것처럼 보이기도 한다. 흥미를 끄는 대목이지만, 논리적으로 입증된 것이 아니므로 제도권의 논리로 받아들일 수는 없다. 그래도 여기에서 개략적으로 소개하는 것은 누군가에 의해 그 진위가 증명되기를 바라는 기대 때문이다.

식민국가의 굴욕

대한제국의 두 황제인 고종과 순종의 능은 경기도 미금시 금곡리 141-1번지에 있다. 고종은 명성황후 민씨와 혼인하였는데, 명성황후는 고종의 모친인 대부인 민씨와 6촌간이었으므로 고종과 명성황후는 7촌간인 셈이다. 7촌간은 근친혼을 금하는 8촌보다 가까우므로 유전적인 문제를 야기할 수 있다. 고종과 명성황후 사이에서 첫 번째로 태어난 아들은 태어나서 오래 살지 못하고 사망했다. 기록에 의하면 배설기관 중의 하나인 항문이 없어서 먹은 것을 도로 입으로 토해내어야 하므로 오래 살지 못했다고 한다. 두 번째로 순종이 태어났는데, 그의 병력에 대한 자세한 기록은 찾아내지 못하였으나, 기록에 의하면 순종은 어린이를 매우 귀여워하였다고 한다. 이를 본 순명효황후는 매번 눈물을 닦아내었다고 한다. 자신이 불임이어서가 아니고 황제와의 사이에 아이를 만들 수 없는 운명에 항상 눈물을 흘렸다는 기록이 있다. 명시되어 있지는 않지만 부부관계를 할 수 없는 운명이라는 것을 추측할 수 있다. 외국 선교사 중에는 외과의사가 있었는데, 순종이 수술을 통해서 정상인이 될 수 있으므로 순종에게 선교사가 수술을 권했지만 제왕의 몸에 칼을 댈 수 없다는 이유로 수술을 거부했다고 한다. 따라서 순종도 항문이 없었던 것이 아닐까? 그의 형처럼. 근친혼에 의한 유전질환이 두 사람 모두에게 나타났던 것은 아닐까? 그래서 순종은 즉위하자마자 배다른 서동생을 황태자로 세웠다.

고종이 승하하자 서울시 동대문구 청량리동에 있던 명성황후의 홍릉을 금곡리로 옮기면서 고종과 합장하여 홍릉이라 칭하였다. 그 이유는 일제가 고종의 능을 왕릉으로 조성할 수 없도록 하였기 때문이었다 한다. 힘이 없는 식민국가 황제의 굴욕이었다. 순종의 유릉도 식민국가의 굴욕임은 말할 나위 없다.

3. 왕릉의 사(砂)

(1) 좌청룡 우백호

음택풍수에서 사(砂)는 기본적으로 좌청룡, 우백호, 북현무, 남주작 등으로 이루어진다. 높은 산에 올라서 주위를 둘러보면 지평선이든 수평선이든 모두 원으로 보이거나 둥글게 보인다. 고대 선인들은 땅을 네모난 것으로 인식한 적도 있어 고구려의 고분벽화에는 사각형의 사신 배치도가 그려져 있다. 그렇지만, 콜럼버스의 지구탐험과 마젤란의 지구일주를 통해 지구가 둥근 구(球)와 같다는 사실을 깨우친 후로 지평선이든 수평선이든 간에 모두 원형으로 나타난다는 것을 알게 되었다.

산으로 둘러싸인 사신사는 어떤 모양일까? 당연히 사각형이 아닌 원형일 것이다. 실제로 산 위에서 보이는 대부분의 사신사 배치는 원형이다. 더욱이 좌청룡과 우백호로 나타내는 사신사가 혈을 보호하고 감싸는 것을 가장 큰 기능으로 인식했던 선조들의 풍수관념에 의하면 사신사는 당연히 원형이 되어야만 한다. 실제 형상은 어떠한가? 능묘 주위의 사신사는 원이나 타원과 같은 폐곡선일까 아니면 다른 형태일까? 이것을 확인하는 방법은 미국 구글사가 제공하는 세계지도에서 손쉽게 확인할 수 있다.

능묘에서 바라보는 사신사의 시점은 능묘에 있으므로, 사신사의 실제 배치를 파악하기에는 부족한 점이 매우 많다. 그런데 수년전에 발표된 구글사의 지리 정보에 의해서 많은 부분에서 미비점에 대한 해결의 실마리가 보이고 있다. 구글사는 각 지역의 등고선도와 인공위성을 통한 위성사진을 이용하여 세계 각 지역의 실제 형상을 인터넷에 무료로 공개하고 있다. 등고선 도를 통해서는 입체적인 형상을 가늠하기 어렵지만 구글 지도에서는 평면도뿐만 아니라 시야각과 시점에 따른 입체적인 형상을 변화시킬 수 있으므로 실제 형상을 파악하는데 매우 유용하다.

(2) 구글을 통해 본 사신사 형상

능묘에서 바라보는 사신사의 시점은 능묘에 있으므로, 사신사의 실제 배치를 파악하고 그 형상을 조사 분석하기 위해서 인터넷을 통하여 구글 지도를 확보하였는데, 그 결과는 다음과 같다.

<그림 3-10>은 서울 성북구 석관동 1-5에 있는 경종과 계비인 선의왕후를 모신 의릉의 모습이다. 가운데 점선으로 표시된 원이 경종 왕릉이다. 석관동의 매봉산을 주산으로 동원상하봉 양식을 하고 있는데, 바로 옆의 건물은 한국예술종합학교이다. 현재는 능 주위가 개발되어 수많은 가옥으로 가득 차 있지만, 유독 능 주위만 원형의 옛 모습을 보여준다. 점 A, B, C, D를 따라가는 능선은 주위를 끌 만한 특징을 보여준다. 이 능선은 능을 원 또는 타원 형태로 감싸고 있기 때문이다.

<그림 3-11>은 세조가 직접 그 자리를 정한 왕세자와 인수대비의 묘인 경릉을 비롯하여, 창릉, 명릉, 익릉, 홍릉 등이 모여 있는 서오릉

의 사진인데, 이곳은 경기도 고양시 용두동 산30-1번지에 위치하고 있다. 도시화로 개발되거나 강과 농지 등으로 개발되고 산으로 남아 있는 지역은 대체로 원형을 이루고 있으며, 높은 능선의 윤곽도 대체로 원에 가깝다. 서오릉이 있는 곳의 외곽도 원에 가까운 특이한 형상을 보이고 있다.

<그림 3-12>는 예종 1년에 천릉된 세종의 영릉(英陵)에 대한 사진인데, 현재 경기도 여주군 능서면 왕대리에 소재한다. 이곳에는 또 다른 영릉(寧陵)이 있는데, 북벌정책으로 유명한 제17대 왕인 효종과 그의 비인 인선왕후를 모신 곳이다. 두 능은 모두 흰색 점선으로 표시된 원에 가까운 능선으로 둘러 싸여 있으며, 이곳 또한 몇 개의 원형의 윤곽 능선으로 둘러 싸여 있다.

<그림 3-13>은 영월의 유배지에서 사망한 단종의 무덤인데, 강원도 영월군 영흥리 산121-1번지에 소재하고 있다. 주검조차 수십 년이 지난 후에 겨우 찾아내어 조성된 무덤이지만, 특이하게도 그것이 위치한 곳의 윤곽 능선 또한 대체로 원에 가깝다.

〈그림 3-10〉 의릉(懿陵, 경종 왕릉)

〈그림 3-11〉 서오릉(西五陵)

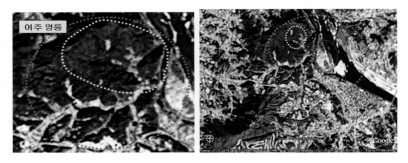

〈그림 3-12〉 영릉(英陵, 세종 왕릉)

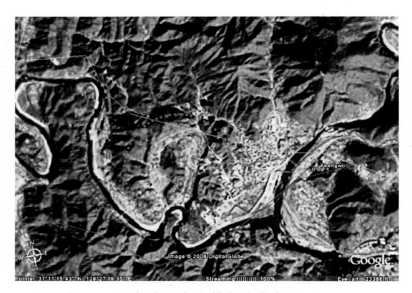

〈그림 3-13〉 장릉(莊陵, 단종왕릉)

　한 지역에 가장 많은 조선의 왕릉이 모여 있는 곳이 경기도 구리시 인창동 62번지에 있는 동구릉이다. <그림 3-14>에 있는 것처럼 태조의 건원릉을 비롯하여, 문종의 현릉, 선조의 목릉, 현종의 숭릉, 경종비 단의왕후의 혜릉, 영조의 원릉, 현종의 부모인 문조(추존왕)의 수릉 등과 3연릉의 특이한 형상을 한 헌종의 경릉으로 이루어져 있다. 각 능들은 나름대로의 형상을 하고 있지만 동구릉 전체는 능선이 점선과 같은 타원형을 이룬다.

<그림 3-15>는 인종의 효릉과 철종의 예릉 및 중종의 계비 장경왕후의 희릉이 모여 있는 서삼릉을 보여준다. 서삼릉도 각 능들은 물론이거니와 3릉의 전체 외곽이 원을 이루고 있다. 이와 같은 능 주위의 원 혹은 타원의 외곽 능선은 <그림 3-16~18>의 인조의 장릉, 인조 부모의 장릉, 정조와 사도세자의 건융릉 등에서도 모두 공통적으로 관찰되는 현상이다. 2대에 걸친 황제가 태어나도록 하기 위해 흥선대원군이 이장을 했다는 남연군의 묘도 <그림 3-19>에서 보는 것처럼 외곽이 타원형을 이룬다.

〈그림 3-14〉 동구릉(東九陵)

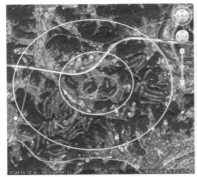

〈그림 3-15〉 서삼릉(西三陵)

〈그림 3-16〉 장릉(長陵, 인조 왕릉)

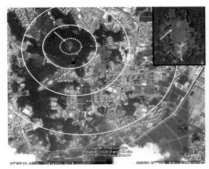

〈그림 3-17〉 장릉(章陵, 인조의 부모 묘)

〈그림 3-18〉 건릉(健陵, 정조 왕릉)

〈그림 3-19〉 남연군(흥선대원군의 부) 묘

〈그림 3-20〉 선릉(宣陵, 성종 왕릉)

현재 서울 도심에 위치한 강남구 삼성동 3릉 공원 내에 있는 성종의 선릉은 <그림 3-20>에 나타나 있다. 현재 남아 있는 언덕을 산의 능선으로 가정하고 예측되는 능선을 나타내면 백색 원이 되는데, 선릉 옆의 중종의 묘인 정릉은 이 원 안쪽에 위치하지만 선릉은 바깥에 위치한다. 조선왕릉 전체를 조사해 본 결과에 의하면 능을 둘러싼 외곽의 산 능선은 항상 원이나 타원형을 이루지만 유일하게 선릉만이 그렇지 않은 것으로 보인다. 그러나 현재 관찰되는 선릉 주위의 외곽은 도시화로 인하여 원형이 거의 남아 있지 않아 실제로 원이나 타원의 외곽이 없는 것인지는 명확하지 않다. 조선의 일반 묘나 왕릉에서 사신사를 중요시한 점에 유추해볼 때 선릉도 원이나 타원의 외곽을 가지고 있을 것으로 추측된다.

(3) 원형 또는 타원형의 외곽

넓은 국을 이루는 폐곡선 사신사

조선왕릉을 인공위성 사진을 통해 관찰한 결과, 능을 둘러싼 외곽에 있는 산의 능선은 항상 원형이거나 타원형을 하고 있다. 사신사는 능묘의 전후좌우에 배치된 산을 의미하는데, 대체로 우리나라의 산은 단독으로 존재하기보다는 이웃한 산과 서로 연결되어 맥을 이루므로 경우에 따라서는 사신사가 연속적으로 연결될 수 있다. 이처럼 사신사가 서로 연결되어 원이나 타원과 같은 폐곡선(closed loop)을 이루기 위해서는 아마도 산들이 많은 산간지대가 되어야 하고, 큰 강이나 호수가 없는 경우여야 할 것이다.

큰 강이나 호수가 있는 경우에는 용호가 강이나 호수에 의해서 만나기 어려울 것이다. 그래서 큰 강이나 호수가 없는 산간지대에서는 다양한 종류의 지각운동 특히 조산운동에 의해서 산맥들이 형성되고, 경우에 따라서는 폐곡선처럼 서로 연결되는 능선이 나타날 수 있다. 실제로 대부분의 능들은 산이 많은 산간지방에 조성되어 있다. 그런데 아무리 산간지방에 조성되었다 하더라도 산맥들이 깊은 계곡에 의해서 서로 만나지 못하고 곡선을 이루는 경우는 능선이 폐곡선을 이룰 수 없게 된다. 즉 두 곡선이 서로 만나지 못하고 열린 곡선 쌍이 된다. 우리나라에서는 폐곡선 능선보다는 열린 곡선 쌍이 훨씬 많이 발견된다.

왕릉의 경우에 폐곡선 능선으로 이루어진 원이나 타원의 안쪽에 조성된 이유는 무엇인가? 이는 아마도 전통 풍수사상의 사신사에서 찾을 수 있을 것으로 추측된다. 즉 사신사는 동서남북의 각 방향에 배치된 산을 말하는데, 사신사의 역할이 바로 능을 외부의 환경변화로부터 보호하는 것이므로, 최선의 사신사는 바로 폐곡선이 된다. 또한 능의 경우에는 좁은 면적의 폐곡선보다는 넓은 면적의 폐곡선을 선호하는, 局(또는 국세)이 큰 혈을 선호하였기 때문에, 능묘 바로 옆의 내용호 배치도 중요한 요인으로 생각했지만, 외용호의 형상과 규모에서 큰 면적의 폐곡선 사신사를 고려했던 것으로 추측된다.

산간지방에서도 산의 높이가 높고 계곡이 깊고 큰 경우에는 폐곡선 용호가 발견되지 않는데, 강원도 내륙지방이 그 대표적인 예이다. 강원도의 동해안 지역에서는 태백산맥과 같은 높은 준령이 바로 이웃해 있는데다 산에서 해안까지 길이도 짧아서, 산 능선의 형상이 비교적 단조롭고 폐곡선 용호가 관찰되기 어렵다. 이와는 달리 산이 낮고 계곡이 깊지 않은 경기도나 충청도 지방 혹은 큰 산의 끝자락에서는 산 능선은 그 진행방향에 대해서 좌우로 심한 변화를 하며, 폐곡선 용호도 쉽게 발견된다. 조선왕릉은 모두 이런 곳에 위치하고 있으며, 폐곡선 용호를 이루고 있다.

분지형의 사신사

높은 산의 끝자락이나 낮은 산들로 이루어진 산간지방에서는 모든 용호가 폐곡선을 이루지는 않는다. 이런 지방에서도 폐곡선 용호보다는 그렇지 않은 경우가 대부분이다. 직선으로 뻗어가는 산맥이나 곡률(曲率, curvature)이 음(陰, negative)인 곡선의 경우에는 폐곡선 용호가 생성되지 않는다. 직선의 곡률이 0이므로, 결국 곡률이 양(陽, positive)인 경우에만 폐곡선 용호가 생성될 수 있다. 두 용호가 능묘를 향해서 양의 곡률을 이룬다는 것은 산맥을 이루는 용호가 능묘를 감싸 안은 형태를 의미한다. 용호가 능묘를 감싸 안은 경우라 할지라도 용호를 크게 절단하는 계곡이 있으면 두 용호가 서로 단절되므로 폐곡선을 이룰 수 없다. 따라서 폐곡선 용호는 분지(盆地, basin)의 경우에만 가능하다.

분지형태의 사신사가 바로 조선왕릉 사신사 혹은 용호의 핵심이라 할 수 있다. 그 분지 안에 자리 잡은 능묘. 그야말로 외부의 영향을 최소화할 수 있는 형태일 것이다.

분지형의 사신사가 형성되기 위해서는 어떤 작용이 있어야 할까?

분지를 만드는 조산운동은 무엇일까?

참고문헌

1. 이문호, 「조선 건국 후로부터 현재까지 한반도 남부에 조성된 묘소의 수에 대한 추정」, 영남대학교, 2007.
2. 박채양, 『명당풍수』, 영남대학교 사회교육원 교재, 2005.
3. 『조선왕조실록』, CD.
4. 장영훈, 『왕릉풍수와 조선의 역사』, 대원미디어, 2000.
5. 이홍두, 『조선시대 신분 변동 연구』, 혜안, 1999.
6. 이남희, 「조선시대 잡과 방목의 전산화와 중인 연구」, 『조선시대 양반사회와 문화 1』, 집문당, pp 261~288, 2003.
7. 『경주이씨 오촌공파보』.
8. 이석정, 『공학박사의 음택풍수 기행』, 영남대학교 출판부,
9. Google Earth, www.googleearth.com

원(圓)과 원풍수(圓風水)

원(圓)과 원풍수(圓風水)

1. 원

세상은 평지이고, 그 끝에 낭떠러지가 있다고 믿던 시대에 마젤란 일행은 '지구가 둥글다'는 믿음으로 세계일주 항해를 성공하였다. 우리와는 지구 반대편에 있는 남미의 아르헨티나에서 위성방송으로 우리의 TV방송을 시청할 수 있는 것도 둥근 모양의 지구 덕택이다. 둥근 모양은 우리에게 많은 혜택을 제공한다. 이런 혜택은 과거에는 물론이고 현재뿐만 아니라 미래의 우리 후손들에게도 계속될 것이다.

원을 보고 우리는 둥글다고 한다. 둥근 모양에서 '둥글다'는 것은 대체로 원이나 원에 가까운 형태를 의미한다. 그렇다면 원은 무엇인가. 가장 명확하게 원을 정의하고 성질을 설명하는 학문 분야는 단연코 수학이다.

수학에서의 원과 등방성

수학에서의 원은 평면상의 '한 점에서 일정한 거리(반지름; 반경,

半徑, radius)에 있는 평면상의 점으로 이루어지는 곡선'을 말한다. 즉, 원은 곡선의 한 종류이다. 이 원이 만든 곡선이 있는 평면 위에 위치하는 원의 중심을 축으로 하여 곡선을 한 바퀴 회전시키면 처음의 위치로 돌아온다. 이처럼 한 바퀴 회전시키면 원래의 출발점으로 돌아오는 성질 때문에 원을 둥글다고 말한다. 원의 둥근 성질은 다른 곡선과 구별되는 가장 큰 특징이다.

원이 만든 곡선을 원주(圓周; 원 둘레, circumference)라 한다. 원의 반지름은 원에 따라 다르다. 반지름이 작은 원은 내부 면적이 작은 원을 만들고, 반지름이 큰 원은 내부 면적이 큰 원을 만든다. 즉, 큰 원은 작은 원에 비해 반지름이 크고, 원주의 길이도 길며, 내부 면적이 넓다.

원이 있는 평면과 같은 평면에 있는 직선 중에서 원주에 있는 한 점을 지나고, 이 점과 원의 중심을 잇는 직선과 수직을 이루는 직선을 접선이라고 한다. 반지름이 작은 원의 원주를 따라 점이 움직인다고 생각해보자. 작은 원의 원주 위에 있는 점은 조금만 움직여도 이 점에서의 접선의 방향은 반지름이 큰 원에 비해서 빨리 변한다. 즉, 원이 빨리 꺾인다. 만약 이처럼 작은 반지름을 가지는 원의 원주를 따라 자동차를 운전할 경우에는 원이 빨리 꺾이기 때문에, 반지름이 큰 원의 원주 위에서보다는 자동차 핸들 조작이 훨씬 어려울 것이다. 여기서 원이 꺾이는 정도를 곡률(曲律, curvature)이라 한다. 그리고 원의 반지름을 곡률 반경이라 하는데, 곡률 반경이 작은 원은 작은 원을 만들 뿐만 아니라 곡률이 크다.

원이 만든 곡선은 어느 지점에서 출발하여도 한 바퀴를 돈 후에는 항상 출발점으로 돌아온다. 그리고 한 바퀴를 돈 후에 남겨놓은 자취

(軌跡)는 어느 출발점에서나 동일하다. 모든 방향에 대해서 동일한 경우에 등방성(等方性, isotropy)을 가진다고 한다. 원의 자취는 출발점과는 전혀 상관없이 동일하므로 등방성을 가진다. 그런가 하면 한 바퀴, 두 바퀴, 세 바퀴, ……처럼 회전시키면 언제나 같은 곳으로 돌아오는데, 이것을 주기성(週期性, periodicity)이라 한다. 원은 주기성을 가진다.

완벽하게 둥근 모양을 하고 있는 공(球)을 생각해보자. 공의 2차원(二次元)적인 투영은 원이 된다. 이 공에 어떤 힘을 가하면 공의 내부에 전달되는 압력은 모든 곳에서 동일하게 전달된다. 반대로 공 속에 있는 공기의 일부를 밖으로 빼내면 압력이 줄어들게 되는데, 이때 공 내부의 압력은 어느 곳에서나 모두 동일하다.

공의 2차원적 투영인 원도 마찬가지다. 외부에서 힘을 가하거나 내부에 힘을 가하거나 할 때 원에 전달되는 힘의 크기는 어느 곳에서나 동일하다. 즉 등방성을 보인다. 등방성을 나타내기 위해서는 공이나 원을 구성하는 요소들이 모두 동일한 성질을 가져야 하며, 이들이 모두 균일하게 분포해야 한다는 가정을 만족해야 한다.

따라서 원은 균일성, 균질성, 등방성, 주기성을 가진다. 아이비 B. 프리스토는 '세상은 둥글다. 끝처럼 보이지만 그것이 시작일 수도 있다'는 원의 주기성을 원용해서 사람들에게 어떤 경우에도 용기와 희망을 잃지 말라는 말을 남겼다.

원(圓, circle)의 의미

우리가 살고 있는 지구 상에서는 수평선이나 지평선은 모두 원이거나 원의 일부분이다. 지구가 속해 있는 태양계를 비롯한 우주 공간을 무수히 많은 원이 포함됨 법칙이 지배하고 있는 사실은 실로 놀라울 따름이다. 이를 과학으로 설명하고 접근하려는 노력은 인류의 역사와 같이 시작되어 아직도 그 답의 일부만을 찾아낸 상태이다. 원은 다양한 의미를 지닌다.

① 원은 끊임없이 회전하는 성질을 가지고 있다. 그래서 원은 변화를 상징한다. 인류문명에서 원과 바퀴의 발견은 가히 문명의 혁명과도 같다. 바퀴가 있는 모든 것은 옮겨 다닐 수 있다. 원은 자연의 보편적 주기와 순환, 궤도, 규칙성, 리듬을 가진다. 생명의 주기성과 순환, 암석의 변환과 순환, 선풍기의 회전, 자전거 바퀴, 모든 행성들의 궤도, 위성, 행성, 별, 은하의 주기 등에서 원은 변화를 뜻한다.

② 원은 자연과 인간이 만들어내는 것 중에서 가장 실용적이고 효율적이며, 완벽한 기하공간을 나타낸다. 2차원 평면에서는 모든 모양 중에서 최소의 길이로 최대의 면적을 만들 수 있는 것이 바로 원이다. 고대사회에서 군인들이 사용했던 둥근 모양의 방패는 병사에게 가장 적은 재료와 무게로 최대한의 보호를 병사에게 제공하였다. 주요 도시의 외곽을 돌아가는 순환도로는 주변의 어느 지역에서든지 도시의 중심으로 쉽게 들어갈 수 있게 해준다. 도시, 세포, 나라는 자신의 경계를 통제할 수 있을 때 독립적인 것으로 여겨진다. 똑같은 양의 물질로 만들 때 원통 모양의 컵이나 깡통은 정육면체나 직육면체 형태의 용기보다 더 많이 담을 수 있다. 원통형 용기는 재료를 가장 적게 사용하고, 무게가 가장 가벼우면서, 더 많은 물질을 담을 수 있을 뿐만 아니라, 기계적으로도 가장 강하고 튼튼하다. 둥근 접시는 다른 모양의 접시보다 더 많은 음식을 담을 수 있으며, 테이블 가장자리로 떨어질 가능성도 가장 낮다. 둥근 모양의 피자는 최소한의 반죽을 사용해 최대의 공간을 채우게 해주며, 피자 재료를 얹을 수 있는 최대

의 면적을 제공한다. 원탁의 기사에 나오는 원탁(圓卓)은 사람들 사이의 평등을 나타낸다. 원탁은 같은 길이로 다른 어떤 모양보다도 더 많은 면적을 차지하기 때문에 더 많은 접시를 올려놓을 수 있다.

③ 원은 원천이다. 고대의 수학적 철학자들에게 원은 1이라는 수를 상징했다. 그들은 원이 그다음에 잇따르는 모든 모양의 원천이자 모든 기하학적 패턴이 발달해 나오는 자궁이라고 믿었다. 예를 들면 원의 중심에서 삼등분한 점들을 이으면 정삼각형이 나오고, 원의 중심에서 사등분한 점들을 이으면 사각형이 나온다. 원으로 표현되는 원리를 그리스어로 모나드(monad)라 하는데, 그 어원은 '안전하다'라는 뜻의 menein과 단일성(oneness)이라는 뜻의 monas이다.

원은 단순한 곡선 이상의 존재이다. 모든 원은 모양이 모두 같으나 크기는 다르다. 우리가 보거나 만들어낸 원은 우주의 초월적 본성을 말해주는 심오한 진술이다. 원의 반지름과 원주의 길이는 결코 유한한 값으로 그 관계를 나타낼 수 없고, 유일하게 원주율(π)로 나타나며, 그 값은 $\pi=3.1415926\cdots\cdots$이라는 분수로 나타낼 수 없는 무리수(無理數, irrational number)이다.

원은 우리가 인식하건 인식하지 않건 간에 항상 우리 주위와 우리 속에 존재하는, 이상적인 완전성과 신성한 상태를 나타내는 우주적인 상징으로 사용되어 왔다. 특히 종교미술에서 전통적으로 이러한 신성한 상태를 '하늘', '천국', '영원', '깨달음'의 상징으로 나타내는 데 원을 사용해 왔다.

우유 위에 우유 방울을 떨어뜨릴 때 생기는 왕관 현상인 충격 크레이터는 달에 생긴 크레이터와 비슷하며, 팽창해 나가는 힘을 보여준다. 에너지는 연못 위에서 퍼져 나가는 물결처럼 퍼져 나가지만, 물질에 의해 제약을 받는다. 구의 형태를 이루려고 애쓰면서 빗방울이 액체 위에 떨어지는 것은 원의 원리를 보여준다.

원의 균일하게 팽창해 나가는 힘은 서로 다른 물질을 통해서도 작용한다. 액체가 담긴 둥근 컵을 두들기면, 완전한 동심원들이 나타나 중심으로 수렴했다가 그곳을 지나 다시 바깥쪽으로 퍼져 나가는 것을 볼 수 있다. 자연은 물결, 물이 튀기는 모양, 크레이터, 거품, 꽃, 폭발하는 별 등에서 동심원으로 균일하게 팽창해 나가는 원리를 즐긴다. 나무의 그루터기에서 식물의 구성성분은 대부분 물이기 때문에 나이테가 연못 위에서 아주 느리게 퍼져나가는 물결 모양과 닮은 것은 놀라운 일이 아니며, 그리스 원형 극장의 원형 설계 또한 놀라운 것이 아니다.

이러한 원의 성질을 정리하면 다음과 같다.

① 균일한 압력을 받음 (공. 건물 지붕) --> 최소의 양으로 최대의 힘을 지탱

② 중심에서 같은 거리

③ 원형경기장: 같은 시야 --> 1등, 2등, 3등석이 없음

④ 원-주기성, 시간(일주기성, 연주기성)

⑤ 원-시작과 끝이 동일: 순환적 사고

⑥ 하늘은 둥글다(天圓)

⑦ 완결성, 평등성, 보편성-판테온 신전

⑧ 같은 둘레로 최대 면적-같은 면적 중에서 최소의 외곽선 길이

⑨ 표면장력 최소화

⑩ 같은 모양, 다른 크기

건축물과 원

건축재료들 중에서 돌은 뛰어난 내구성을 가진다. 만약 돌이 휘어지지 않도록 건물을 설계할 수 있다면, 그 건물은 몇천 년도 견뎌낼 수 있을 것이다. 실제로 기원전 432년에 완성된 그리스의 파르테논 신전은, 터키가 점령하고 있던 아테네를 베네치아군이 포격하여 중심부가 파괴된 1687년까지 건재했다. 고대그리스인들은 공공건물을 지을 때, 기둥을 촘촘히 세워서 짧고 굵은 석판을 떠받치도록 하고, 그물 형태의 들보 위에 지붕을 올렸다. 기둥 사이의 간격이 좁아서 휘어지는 힘을 받지 않았다. 석조 기둥은 큰 수직 하중을 꽤 잘 지탱할 수 있었다.

원형 아치의 원리가 누구에 의해 발견된 것인지는 알려져 있지 않지만, 로마인들이 대형 건물에 아치를 최초로 적용하였다는 것은 잘 알려져 있다. 아치 구조에서 돌은 휘어짐이 없으며, 각 돌 하나하나는 압력에도 잘 견딘다. 로마인들은 아치를 매우 성공적으로 활용하였다. 거대한 수로와 다리를 건설할 때 연속된 아치 위에 또 아치를 세웠다. 일찍이 기원전 1세기에 세워진 이러한 대부분의 건축물들은 오늘날까지도 건재하다.

12세기경에 유럽의 건축가들은 돌을 사용하여 넓은 내부를 갖춘 높은 대성당을 세우는 데 성공했다. 그들이 만든 고딕 대성당의 특징은, 벽에 구멍을 뚫어서 유리 조각을 끼운 거대한 크기의 수많은 스테인드글라스(stained glass)이다. 창문만으로는 어떤 하중도 견디지 못하므로, 폭보다 높이를 더 높도록 변형시킨 아치를 만들어 석조건물의 상층 하중을 지탱하도록 만든 고딕 아치가 세워졌는데, 그 반쪽은 타원형 부채꼴과 거의 일치한다. 1210년경, 건축가들은 석조 고딕 아치만을 이용하여 건평이 60피트 곱하기 180피트, 높이가 138피트나 되어서 전체 건물이 아치 천장의 공중에서 건평의 세 배가 넘는 건물을 완성했다.

2. 조산운동

지구 상에는 수많은 형태의 산들과 산맥들이 있다. 이 수많은 산들은 그것이 언제 어떻게 만들어졌는지 정확하게 알려진 바는 없다. 그렇지만 많은 지질학자들의 연구를 통해서 이제 많은 정보를 알게 되었다. 지구상에 존재하는 5대양 6대주가 생긴 원인으로 알려진 판 구조론으로부터 바다와 산이 형성되는 조산운동까지 알아보면 다음과 같다.

(1) 판 구조론

대륙이동설(大陸移動說, continental drift theory)은 현재 지구 상의 6대륙 모습이 한 덩어리로 이루어진 거대한 대륙인 판게아에서 땅덩어리가 갈라져 나와 이동되어 만들어졌다는 이론이다. 대륙이 맨틀 위를 떠다니며 움직인다는 의미에서 대륙표리설(大陸漂移說)이라고도 한다. 독일의 기상학자이자 지구물리학자인 알프레도 베게너(Alfredo Wegener)는 1915년 대륙이동설(continental drift theory)을 제시했다. 현재의 대륙은 판게아(Pangaea)라 이름 붙인 초기의 커다란 하나의 대륙에서 갈라져 이동했다고 설명했다. 그전까지 많은 지질학자들은 대륙이 예전부터 현재의 위치에 존재했다고 생각했다. 그러나 이러한 생각은 다음의 몇 가지 현상을 설명하기에 부족했다.

첫째, 남아메리카 대륙의 동쪽 부분과 아프리카 대륙의 서쪽 부분의 해안선의 모습은 비슷하다는 것이다. 대륙의 해안선은 침식작용을 받아 변하므로 이 사실은 인정받지 못했으나, 1960년대 들어와 대륙의 실제 경계인 대륙붕까지의 지도가 만들어졌는데 두 지역이 서로 잘 맞는다는 사실을 알게 되었다.

둘째, 남아메리카 대륙과 아프리카 대륙에서 공통적인 생물 화석이 발견된 점이다. 대륙이 붙어 있었다면 이 동물은 걷거나 뛰어서 이동했겠지만, 떨어져 있었다면 넓은 남대서양을 날거나 헤엄쳐서 이동했을 것이다. 만약 날거나 헤엄쳐 남대서양을 건널만한 능력이 있었다면 화석은 남아메리카 대륙과 아프리카 대륙만이 아닌 또 다른 지역에서도 발견되어야만 한다. 하지만 다른 지역에서는 발견되지 않았다.

셋째, 북아메리카 대륙과 유럽에서 같은 구조와 암석이 나타나는 점이다. 애팔래치아 산맥과 스칸디나비아 지역의 산맥을 붙이면 산맥은 연장되고 발견되는 암석들이 비슷하다.

넷째, 고기후의 문제다. 인도와 호주 등 적도 부근의 지역에서도 빙하의 흔적이 나타난다. 이 지역들이 계속해서 적도 부근에 있었다면 빙하는 이들 지역에 존재하지 않았을 것이다.

베게너는 이러한 증거들을 제시하면서 대륙이동설을 주장하였다. 하지만 여전히 학계에서는 이를 인정하지 않았다. 그 이유는 대륙이 이동하는 이유, 즉 대륙을 이동하게 하는 힘을 설명할 수 없었기 때문이다. 이후 베게너의 이론에 흥미를 가진 학자들이 연구를 통해 증거들을 과학적으로 설명하고, 대륙을 이동시키는 힘은 맨틀의 대류라 제시하며 대륙이동설을 판 구조론으로 발전시켰다.

맨틀대류설(convection current theory)은 맨틀이 대류하는 힘 때문에 판이 같이 움직인다는 이론이다. 1912년에 베게너는 대륙이동설을 발표하였으며, 1915년에는 『대륙과 바다의 기원(Die Entstehung der Kontinente und Ozeane)』이라는 책을 출판하였다. 사실, 베게너 이전에 아브라함 오르텔리우스(Abraham Ortelius)가 1596년에 대륙이동을 처음으로 언급하였으며, 프랜시스 베이컨(Francis Bacon)이 1620년에, 그 후에도 벤저민 프랭클린(Benjamin Franklin), 스나이더 펠레그리니 (Snider-Pellegrini), 로베르토 만토바니(Roberto Mantovani), 프랑크 벌스리 테일러(Frank Bursley Taylor)가 비슷한 내용의 주장을 한 바 있다. 여기에 베게너가 처음으로 화석, 고지질학적인 증거, 기후학적 증거 등의 과학적인 근거를 제시한 것이다. 그러나 그의 이론은 대륙을 움직이는 힘을 설명하지 못해 이론으로 인정받지 못하였다.

1928년에 홈즈는 맨틀이 대류하기 때문에 대륙이 이동한다는 맨틀대류설을 발표하였는데, 맨틀의 대류가 대륙을 이동시키는 원인으로 생각하였다. 이때 맨틀이 대류할 수 있는 유동성 있는 고체가 되는 이유는 방사성 원소들이 붕괴하며 발생하는 열 때문인 것으로 추측되었다. 이 후로는 대류하는 맨틀의 위치가 문제시되었다. 맨틀 전체가 대류한다는 설과 맨틀의 상부만이 대류한다는 두 가지 설이 있지만, 확실한 것은 지구 내부의 열로 인해 맨틀은 대류하고, 판은 움직이며, 지각운동을 한다는 것이다.

판 구조론(板 構造論)

판 구조론은 대륙이동을 설명하는 지질학 이론이다. 판 구조론은 '대륙표리설'이라고 불리는 현상을 설명하는 것으로부터 발전해 왔으며, 현재 이 분야의 과학자 대부분이 판구조론을 받아들이고 있다. 판 구조론에 따르면 지구 내부의 가장 바깥 부분은 암석권(lithosphere)과 연약권(asthenosphere)의 두 층으로 이루어져 있다. 암석권은 지각과 식어서 굳어진 최상부의 맨틀로 구성되며, 그 아래의 연약권은 점성이 있는 맨틀로 구성된다. 암석권은 온도가 더 낮고 더 단단한 반면, 연약권은 온도가 더 높고 역학적으로 약하다.

암석권은 연약권 위에 떠 있다. 암석권은 판이라고 불리는 몇 개의 조각으로 나뉘어 있다. <그림 4-1>에 표시된 것처럼 10개의 주요 판으로는 아프리카판, 남극판, 오스트레일리아판, 유라시아판, 북아메리카판, 남아메리카판, 태평양판, 코코스판, 나즈카판, 인도판이 있다.

하나의 판은 판의 경계에서 다른 판과 만난다. 판의 경계에서는 지진과 같은 지질학적 사건이나 산맥, 화산, 해구와 같은 지형적 특징이 생기는 경우가 많다. 세계에서 가장 활발한 화산들은 판의 경계에 존재하고 있으며 특히 태평양 주변의 환태평양 조산대에서 일어나는 현상이 활발하며 널리 알려져 있다. 판은 해양지각과 대륙지각을 포함하며, 하나의 판에 두 종류 모두 존재하기도 한다. 해양지각은 무거운 원소들이 대륙지각보다 더 많고, 대륙지각에는 규장질 원소와 같은 가벼운 원소들이 더 많다. 그 결과 해양지각은 대체로 해수면 아래에 위치하게 되고, 대륙지각은 해수면 위에 위치하게 된다. 태평양판과 필리핀판이 그 대표적인 예이다.

〈그림 4-1〉 판 구조론-지판

판 경계의 종류

판의 경계선끼리 만나는 곳을 트리플 정션(triple junctions)이라고 하며, 이곳에 모이는 판 경계의 종류에 따라 복잡한 현상이 벌어진다. 판 경계는 판이 상대적으로 움직이는 방향에 따라 세 종류로 구분된다.

보존경계는 두 판이 스치면서 지나쳐 가는 곳에서 생기는데, 판의 경계에서는 변환단층이 생긴다. 변환단층의 좋은 예가 북미대륙 서해안을 따라 발달한 복잡한 단층시스템인 샌안드레아스 단층대인데, 이곳에는 태평양판이 북아메리카판에 대하여 북서쪽으로 일 년에 5cm 정도의 속도로 서로 스쳐 지나가고 있다. 현재 샌안드레아스 단층 서쪽에 있는 캘리포니아의 일부는 먼 미래에 알래스카 부근까지 북상하게 될 것이다. 또 다른 변환단층의 예로는 뉴질랜드의 알파인 단층과 터키의 북아나톨리아 단층이 있다.

발산경계는 두 판이 벌어져서 멀어져 가는 곳에 생긴다. 대서양의 중앙해령과 아프리카의 그레이트 리프트 밸리와 같은 단층의 활동지역은 모두 발산경계의 예이다.

수렴경계는 두 판이 모이는 곳에서 생기며 이때 생기는 공간 문제를 해결하기 위해 무거운 쪽이 지구 내부로 들어가는 섭입을 보이거나 조산대를 형성한다. 심해의 해구는 전형적으로 판의 소멸 지역에 만들어진다. 서부아메리카의 안데스 산맥과 일본 호상 열도가 전형적인 예이다. 남아메리카 대륙 서해안의 안데스 산맥이 남북으로 길게 뻗어 있는 것은 판의 수렴에 의한 화산활동에 의하여 많은 화산들이 발달하였기 때문이다. 비근한 예는 북아메리카 대륙의 캐스케이드 산맥에서도 발견된다.

판의 충돌

두 대륙지각이 충돌하는 경우에는 두 판이 모두 압축되거나 한쪽 판이 다른 판 아래나 때때로 판 안으로 들어가게 된다. 어떤 경우에나 거대한 산악지대를 형성하게 된다. 인도판의 북쪽 경계가 유라시아판의 아래로 들어가 히말라야 산맥과 티베트 고원지대를 만들며, 이 충돌로 인해 아시아 대륙이 충돌의 동쪽과 서쪽 모두에서 변형되고 있다.

해양판과 해양판이 충돌하는 경우 특징적인 지형은 한 판이 다른 판 아래로 들어가면서 만들어내는 호상열도이다. 열도의 모양이 호(弧)를 이루는 이유는 지구가 둥글기 때문이다. 탁구공의 한쪽을 눌러 찌그러뜨리면 변형을 받는 부분은 둥근 모양을 이루게 되는 것과 같은 이치이다. 한 해양판이 다른 해양판 아래로 들어갈 때 깊은 해구가 호상열도 앞에 생기게 된다. 일본과 알류샨 열도가 그 예이다.

마그마

마그마(magma)는 암석이 녹은 것이다. 가장 간단한 경우 암석이 녹는 조건은 일반적인 열역학의 법칙에 따라 온도와 압력에 의해서 결정된다. 하지만 실제 지구에서 일어나는 현상은 온도, 압력과 함께 물의 함량과 암석의 성분을 함께 고려하여야 한다. 온도가 높아지면 암석이 녹기 시작한다. 압력이 높아지면 더 높은 온도가 되어야 암석이 녹기 시작한다. 물이 포함된 암석은 훨씬 낮은 온도에서 녹을 수 있다. 일반적으로 나트륨(Na)과 칼륨(K)이 많이 포함된 암석보다는 철(Fe)과 마그네슘(Mg)이 많이 포함되어 있는 암석이 더 높은 온도에서 녹는다.

해령에서 분출되는 마그마는 맨틀 물질이 대류에 의해 상승하면서 압력이 낮아지자 녹아서 된 마그마이다. 해령 바로 아래의 맨틀 안에는 수분 함량이 매우 낮기 때문에 해령의 마그마는 온도가 매우 높다. 그리고 해령의 마그마는 염기성이다.

해구 부근의 화산은 대륙지각이나 해양지각이 맨틀 안으로 섭입되는 도중에 물이 포함된 암석이 녹아서 된 마그마이다. 상대적으로 온도가 낮고 중성 내지는 산성인 경우가 많다. 점성이 높기 때문에 용암류는 넓게 퍼지지 못하고, 한 곳에 집중되어 원추 모양의 화산체를 형성한다. 캄차카 반도, 일본 열도, 필리핀 열도, 안데스 산맥의 여러 화산이 이것에 속한다.

열점에서의 화산들도 해령의 마그마와 비슷한 과정을 통해 형성되지만, 그 기원은 맨틀의 더 깊은 곳으로 여겨진다. 열점은 많은 양의 마그마를 분출하기 때문에 그 위에 큰 화산체를 만든다. 염기성 마그마는 온도가 높고 이산화규소 사슬이 발달되어 있지 않기 때문에 점성이 낮아서 넓게 퍼져서 흐르며, 그 결과 완만하고 거대한 화산체가 만들어진다. 하와이 섬과 아이슬란드가 그 대표적인 예이다. 제주도도 산 정상부의 일부를 제외하면 이러한 과정으로 형성된 화산섬이다.

(2) 조산운동

지구 내부의 원인으로 일어나는 지각의 변형을 지각변동(地殼變動, diastrophism) 혹은 지각운동이라 한다. 지각변동 중에는 측정할 수 있는 것도 있으나, 거의 대부분은 그 변동을 측정하기 어렵다. 지진이나 화산작용과 이에 수반하여 일어나는 단층(斷層)이나 완만한 지각의 상하운동 등은 급격히 일어나므로 직접 측정할 수 있다. 그러나 조산운동, 조륙운동(造陸運動), 지괴운동 등과 이에 수반되는 단층이나 습곡(褶曲)은 지질시대를 통하여 오랜 시간에 걸쳐 일어나므로 관찰하기 어렵다. 또한 판 구조운동(板 構造運動)과 관련하여 나타나는 중앙해령, 해구, 화산열도, 변환단층 등도 지각변동의 산물이다. 이 중에서 해안단구(海岸段丘), 하안단구, 높은 산에서의 해서동물화석 산출, 리아스식 해안, 해저퇴적층으로 이루어진 습곡산맥 등은 지각변동의 증거로 관찰할 수 없는 현상이지만, 화산이나 지진은 늘 볼 수 있는 증거이기도 하다.

현재 지각변동이 진행되고 있는 지대를 변동대(變動帶)라 하는데, 이 지대에서는 화산작용과 지진현상이 수반되고 있다. 환태평양 변동대, 알프스 변동대, 히말라야 변동대, 해저의 중앙해령대, 해구지대 등이 여기에 해당한다. 이와 같은 변동대에서는 지각이 항상 움직이고, 화산작용과 지진현상이 일어나며 습곡산맥이 형성된다.

오랜 시간을 두고 보면 지각은 항상 느린 속도로 상하운동을 하고 있는데 이를 완만한 지각변동이라 한다. 이것의 원인으로는 해수면 변동에 의한 것과 지표의 퇴적과 침식에 의한 것으로 나눌 수 있다. 해수면 변동에 의한 것으로는 해안단구나 하안단구와 같은 지각의 융기와 리아스식 해안이나 피오르드와 같은 지각의 하강을 들 수 있다. 지표의 퇴적과 침식에 의한 것으로는 스칸디나비아 반도와 같이 두꺼운 빙하로 덮여 있던 지역에서 빙하가 녹아 없어져 지면이 위로 올라오는 지각의 융기와 오랜 기간 지표 위에 두터운 퇴적층이 쌓여 그 무게에 때문에 발생하는 지각의 침강을 들 수 있다.

지질시대의 지각변동

지구 상에 나타난 가장 새로운 습곡산맥은 알프스-히말라야 산맥과 환태평양 조산대이고, 고생대에서 중생대에 걸쳐 형성된 산맥에는 칼레도니아 산맥, 바리스칸 산맥, 우랄 산맥, 톈산[天山] 산맥, 쿤룬[崑崙] 산맥, 애팔래치아 산맥 등이 있는데, 이들은 모두 습곡산맥으로서 판구조 운동에 의한 지각변동에 따라 형성된 것이다. 한국에서는 중생대의 송림변동(松林變動)과 대보조산운동(大寶造山運動)에 의하여 이루어진 차령산맥, 소백산맥과 옥천습곡대 등이 대표적인 것이다.

송림 변동은 중생대 초기인 트라이아스기 말에서 쥐라기 초의 대동 누층군이 퇴적되기 전에 있었던 지각변동으로 한반도 북부지역에서 일어난 지각변동이다. 평양 탄전 일대는 평안 누층군 위에 놓인 대동 누층군이 기저부에 뚜렷한 경사부정합을 보여준다. 이 부정합면 아래의 상원계와 조선 누층군은 심한 습곡과 단층작용을 받았고, 그 위에 대동 누층군이 덮고 있어서 평안 누층군 이후 대동 누층군이 퇴적되기 전에 강력한 지각변동이 있었음을 나타낸다. 이 변동이 송림변동이다. 송림변동은 한반도 북부지역과 요동 반도 일대를 교란시킨 가장 강렬한 변동이다. 이에 비해 한반도 남부지역에는 단순히 요곡작용이나 융기작용만이 있었는데, 송림변동이 끝나가는 중에 한반도 일대는 확장성 운동의 영향을 받아 대동분지가 형성되었으며 이후 조산운동의 화강암류가 넓게 관입하였다.

대보조산운동(大寶造山運動, Daebo orogeny)은 중생대 쥐라기부터 백악기 초까지 한반도 전역에서 일어난 지각변동인데, 한반도 중부의 옥천대를 사이에 두고 양쪽이 뚜렷한 방향성을 갖고 있다. 그 방향은 북동—남서인데 이는 옥천대 퇴적층의 구조에도 나타나 있으며, 이 운동과 동시에 형성된 동기화강암(同期花崗岩, syntectic granites)인 대보화강암과 습곡과 단층지질구조가 관찰된다.

화산과 지진

지각 내부에 형성된 마그마가 지표로 분출하는 것이 화산이다. 화산작용이 일어나는 곳은 해구의 외곽에 발달하는 호상열도(弧狀列島)와 조산대, 해령중앙부와 대양 중의 화산도 등이다. 화산열도의 화산대는 판이 침강하는 부위의 하부에 위치하며, 해령의 화산작용은 맨틀물질이 상승하는 곳에 위치한다. 그리고 화산도의 화산작용은 맨틀 내의 열점에서 마그마가 형성되어 상승할 때 발생한다. 지진도 이와 같은 마그마의 형성에 기인하거나 침강대에서 지각판의 움직임과 해령 부근의 변환단층대(變換斷層帶)에서 지각판이 반대방향으로 움직임에 따라 일어난다. 그래서 화산대와 지진대는 항상 조산대(변동대)를 따라서 나타난다. 한국에서는 지진으로 단층이 생기고, 지반이 융기 또는 침강하는 변동을 관찰하기 어렵지만, 지진이 심한 일본과 같은 지진대에서는 흔히 볼 수 있는 현상이다.

조산대

조산운동을 받아 주로 습곡산맥을 이루는 지대로 일반적으로 좁고 긴 띠 모양을 이루며, 지구 상의 변동대에 해당하는 지대를 조산대(造山帶, orogen)라 하는데, 이는 지진대나 화산대와 거의 일치한다(그림 4-2). 일반적으로 좁고 긴 띠 모양을 이루며, 지구 상의 변동대(變動帶)에 해당하는 지대이다. 지향사(地向斜)를 이루는 두꺼운 퇴적층이 판구조론(板 構造論)에 의거한 판과 판의 충돌이나, 하나의 판이 다른 판 밑으로 침강할 때 작용하는 큰 횡압력을 받아 습곡을 만들며 융기하여 이루어진다. 따라서 조산대의 지층들은 심한 습곡과 역단층(逆斷層)이 발달되어 있고, 아래쪽은 높은 열과 압력에 의하여 변성작용을 받는다. 이곳에 나타나는 염기성 화성암류는 해양지각을 이루는 염기성 암류가 판이 침강할 때 그 일부분이 긁혀서 습곡대에 노출된 것으로, 이를 오피올라이트(ophiolite)라고 한다.

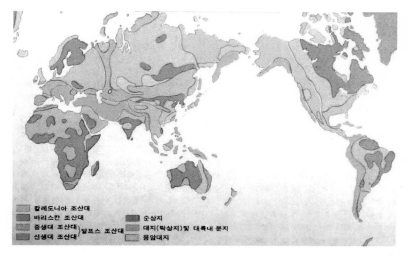

〈그림 4-2〉 세계의 조산대

칼레도니아 조산대
바리스칸 조산대
중생대 조산대
신생대 조산대 / 알프스 조산대
순상지
대지(탁상지)및 대륙내 분지
용암대지

　환태평양 조산대는 해양지각판이 대륙지각판 밑으로 침강함에 따라 형성되었고, 히말라야조산대와 알프스 조산대는 판과 판이 충돌하여 형성된 것이다. 이 밖에 선캄브리아기에도 같은 방식으로 조산대가 만들어졌으며, 칼레도니아 조산대와 바리스칸 조산대는 고생대 중기와 말기에 각각 만들어졌다.

　한반도의 평북육괴, 경기육괴, 영남육괴 등은 선캄브리아대에 최소한 2~3회에 걸쳐 조산운동을 받은 것으로, 지금은 매우 안정되어 있다. 또한 중생대 초기의 지층들은 송림 변동(松林變動)과 대보조산운동(大寶造山運動)으로 심한 습곡을 이루고 있으며, 강원의 탄전 지대와 그 부근의 지층도 이들 변동으로 심한 습곡을 형성하고 있다.

　조산대의 중추부를 이루며, 광역 변성작용으로 변성된 띠 모양의 지대를 광역 변성대(廣域變成帶, regional metamorphic belt)라 한다. 이

지대는 규모가 크고 반드시 조산운동과 더불어 형성될 뿐만 아니라, 변성도가 여러 가지로 다른 변성암이 규칙적으로 띠 모양을 이루며 분포하는 것이 특징이다. 광역 변성대와 변성암의 다이성(多異性)은 변성암을 형성시킨 물리적 조건이 다양하기 때문이다. 광역 변성대의 변성암 연구는 조산운동의 역사를 규명하는 데 중요하다.

지향사

세계의 산맥들은 복잡한 습곡 구조를 가지는 두꺼운 퇴적암층으로 되어 있다. 바다에서 서식하던 생물의 화석이 종종 발견된다. 또 이들 산맥에는 다양한 변성작용 및 화산활동의 증거가 남아있다. 이러한 조산대의 산맥이 형성되기 위해서는 두꺼운 퇴적층이 생성될 수 있는 퇴적분지가 있어야 한다. 이러한 퇴적분지로 적합한 것은 내륙에 접해 있는 바다이며 대륙붕과 대륙대이다. 이곳에 퇴적물이 쌓이면 퇴적물의 무게와 압력 또는 인장력으로 침강이 계속되고 더욱 두꺼운 퇴적층이 발달한다. 이렇게 두껍게 쌓인 분지를 지향사라 한다. (<그림 4-3>: 미국 애팔래치아 산맥의 지향사) 지향사에 생성된 퇴적암은 횡압력에 의해 심하게 습곡이 형성되고, 높은 압력과 열에 의해 변성 작용을 받으며, 횡압력에 의해 단층 작용이 수반되기도 한다. 깊이 침강한 퇴적층이 서서히 융기하는 원인은 횡압력과 밀도 차이에 의한 부력인데, 이러한 활동을 조산운동 또는 조산 활동이라 한다. (<그림 4-4> 지향사와 산맥의 형성 참조)

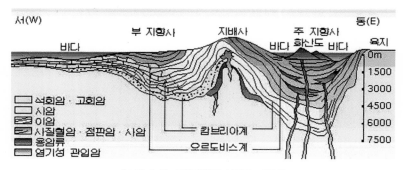

〈그림 4-3〉 애팔래치아 산맥의 지향사

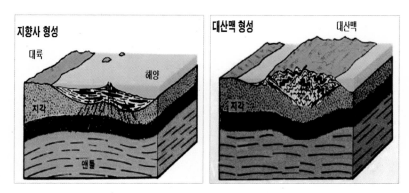

〈그림 4-4〉 지향사와 대산맥의 형성

조산운동

대규모의 습곡산맥을 형성하는 지각변동을 조산운동(造山運動, orogeny)이라 한다. 그 과정은 지향사(地向斜) 단계, 조산 단계, 침식 단계의 세 단계로 나뉜다. 지향사 단계는 지향사에 퇴적층이 형성되는 단계이다. 종전에는 얕은 바다에 퇴적물이 쌓이고 그 무게에 의하여 퇴적층이 침강하면 여기에 다시 퇴적물이 쌓여서 두꺼운 퇴적층의 지향사가 만들어진다고 보았다. 그러나 현재의 지향사는 완지향사(完地向斜)와 차지향사(次地向斜)가 쌍을 이루며, 깊은 완지향사는 심해성 퇴적물과 화산분출물이 쌓여서, 얕은 차지향사는 천해성 퇴적물이 쌓여서 만들어지는데, 판 구조론에 의하여 서서히 침강하여 그 두께가 1만m가 넘는 퇴적층이 되는 것으로 알려져 있다. 이와 같은 지향사는 현재 일본 해구~일본~동해~아시아대륙을 연결하는 지대와, 자바 해구~자바~남중국해~아시아 대륙을 연결하는 지대가 대표적이다. 일반적으로 환태평양(環太平洋) 연안부가 이와 같은 지향사의 쌍을 이루는 곳이라고 본다.

조산 단계는 <그림 4-5>에 나타나 있는 것처럼 지향사를 이루는 두꺼운 퇴적층이 판과 판이 충돌하거나 한 판이 다른 판 밑으로 침강할 때 작용하는 거대한 횡압력을 받아서 습곡(褶曲)을 만들고 거대한 습곡산맥으로 되는 단계이다. 알프스 산맥과 히말라야 산맥은 아프리카 판과 인도판이 북으로 움직이며 유라시아 판과 충돌하여 이루어진 대습곡산맥이고, 환태평양 조산대는 태평양판이 아프리카 판과 유라시아 판 및 인도판 밑으로 침강하여 형성된 것이다. 이들 습곡산맥은 무수한 단층을 가지고 있고, 그 축(軸) 부분은 화강암의 관입(貫入)으로 광역 변성작용(廣域變成作用)을 받아 편마암이나 결정편암으로 변한 것이 대부분이다. 좁은 뜻에서는 이 단계만을 조산운동이라고도 한다.

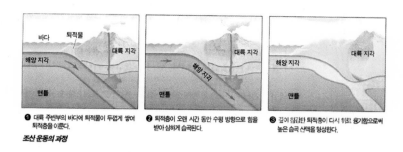

❶ 대륙 주변부의 바다에 퇴적물이 두껍게 쌓여 퇴적층을 이룬다.

조산 운동의 과정

❷ 퇴적층이 오랜 시간 동안 수평 방향으로 힘을 받아 심하게 습곡된다.

❸ 깊이 침강한 퇴적층이 다시 위로 융기함으로써 높은 습곡 산맥을 형성한다.

〈그림 4-5〉 조산운동의 과정

침식 단계는 습곡운 동이 그친 후 융기된 습곡산맥이 풍화침식으로 깎여 평탄해지는 단계이다. 선캄브리아기에 생성된 조산대는 평탄하게 깎여 안정된 순상지(楯狀地)를 이루고 있고, 고생대의 습곡산맥도 몹시 깎여 낮아져 있다. 고생대 이후 유럽에서 조산운동이 일어난 것은 고생대 중기와 말기, 중생대 말기~신생대 초기에 걸친 크게 3차 례이다. 한반도에서는 고생대 중기의 칼레도니아 조산운동에 해당하는 것이 대결층(大缺層)으로 밝혀졌으며, 고생대 말기의 것은 밝혀지지 않았고, 중생대 중기의 송림 변동(松林變動)과 대보조산운동(大寶造山運動), 중생대 말기부터 신생대 초기에 걸쳐서 일어난 것이 불국사 변동(佛國寺變動)이다.

침식지형

구조지형, 퇴적지형과 대칭되어 침식작용으로 생긴 지형을 침식지형(浸蝕地形, erosion)이라 한다. 조산운동(造山運動)에 따라서 생기는 구조지형이나, 퇴적작용에 의해서 생기는 퇴적지형과 대칭되는 말이다. 산등성이나 산봉우리같이 침식에서 남게 된 잔존(殘存)지형과, 침식으로 삭박(削剝)당하여 생긴 하곡(河谷)・빙식(氷蝕)・해식(海蝕)・풍식(風蝕)・용식(溶蝕) 등의 지형이 있다. 지구 표면에 현존하는 지형은, 조산운동에 의한 융기와 침식에 의한 저하와의 대수합(代數合)에 의한 결과로, 각종 침식지형이 지표의 형태를 복잡하게 만든다.

퇴적지형

운반된 암석의 부스러기가 퇴적되어 만들어진 지형을 퇴적지형(堆積地形, sedimentary topography)이라 한다. 퇴적지형의 표면은 일반적으로 평탄하지만, 오래되면 침식을 받아 복잡한 지형을 나타낸다. 침식지형(浸蝕地形)에 대조되는 용어인데, 바람에 의한 사구(砂丘), 빙하에 의한 퇴석구(堆石丘), 선상지, 범람원, 삼각주, 호저평야(湖底平野), 해안평야(海岸平野) 등의 충적평야, 화산작용에 의하여 형성된 화산지형 등이 퇴적지형에 해당한다. 퇴적지형의 표면은 일반적으로 평탄하고 원래의 퇴적면을 거의 그대로 나타내고 있으나, 오래된 지형에서는 침식을 받게 되어 많은 침식곡에 의하여 복잡한 침식지형을 나타낸다.

구조지형

지구 내부 힘에 의한 융기, 침강, 단층, 습곡 등으로 인하여 생긴 지형을 구조지형(構造地形, tectonic form)이라 한다. 대지, 고원, 대륙, 분지, 화산, 단층산맥, 습곡산맥, 지루(地壘), 지구(地溝) 등은 모두 구조지형에 속한다. 주로 외력에 의해 생기는 침식지형이나 퇴적지형이 소지형(小地形)을 나타내는 데 대하여, 구조지형은 대지형을 나타낸다.

경동지괴

땅이 한쪽 부분만 올라가거나 내려가서, 한쪽은 경사가 급한 절벽을 이루고 다른 한쪽은 경사가 완만해진 지형을 경동지괴(傾動地塊, tilted block)라 하는데, 단층운동으로 생긴 단층 지형의 하나이다. 미국 네바다 주의 프렌치먼 산과 캘리포니아 주 시에라네바다 산맥의 경동지괴가 대표적이다.

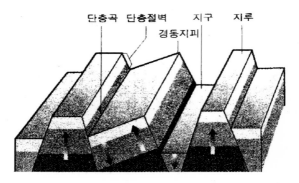

〈그림 4-6〉 경동지괴

습곡대

퇴적 지역에 강한 습곡 작용으로 형성된 습곡 지대를 습곡대(褶谷帶, folded belt)라 한다. 습곡은 원래 판상이었던 퇴적 구조가 조산운동으로 휜 것으로, 일반적으로 변형 작용으로 생성된 것을 말하는데, 오목한 부분을 향사라 하고, 불룩한 부분을 배사라 한다. 향사에는 신기의 암층이 존재한다.

한반도 지형을 보면 육괴와 육괴 사이는 오목한 퇴적분지가 대체로 좁고, 길게 존재하는데, 이곳에 퇴적작용으로 쌓인 퇴적층에 지각변동에 따른 횡압력이 작용하면 넓은 범위에 걸쳐 습곡으로 변형된 지형이 생긴다. 이러한 습곡 지역을 습곡대라 한다. 우리나라의 선캄브리아대 습곡대는 대체로 오랜 시간 동안의 압력에 의한 변형으로 변성암화된 지층이 거의 다수를 차지한다.

한반도의 대표적인 습곡대로는 함북(두만강)분지, 단천습곡대, 평남분지, 옥천습곡대, 경상분지, 포항(연일)분지 등이 있다. 단천습곡대는 선캄브리아대에 함북분지에 퇴적되었고, 평남분지와 옥천습곡대는 고생대에 퇴적되었으며, 경상분지는 중생대에, 포항(연일)분지는 신생대 제3기에 퇴적된 것이다. 경기 육괴와 영남 육괴 사이에 대상(帶狀)으로 분포하는 것이 옥천습곡대이며, 평북 육괴와 경기 육괴 사이에 존재하는 것이 평남습곡대이다.

습곡산맥

습곡 구조로 이루어진 산맥이 습곡산맥(褶曲山脈, folded mountains)이다. 주로 대규모의 조산운동이 일어날 때 습곡산맥이 형성되고, 산맥은 습곡 구조와 단층들이 복잡하게 섞여 있는 모습을 한다. 이러한 습곡은 지각의 길이를 줄이는 압축응력(compressional stresses)이 작용할 때 일어나고 판이 소멸되는 곳에서 잘 나타난다. 히말라야 산맥, 알프스 산맥, 안데스 산맥 등이 대표적인 예이다.

단층면

외부의 힘에 의해 단층이 발생되면 두 개의 지반으로 나뉜다. 이때 두 지반의 잘라진 면을 단층면(斷層面, fault surface)이라 한다. 지층은 외부에서 힘을 받으면 그 힘을 자신 안에 축척하여 휘어지거나 압축

된다. 외부의 힘을 지층이 감당할 수 없는 경우에 지층이 끊어져 단층이 된다. 단층면은 매끄럽지 않고 울퉁불퉁하다. 울퉁불퉁한 단층면을 마주대고 움직이면 흠집이 생기고 작은 조각들이 부서지거나 가루가 된다. 이처럼 단층이 움직일 때 생기는 흠집이 생긴 면을 단층마찰면(斷層摩擦面, slickenside), 부서진 조각을 단층각력(斷層角礫, fault breccia), 그리고 만들어진 가루를 단층점토(斷層粘土, fault clay)라 하며 단층의 증거가 된다.

단층산맥

습곡산맥과 대응하여 단층운동으로 형성된 산맥을 단층산맥(斷層山脈, fault mountains)이라 한다. 길이가 짧은 소산맥으로부터 길이가 1,000㎞ 이상인 대산맥까지 다양한 규모를 갖는다. 경동지괴(傾動地塊)도 단층산맥의 일종으로서, 지괴산맥(地塊山脈)이라고 한다. 고기(古期)의 습곡(褶曲)구조를 이루는 지역이 그 후의 단층운동에 의해서 단층산맥을 이루게 된 예는 많으며, 중국의 톈산(天山) 산맥, 대싱안링(大興安嶺)산맥, 일본의 기소(木曾)산맥 등이 대표적이다.

3. 분지

두 판이 스치거나 충돌하여 생기는 단층이나 습곡과 같은 조산운동에 생성되는 지형은 다각형의 형태를 이루며 그 모서리는 매우 날카롭다. 지판의 충돌 중에서 해양판 간의 충돌에 의해 해양에 생성되는 열도는 지구가 둥글기 때문에 호 모양의 열도로 나타난다. 화산활동에 의한 분화구도 원형의 지형을 만든다. 우리나라의 산악지역, 평야지역, 해안지역 및 연안에서 발견되는 원형의 지형들은 이상의 조산운동으로는 모두 설명되기 어렵다. 특히 조선의 왕릉 주위에서 관찰되는 작은 규모의 폐곡선 능선 또는 분지형의 지형은 이상의 조산운동으로는 설명되기 힘들 것으로 판단된다. 그래서 이와는 다른 소규모의 조산운동이 원형지형에 대한 원인으로 제시될 필요가 있을 것으로 추측되는데, 그중에서 분지가 형성되는 원인과 그것의 종류를 이해하는 것이 첫 번째 과제일 것이다.

분지의 종류

주위가 산지로 둘러싸여 있는 그 안이 평평한 지역을 분지(盆地, basin)라 하는데, 그것이 있는 위치에 따라 산지 내부에 있는 산간분지와 대륙 내부에 있는 내륙분지로 나뉘며, 생성 원인에 따라 침식분지와 퇴적분지로 나뉜다. 침식분지는 기반암석이 분지저에 노출하여 침식된 것으로 대륙 내부의 건조지역에 많다. 풍식(風蝕)에 의하여 형성된 와지(窪地)의 볼손(bolson) 등이 그 예이며, 북아프리카의 모로코와 알제리 등에 분포한다. 퇴적분지는 분지저에 퇴적물질이 두껍게 쌓인 것을 말한다.

분지구조가 생성된 원인에 따라 단층분지, 곡강분지(曲降盆地), 칼데라 등으로 구분되는데, 이들을 총칭하여 구조분지라 한다. 분지 연변의 한쪽 또는 양쪽이 단층에 의한 것으로 분지저가 상대적으로 침하(沈下)하여 생긴 것을 단층분지라 하고, 한쪽은 단층애(斷層崖)로 다른 쪽은 경동지괴의 배후면으로 이루어진 것을 단층각분지(斷層角盆地)라 하며, 거의 평행한 단층에 의해서 형성된 것을 지구분지(地溝盆

地)라 한다. 곡강운동으로 형성된 곡강분지는 분지 중심부의 침강량
이 최대이며, 파리분지와 런던분지가 이에 해당한다. 분지상(盆地狀)
의 지형이 명확하지 않더라도 지질구조적으로 지층이 중심부를 향해
서 기울어져 있을 경우에는 구조분지라 한다.

산간분지(山間盆地, warped basin)

지층이 아래쪽으로 완만하게 변형되어 형성된 분지로서 단층, 습
곡은 없다. 대륙빙하 또는 대량의 퇴적물의 중량 때문에 땅이 내려앉
아 만들어진다. 곡강분지라고도 한다. 주변에 뚜렷한 단층이나 습곡
은 없고, 다만 지층이 아래쪽으로 완만하게 변형됨에 따라 형성된 것
이다. 북아메리카의 5대호 지방은 대륙빙하의 중량에 의해서 땅이 내
려앉아 이루어진 산간분지이다. 또 대량의 퇴적물이 쌓여 땅이 내려
앉아 이루어진 산간분지로는 아프리카의 빅토리아 호, 차드 호, 오스
트레일리아의 에어 호, 중국의 후광분지[湖廣盆地] 등을 들 수 있다.

침식분지(浸蝕盆地, erosion basin)

침식작용으로 중앙부의 연암(軟岩)이 빨리 침식되고 주변의 경암
(硬岩)이 남아서 산지를 구성하는 분지지형이다. 주변의 산지를 구성
하는 암석은 경암(硬岩)이며 중앙부가 연암(軟岩)이기 때문에 빨리 침
식되어 분지지형을 만든다. 한반도의 서울분지(그림 4-7)나 대구분지
(그림 4-8)가 대표적인 예이다.

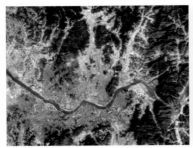 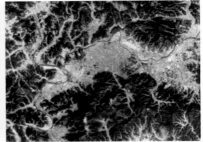

〈그림 4-7〉 서울분지   〈그림 4-8〉 대구분지

퇴적분지(堆積盆地, sedimentary basin)

지각변동에 의해 큰 분지가 형성되어 퇴적작용이 계속된 지역을 말한다. 퇴적물이 쌓이는 대륙붕, 대륙사면, 대륙대, 대양저를 말한다. 하천의 유역과 호소도 두꺼운 육성층을 퇴적시키는 퇴적분지이다. 지질시대에 퇴적분지에 쌓인 퇴적암 중에는 심한 습곡작용을 받고 화강암의 관입을 받은 산맥으로 솟아 있는 곳이 있어서 인류의 주목을 받아왔다. 이러한 두꺼운 퇴적암의 성인과 습곡산맥의 원인을 설명하기 위해 지향사 개념이 도입되었다.

지향사(地向斜, geosyncline)

막대한 양의 퇴적물이 쌓이는 지표면의 대규모 침강지대를 말한다. 일반적으로 지향사는 화산암류가 많고 심해저퇴적물이 쌓여서 된 완지향사와 화산암류가 없고 비교적 천해층퇴적물이 쌓여서 된 차지향사로 이루어져 있다. 지향사의 초기단계에는 전역에 걸쳐 침강이 탁월하여 1만~1만 5000m에 이르는 두꺼운 퇴적층이 생긴다. 이에 따라 염기성 마그마의 분출과 관입이 일어난다. 다음의 발전단계에서는 화강암류의 관입이 강화되고, 곳에 따라 습곡과 융기가 일어나며, 융기부가 새로 침강한다. 이어서 모든 지역에 퇴적이 중단된다. 말기단계에서는 습곡작용이 한층 격화하고, 대규모의 화강암 관입과 지향사 전역에 융기가 일어나서 습곡산맥이 형성된다.

화성활동(火成活動, Igneous Activity)

화성활동이란 마그마가 지표로 분출하는 활동인 화산활동과 마그마가 지하에서 다른 암석에 관입하는 활동인 심성활동을 합쳐서 말한다. 즉, 지하에서 생성된 마그마가 지각에 관입하거나 지표에 분출하여 냉각, 고결되어 화성암이 생성되는 과정에서 일어나는 모든 현상을 화성활동이라고 하는 것이다. 화성활동의 결과 화산분출물과 화성암이 생성된다. 화성암의 경우, 마그마의 화학성분에 따라 생성되는 암석을 구성하는 광물조성에 차이가 생기며, 같은 마그마에서 생성된 암석도 마그마 분화작용에 의하여 다양한 화학조성을 가진 화성암이 생성된다.

화성암은 마그마의 냉각되는 위치에 따라 냉각속도가 다르기 때문에 암석의 조직이 달라진다. 특히, 화산활동에 의해 생성된 화산암의 경우 마그마가 지표에 나와서 굳은 암석이므로 마그마가 비교적 급격하게 냉각되었으므로 유리질이나 반상질 또는 세립질 조직을 나타낸다. 현무암, 안산암, 유문암이 이에 속한다. 화산암은 분출암이라고 말하기도 한다. 마그마가 비교적 지하 얕은 곳에서 굳은 암석은 반심성암이라고 하며 암상, 암맥, 병반의 형태로 산출된다. 이외에 심성활동에 의하여 마그마가 지하 깊은 곳에서 냉각된 암석을 심성암이라고 하며, 마그마가 서서히 냉각되었기 때문에 조립질, 등립질, 완정질 조직을 나타낸다. 심성암은 저반, 암주, 병반으로 산출되며, 반려암,

섬록암, 화강암이 이에 속한다.

케스타(cuesta)

구조평야에 발달하는 지형으로 단단한 암석과 무른 암석이 호층(互層)이 완만하게 경사하고 있는 곳에서는, 무른 암석은 빨리 침식되어 저지(低地)가 되고, 단단한 암석 부분은 침식에 저항하여 구릉(丘陵)으로 남게 된다. 이 구릉이 비대칭적인 산등성이를 이루어, 한쪽은 지층의 경사를 따라 완만한 경사를 이루고, 다른 쪽은 가파른 절벽이 되는데, 이것을 케스타라 한다. 파리분지나 런던분지는 이 지형의 전형적인 예이다. 파리분지 동쪽의 샹파뉴와 남동부의 부르고뉴 구릉들은 케스타의 구릉지이며, 파리 방향으로 아주 완만하게 경사져서 포도 재배의 적지로 이용되고 있다. 미국 동부의 대서양 연안의 평야에서도 이 지형을 볼 수 있다

단층분지(斷層盆地, fault basin)

단층운동으로 형성된 분지이므로, 한쪽 또는 양쪽이 단층절벽이다. 단독으로 존재하거나 또는 단층산맥군에 평행하게 분지군을 형성한다. 분지의 한쪽 또는 양쪽이 단층절벽으로 이루어져 있으며, 단층각분지(斷層角盆地)나 지구대(地溝帶) 등이 여기에 포함된다. 단독으로 존재하는 것도 있으나, 단층산맥군에 평행하여 그들 사이에 분지군을 형성하여 분지 너비가 산맥의 너비보다도 넓을 경우가 많다. 또한 분지의 저면은 퇴적물에 의해서 매적(埋積)되며, 단층분지 안에서 호수가 형성되는 경우도 있다. 라인 계곡(Rhine valley), 요르단 계곡(Jordan valley)과 같이 골짜기로 부르는 경우도 있다.

단층각분지(斷層角盆地, fault-angle basin)

한쪽은 단층이고 반대쪽은 경동지괴로 막혀서 단면으로 삼각형 모양의 오목한 분지이다. 분지 퇴적물은 단층 가까운 곳에서 가장 두껍다. 단층을 따라 침강하는 지괴가 단층을 향해 경동하면 단면으로는 삼각형의 오목한 땅이 형성된다. 이러한 분지는 단층으로 막혀 있는 쪽의 가장자리가 직선이며, 그 반대쪽의 가장자리는 들쭉날쭉하다.

습곡대(褶谷帶, folded belt)

퇴적지역에 강한 습곡 작용으로 형성된 습곡지대를 말한다. 한반도 지형을 보면 육괴와 육괴 사이는 오목한 퇴적분지가 대체로 좁고 길게 존재한다. 이곳에 퇴적작용으로 쌓인 퇴적층에 지각변동에 따른 횡압력이 작용하면 넓은 범위에 걸쳐 습곡으로 변형된 지형이 생긴다. 이러한 습곡지역을 습곡대라 한다. 우리나라의 선캄브리아대 습곡대는 대체로 오랜 시간 동안 압력에 따른 변형으로 변성암화된 지층이 거의 다수를 차지한다.

한반도의 대표적인 습곡대로는 함북(두만강)분지, 단천습곡대, 평남분지, 옥천습곡대, 경상분지, 포항(연일)분지 등이 존재한다. 단천습곡대는 선캄브리아대에 함북분지에 퇴적되었고, 평남분지와 옥천습곡대는 고생대에 퇴적되었으며, 경상분지는 중생대에, 포항(연일)분지는 신생대 제3기에 퇴적된 것으로 밝혀졌다.

습곡대 존재의 예로 옥천습곡대는 경기 육괴와 영남 육괴 사이에 대상(帶狀)으로 분포하고, 평남습곡대는 평북 육괴와 경기 육괴 사이에 존재한다.

평남분지(平南盆地, Phyeongnam basin)

하부 고생대층인 황주 누층군이 연속적으로 잘 발달하는 북한의 퇴적분지를 말한다. 평남분지는 하부 캠브리아기에서 상부 실루리아기에 해당하는 황주 누층군이 넓게 분포할 뿐 아니라 화석이 풍부하게 산출되기 때문에 연구가 많이 이루어진 지역이다. 특히, 황주-법통의 북쪽지역에서는 하부 캄브리아기에서 상부 실루리아기에 해당하는 황주 누층군이 넓게 분포하는 반면, 그 남쪽의 은율-과일, 옹진-강령, 평산-금천 등에는 주로 캄브리아기의 지층으로만 이루어진 황주 누층군이 소규모로 노출되어 있다.

남부지역과는 대조적으로 전 지역에 걸쳐 황주계는 견운모-녹니석 또는 흑운모-녹니석 편암으로 변성되어 있다. 이곳에서는 황주계가 중화통, 흑교통, 무진통, 고풍통 및 신곡통의 5개 지층으로 구분된다.

경상분지(慶尙盆地, Gyeongsang basin)

경상분지는 중생대 백악계의 경상 누층군이 주로 분포하는 한반도 동남부의 영남지역을 말한다(그림 4-9). 상부 중생대층인 백악기 육성 퇴적물이며, 경상분지 퇴적층은 자색 지층의 발달과 상부로 갈수록 빈번해지는 화산암 및 화산 기원 퇴적암층의 협재가 공통적인 특징이다. 경상지층, 특히 경상분지는 반복되는 충적선상지, 충적평야, 호수 및 화산 테레인(terrane) 퇴적층들로 구성된다. 경상분지는 암상에 따라 신동층군, 하양층군, 유천층군으로 나누며 대부분 육성층으로 구성되었으나 유천층군에는 화산쇄설물이 우세하다. 북쪽으로부터 영양소분지, 의성소분지, 밀양소분지 등으로 나누어진다.

포항분지(浦項盆地, Pohang basin)

<그림 4-10>에 나타나 있는 경상북도 영일군 동반부를 점하는 제3기 퇴적분지를 말한다. 북쪽으로 경상북도 영덕군 남정면 장사동에서 남쪽 경주시 천군리까지 분포하며 장기통과 연일통의 모식지이다. 포항분지의 제3기층을 연일층군이라고 하며, 상위로의 순서로 단구리역암, 천곡사층, 학전층 및 흥해층으로 세분된다.

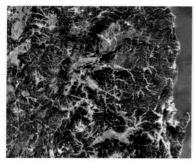

〈그림 4-9〉 경상분지　　　　　　　〈그림 4-10〉 포항분지

분지와 폐곡선 능선

분지가 형성되는 요인인 조산운동은 단층과 습곡 및 화산활동 등으로 크게 나누어진다. 단층과 습곡의 작용에 의해서 형성된 분지나 폐곡선 능선의 규모는 조선왕릉 주위에서 관찰되는 폐곡선 능선이나 분지에 비하여 훨씬 큰 규모이다. 이와 같은 큰 규모의 조산운동이 아닌 작은 규모의 조산운동은 이상의 지각에서의 운동으로부터는 관찰되기 어려울 것으로 보인다. 따라서 다른 위성이나 혹성에서 쉽게 관찰되는 작은 규모의 원형이나 타원의 흔적인 크레이터(crater)의 생성 원인과 그 결과에 관심을 가질 필요가 있다.

4. 크레이터

〈그림 4-11〉 달의 표면과 크레이터

크레이터(crater)의 사전적 의미는 분화구인데, 지구의 화산의 경우와 비슷하다는 데서 유래한 것으로, 달, 위성, 행성 표면에 있는 크고 작은 구멍을 의미한다. 운석과의 충돌이나 화산폭발 혹은 내부 가스의 분출 등과 같은 다양한 원인에 의하여 만들어진다. 〈그림 4-11〉에 나타나 있는 달의 크레이터는 지름이 200㎞가 넘는 거대한 것부터 수㎝의 미소한 것까지 있는데, 지름이 1㎞ 이상인 것도 수십만 개가 있다. 실제로 달의 크레이터들은 지구에 있는 애리조나 운석공과 그 지름과 깊이와의 관계가 매우 비슷하다. 미국의 매리너 4호, 6호, 7호가 촬영한 사진에 의하면 화성의 표면에서도 수많은 크레이터가 발견되었다.

크레이터가 생성된 원인으로 운석충돌과 화산폭발이 있는데, 이 두 가설 사이에서의 논쟁은 1960년대까지 계속되었다. 그러나 이 논쟁은 우주선에 의한 달의 탐사, 달 표면의 지도 작성, 실험실 또는 야외에서의 화약폭발에 의해 형성되는 구덩이와 고속물체의 충돌로 형성되는 구덩이에 관한 연구 등이 진척됨에 따라 끝이 났으며, 현재는 운석과의 충돌에 의해 형성된 운석구덩이가 크레이터에 해당하는 것으로 결론지어졌다.

(1) 크레이터

단단한 표면을 가진 천체에 다른 작은 천체가 충돌했을 때, 생기는 특징적인 형태의 구덩이를 크레이터라 하는데, 운석구덩이, 크레이터 또는 운석공(隕石孔)으로 부른다. 흔히 둥근 모양이지만 충돌한 천체의 입사각도가 낮을 때는 타원 모양으로 생기기도 한다. <그림 4-12>에 나타나 있는 복합 크레이터처럼 크레이터의 중앙에는 센트럴 피크라고 하는 언덕이 형성되는 경우가 많고 지구상의 크레이터에는 물이 고여 호수가 생기기도 한다.

크레이터는 단단한 표면을 가진 거의 모든 천체에서 찾아볼 수 있으며 표면의 크레이터 밀도를 통하여 그 표면이 생성된 연대를 추정할 수 있다. 표면이 형성된 초기에는 크레이터의 집적이 많아지므로 더 많은 크레이터가 더 오래된 표면을 나타낸다. 그러나 어느 정도 시간이 흐르고 나면, 새로 생기는 크레이터는 기존의 크레이터를 파괴하기 때문에 밀도가 더 이상 증가하지 않는 평형 상태에 도달하게 된다.

수성은 달과 마찬가지로 전 표면이 크레이터로 덮여 있다. 금성의 표면에서도 지금까지 수백 개의 크레이터가 발견되었는데, 위치에 따라 편재하지 않고 비교적 고르게 분포되어 있다. 금성으로 돌입하는 물체들은 금성의 두꺼운 대기 때문에 대기 중에서 부서지는 경우가 많으며, 이 때문에 몇 개의 작은 크레이터가 한 군데에 모여 있는 경우가 있다. 화성의 크레이터는 남반구에 집중되어 있는 경향을 보인다. 평균 고도가 상대적으로 낮은 북반구의 표면이 풍화작용을 받았음을 암시하며, 목성의 위성 중에서 칼리스토와 가니메데에는 많은 수의 크레이터가 관찰된다.

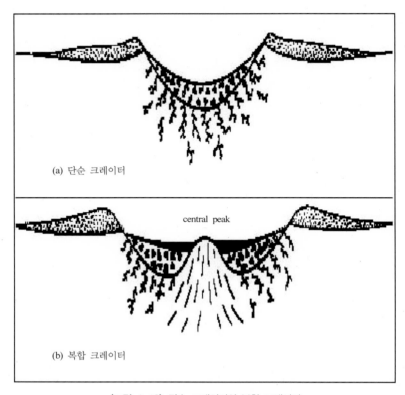

(a) 단순 크레이터

central peak

(b) 복합 크레이터

〈그림 4-12〉 단순 크레이터와 복합 크레이터

(2) 크레이터의 형태와 종류

충돌 분화구와 화산 분화구

크레이터는 일반적으로 운석충돌과 화산분출에 의해 만들어지지만 그 외형은 크게 다르다. <그림 4-13>은 운석에 의한 충격 크레이터와 화산분출에 의한 칼데라의 생성과정과 실제로 관찰되는 모양인 호주의 울프 크레이터와 제주도의 한라산 백록담을 예시로 나타낸 것이다. 운석에 의한 충격 크레이터에서는 파여져 나간 크레이터의 부피와 크레이터 퇴적물의 부피가 거의 비슷하기 때문에 좁은 영역에서 크레이터가 생기기 전후의 지각의 부피변화가 거의 없고, 크레이터는 기존의 지표에서 파여져 나간 부분에 해당하므로 크레이터의 바닥은 초기 지표면보다 낮다. 화산의 경우에는 지하에서 분출되어 나온 화산쇄설물이 지상에 새롭게 축적되므로 지각의 부피가 증가하고, 화산 칼데라는 화산쇄설물 속에 형성되므로 칼데라의 바닥은 대체로 초기 지표면보다 높다. <그림 4-14>는 세계의 유명 화산들인 이탈리아 시칠리아 섬에 있는 현재도 용암을 뿜어내는 활화산인 애트나화산, 일본의 후지산, 일본 홋카이도에 있는 원추형 화산, 그리고 제주도 한라산의 어떤 오름인 기생화산을 나타낸 것인데, 모두 원추형의 화산쇄설물을 보이며, 그 가운데는 칼데라를 형성하고 있다.

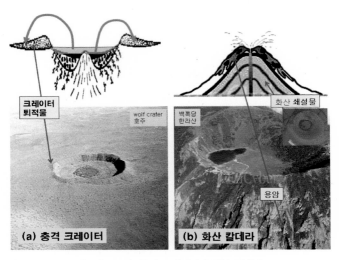

크레이터
퇴적물

wolf crater
호주

화산 쇄설물

백록담
한라산

용암

(a) 충격 크레이터

(b) 화산 칼데라

〈그림 4-13〉 충격 크레이터와 화산 칼데라

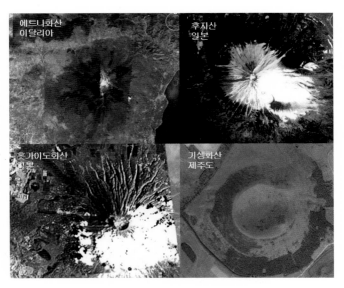

에트나화산
이탈리아

후지산
일본

홋가이도화산
일본

기생화산
제주도

〈그림 4-14〉 세계의 유명 화산

충돌 크레이터의 종류

지구 상에 관찰되는 충돌 크레이터는 지구의 대기와 물과 바람 등에 의해서 침식하여 원래의 형태가 남아 있지 않은 경우가 대부분이지만, 침식작용이 지구에 비해서 훨씬 약한 금성과 화성 또는 달의 표면에서는 다양한 형태의 충돌 크레이터가 발견되는데, 이를 정리하면 다음과 같다.

① Multi-ringed craters: 크레이터의 크기가 직경 100㎞ 이상인 경우에 주로 발견되는 현상인데, 크레이터 내부에 작은 크레이터들이 여러 개 중첩되어 있는 경우이다.

② Double-ring craters: 크레이터의 링 안에 또 하나의 링이 있는 경우인데, 크기가 40~100㎞인 경우에 주로 이런 현상이 나타난다.

③ Central peak craters: 크레이터 내부에 중앙 봉우리(central peak)가 있는 경우인데, 지구 표면에서도 이런 크레이터가 많이 발견되고, 지구 표면에 있는 크레이터의 내부에는 물이 채워져 있는 경우가 대부분이므로 중앙 봉우리가 섬처럼 물로 둘러싸여 있다.

④ Craters with structureless floors: 크레이터의 테두리가 경사진 언덕이나 절벽이 아닌 1층이나 여러 층의 단으로 이루어져 있으며, 크레이터 내부는 평평한 바닥으로 된 경우인데, 지구 상에도 이러한 크레이터가 종종 발견된다.

⑤ Irregular craters: 직경이 16㎞ 이하로 아주 작은 크레이터의 경우인데, 그 형태가 일정하지 않다.

⑥ Multiple craters: 크레이터의 경계(rim)가 서로 중첩된 경우인데, 평면적으로는 몇 개의 원이 서로 중첩된 것처럼 보인다.

⑦ Small, simple bowl-shaped craters: 작은 쟁반 같은 형태의 크레이

터이다.

지구 상에서는 풍화 침식작용으로 인해서 원래의 형태가 사라진 경우가 대부분이므로 위의 7종류로 분류된 모든 형태의 충돌 크레이터가 발견되지는 않는다.

운석충돌에 의해서는 peak-ring과 crater-rim deposits를 가지고 있으나, 화산분출에 의해서는 칼데라(caldera)만 존재한다. 즉 화산분출에 의해서는 백두산 천지나 한라산 백록담과 같은 칼데라만 존재하며, <그림 4-14>에 나타나 있는 peak-ring이나 crater-rim deposits가 존재하지 않는다는 것이다.

(3) 지구 상의 크레이터

운석

대영박물관이 발행하는 운석 카탈로그에 의하면 1960년대까지 전 세계에 2,045개의 운석이 알려져 있었는데, 1980년대에 일본 국립극지연구소가 남극에서 약 5,000개의 운석을 회수하여 현재는 가장 많은 운석을 보유한 국가가 되었다. 운석에는 철-니켈 합금으로 된 철질운석, 철-니켈합금과 규산염광물이 거의 같은 양으로 포함되어 있는 석철운석(stony-iron meteorite), 주로 규산염광물로 되어 있는 석질운석(stony meteorite) 등 3종류가 있다.

석질운석은 그 내부구조에 따라 다시 2가지로 분류된다. 즉 내부에 콘드룰이라고 하는 ㎜ 크기의 구형 규산염입자를 포함하는 콘드라이트(chondrite)와 포함하지 않는 에이콘드라이트(achondrite)로 구분된다. 에이콘드라이트는 지표의 화성암과 매우 비슷한 운석이다. 한편

콘드라이트를 특징짓는 콘드룰은 지구 상의 암석에는 존재하지 않는다. 운석과 지구 상의 암석 사이에서 볼 수 있는 큰 차이는 금속철의 유무에 있다. 지구 상의 암석에는 금속철이 거의 포함되어 있지 않으나, 운석에는 금속철이 대부분 포함되어 있다. 따라서 지구상의 암석과 비교하면 운석은 상당히 환원적인 환경에서 형성되었다고 할 수 있다. 이와 관련하여 인류가 금속철의 유용성을 알게 된 것은 철질운석의 존재에 의한 것이라는 견해가 있다. 또 지구의 중심부가 금속철로 되어 있다는 인식도 철질운석의 존재에 근거한 바가 크다.

화학조성적으로는 철질운석, 석철운석, 에이콘드라이트, 콘드라이트로 분류되는 운석을 그 성인의 측면에서 생각해보면, 콘드라이트와 기타의 운석 등 두 그룹으로 구분할 수 있다. 콘드라이트의 화학조성은 태양대기의 조성과 매우 비슷한데, 태양은 태양계를 구성하는 물질의 99% 이상을 차지하고 있으므로 콘드라이트는 태양계 전체를 대표하는 시원적(始原的)인 고체 물질이라고 할 수 있다. 한편 철질운석·석철운석·에이콘드라이트의 화학조성은 태양대기의 조성과는 크게 다르며, 그 구조는 용융물이 고체화할 때에 생기는 특징을 나타내고 있다. 따라서 콘드라이트를 시원운석, 그 밖의 운석군은 분화운석이라 한다. 분화운석그룹은 시원운석물질이 1번 녹아 분화하여 형성되었다. 그 모천체(母天體)는 지구와 비슷한 층구조를 가진 지름 수백 ㎞의 소천체였다. 철질운석은 이 소천체의 코어를, 석철운석은 코어와 맨틀의 경계를, 에이콘드라이트는 맨틀과 외피를 점유하고 있었을 것이다.

시원운석과 분화운석을 구별하는 또 하나의 특징은 낙하빈도이다. 지구에 낙하하는 운석은 콘드라이트가 압도적으로 많고, 분화운석 그

룹의 낙하빈도는 모두 합쳐도 15%가 되지 않는다. 소행성대에는 콘드라이트적 소천체가 많이 존재하며 분화운석적 소천체의 수는 적다. 소행성대를 구성하는 소천체군은 이미 존재했던 대행성의 파편이 아니라 행성으로까지 성장할 수 없었던 미행성(微行星)의 집합체이다. 시원운석 콘드라이트의 생성연대는 45.5억 년인데, 후에 지구로 날아올 때까지 2차적으로 녹았던 흔적이 없다. 따라서 이 운석은 성운 상태에 있었던 원시태양계 중에서 최초로 형성된 미행성의 파편이라고 할 수 있다. 콘드라이트에서는 철의 산화환원 상태에 큰 차이를 볼 수 있으며, 또 그 안에는 고온광물과 저온광물이 공존한다. 원시태양계 성운의 온도분포 및 산화환원 상태는 균일했던 것이 아니라 시시각각 변화했던 것이다. 콘드라이트 가운데에서도 휘발성 성분을 가장 많이 포함한 탄소질콘드라이트는 태양계의 로제타석으로서 특히 관심을 끌고 있다. 이 운석에 포함된 고온광물의 일부는 지구·달 및 기타의 운석과는 다른 동위원소 조성을 나타내는 것이 있다. 이 이상 물질은 원시태양계 성운으로 유입된 초신성의 방출물일 가능성이 크다. 한편, 그 저온광물에는 각종 아미노산을 비롯하여 여러 가지 유기화합물이 포함되어 있다. 즉 원시태양계 성운은 서로 다른 원자핵 합성의 역사를 가진 먼지의 혼합물이며, 생명의 선행물질인 유기화합물은 이미 이 성운 속에 준비되어 있었던 것이다.

영국의 대영박물관에서 발간한 Catalogue of Meteorites에 의하면, 한반도에는 4개의 운석이 낙하 또는 발견된 것으로 기록되어 있다. 이들 운석은 모두 일제가 이 땅을 강점하던 시기에 발견된 운석이며, 대부분 일본으로 유출된 것으로 생각된다. 이 중에서 유일하게 두원운석은 1999년 일본에서 반환되어 현재 한국지질자원연구원에 보관되어 있으며, 최근에 경기도 가평에서 운석이 발견되어 현재 5개의 운석이 발견된 것으로 확인되고 있다. 아래의 <표 4-1>은 현재 우리나라에 보관되어 있는 운석의 제원이다.

〈표 4-1〉 우리나라에 보관되어 있는 운석

번호	1	2	3	4	5
운석명	운곡	옥계	소백	두원	가평
발견 장소	전남 운곡	경북 옥계	함남 소백	전남 두원	경기 가평
발견 시기	1924년	1930년	1938년	1943년 11월 23일 15시 47분(낙하)	
분류	콘드라이트	콘드라이트	철운석	콘드라이트	철운석

충돌과정

우주공간으로부터 지구를 향해 떨어지는 물체(지표에 도달하게 되면 주로 운석)는 그 속도가 최소 11.6㎞/s에 이른다. 운동에너지는 속도의 제곱에 비례하여 증가하는 것을 이용하여 계산을 하면, 운석충돌 시에 방출되는 에너지가 같은 질량의 반응물이 일반적인 화학반응을 통하여 방출하는 에너지보다 많음을 알 수 있다. 무거운 물체가 지구에 충돌할 때 만드는 에너지는 킬로톤(kTon) 수준의 폭발 에너지를 능가하여 원자폭탄 수준의 폭발을 일으킨다. 수 킬로톤 수준의 충돌은 거의 해마다 먼 바다에서 일어나고 있다.

작은 물체들은 대기의 의해 속도가 다소 감소할 수 있으나, 무게가 1,000톤을 넘게 되면 대기권을 1초 만에 통과하기 때문에 대기에 의한 감속은 그다지 영향을 미치지 못한다. 하지만 두 경우 모두 충돌하러 오는 물체의 온도는 대기와의 마찰에 의해 극단적으로 높아진다. 높은 마찰 온도와 대기와의 마찰로 인하여 발생한 압력은 지표면에 도달하기 전에 콘드라이트질이나 또는 탄산콘드라이트질의 물체들을 파괴한다. 그러나 철이나 니켈로 구성된 물체는 지표에 충돌하여 폭발을 일으킨다.

물체가 충돌하면 그 아래에 있는 공기, 물, 암석을 압축시켜 플라스마 상태로 만들고, 이 플라스마는 엄청난 속도로 팽창하면서 식어가는데 이 과정이 폭발과정이다. 충돌부스러기들은 플라스마와 함께 궤도 속도에 가까운 속도로 주변에 뿌려지는데, 이 중의 일부는 우주공간으로 날아가기도 하고, 다시 행성에 돌입하기 전까지 행성 주변을 공전하기도 한다. 공기가 없는 대부분의 행성에는 이렇게 흩뿌려진 충돌부스러기들을 고스란히 보존하는데, 그 모습은 보통 크레이터 주변으로 햇살같이 뻗어나가는 모양이다. 이런 무늬를 광조(光條)라고 한다. 광조는 충돌에 의해서 생긴다.

플라스마 안에서는 역동적인 화학반응이 일어난다. 지구에서는 강력한 산이 해수로부터 만들어진다. 기화된 암석은 플라스마 상태에서 다시 응결되어 유리질로 된 특징적인 물방울 모양의 텍타이트를 형성한다. 텍타이트들은 고속으로 광범위한 지역에 흩어진다.

바다에서의 충돌은 더 위험하다. 충돌하는 물체가 클 경우 거의 예외 없이 바닷물을 통과해 해저에 충돌하고 거대한 쓰나미를 일으킨다. 멕시코 유카탄 반도에 있는 칙쇼룹 크레이터는 높이 50m에서 100m에 이르는 쓰나미를 일으켰음을 수km나 떨어진 육지에 쌓인 퇴적물의 흔적으로부터 짐작할 수 있다.

크레이터 흔적

아주 오래된 크레이터 중에서 주변부의 기복이 거의 사라지고 무 늬만 남아 있는 경우를 펠림세스트(palimpsest)라 하는데, 펠림세스터 는 옛날에 양피지에 글을 쓸 때 지우거나 지워진 흔적이라는 의미이 다. 지구표면에 생긴 크레이터는 풍화침식을 받아 점차 그 모습을 잃 어간다. 크레이터의 모습을 지워가는 작용에는 바람, 물의 직접적인 침식과 크레이터 표면의 사태 외에도 바람에 실려 오거나 물에 의하 여 운반된 퇴적물이 크레이터를 메우는 작용도 포함된다. 그 외에도 용암에 의하여 크레이터 자체가 덮여버리는 경우도 있다.

지구표면의 크레이터

지표의 활발한 풍화침식작용에도 불구하고 지구에서도 규모가 큰 크레이터가 약 150여 개 발견되었는데, 크레이터들에 대한 많은 연구 를 통해서 지질학자들은 흔적이 거의 지워진 더 작은 크레이터들을 찾아내었다.

1) 배린저 운석공(Barringer Crator)
미국 애리조나 주 캐니언 다이아블 로 사막의 큰 웅덩이이다. <그림 4-15> 에 나타나 있는 바와 같이 대운석(大隕 石) 또는 운석군의 낙하로 생긴 것인데, 지름이 1,200m이며, 주벽(周壁)은 평원 보다 39m가 높고 공저(孔底)보다 175m 나 높다. 웅덩이로부터 8㎞ 이내에서는

〈그림 4-15〉 배린저 운석공

수천 개의 운철(隕鐵)이 수집되었다. 웅덩이 바닥을 시추한 결과 수십 m의 깊이까지 땅이 분쇄되어 있었으며, 철과 니켈의 혼합산화물이 다량 함유되어 있었다. 운석이 낙하된 것은 수천 년 전으로 추측된다. 1891년에 D. M. Barringer(배린저)는 세계 최초로 크레이터를 발견하고 이를 운석공이라 인정하고 그 선전과 보존을 위해 노력하였다.

2) 지구 상에서 발견된 크레이터

미국 지질조사소(USGS: U.S. Geological Survey)의 발표에 의하면 운석충돌 분화구(impact crater)는 수없이 많다. 그중에서 USGS의 인터넷 홈페이지에 발표되어 있는 운석충돌 분화구를 정리하면 다음과 같다.

(참고: http://www.unb.ca/passc/ImpactDatabase/index.html)

Acraman, Australia
Location: 32°1'S, 135°27'E Diameter: 160.000km Age: 570.00 million years
Ames
Location: 36°15'N, 98°10'W Diameter: 16.000km Age: 470.00 +- 30.00 million years
Amguid
Location: 26°5'N, 4°23'E Diameter: 0.450km Age: 100,000 years
Aouelloul, Mauritania
Location: 20°15'N, 12°41'W Diameter: 0.390km Age: 3.10 +- 0.30 million years
Araguainha Dome
Location: 16°46'S, 52°59'W Diameter: 40.000km Age: 249.00 +- 19.00 million years
Avak
Location: 71°15'N, 156°38'W Diameter: 12.000km Age: 100.00 +- 5.00 million years

Azuara, Spain

Location: 41°10'N, 0°55'W Diameter: 30.000km Age: 130.00 million years

B.P. Structure

Location: 25°19'N, 24°20'E Diameter: 2.800km Age: 120.00 million years

Barringer, Arizona

Location: 35°2'N, 111°1'W Diameter: 1.186km Age: 49,000 years

Beaverhead

Location: 44°36'N, 113°0'W Diameter: 60.000km Age: 600.00 million years

Bee Bluff

Location: 29°2'N, 99°51'W Diameter: 2.400km Age: 40.00 million years

Beyenchime-Salaatin

Location: 71°50'N, 123°30'E Diameter: 8.000km Age: 65.00 million years

Bigach

Location: 48°30'N, 82°0'E Diameter: 7.000km Age: 6.00 +- 3.00 million years

Boltysh, Ukraine

Location: 48°45'N, 32°10'E Diameter: 25.000km Age: 88.00 +- 3.00 million years

Bosumtwi, Ghana

Location: 6°32'N, 1°25'W Diameter: 10.500km Age: 1.30 +- 0.2 million years

Boxhole, North Territory, Australia

Location: 22°37'S, 135°12'E Diameter: 0.170km Age: 30,000 years

Brent, Onterio, Canada

Location: 46°5'N, 78°29'W Diameter: 3.800km Age: 450.00 +- 30.00 million years

Campo Del Cielo, Argentina

Location: 27°38'S, 61°42'W Diameter: 0.050km Age: 0 years

Carswell, Saskatchewan, Canada

Location: 58°27'N, 109°30'W Diameter: 39.000km Age: 115.00 +- 10.00 million years

Charlevoix, Canada

Location: 47°32'N, 70°18'W Diameter: 54.000km Age: 357.00 +- 15.00 million years

Chicxulub, Mexico

Location: 21°20'N, 89°30'W Diameter: 300.000km Age: 64.98 +- 0.05 million years

Chiyli

Location: 49°10'N, 57°51'E Diameter: 5.500km Age: 46.00 +- 7.00 million years

Clearwater Lake East, Quebec, Canada

Location: 56°5'N, 74°7'W Diameter: 22.000km Age: 290.00 +- 20.00 million years

Clearwater Lake West, Quebec, Canada

Location: 56°13'N, 74°30'W Diameter: 32.000km Age: 290.00 +- 20.00 million years

Connolly Basin, Australia

Location: 23°32'S, 124°45'E Diameter: 9.000km Age: 60.00 million years

Crooked Creek, Missouri

Location: 37°50'N, 91°23'W Diameter: 7.000km Age: 320.00 +- 80.00 million years

Dalgaranga, West Australia

Location: 27°45'S, 117°5'E Diameter: 0.021km Age: 30,000 years

Decaturville, Missouri

Location: 37°54'N, 92°43'W Diameter: 6.000km Age: 300.00 million years

Deep Bay, Saskatchewan, Canada

Location: 56°24'N, 102°59'W Diameter: 13.000km Age: 100.00 +- 50.00 million years

Dellen, Sweden

Location: 61°55'N, 16°39'E Diameter: 15.000km Age: 110.00 +- 2.70 million years

Des Plaines, Illinois

Location: 42°3'N, 87°52'W Diameter: 8.000km Age: 280.00 million years

Dobele

Location: 56°35'N, 23°15'E Diameter: 4.500km Age: 300.00 +- 35.00 million years

Eagle Butte

Location: 49°42'N, 110°35'W Diameter: 19.000km Age: 65.00 million years

El'Gygytgyn, Russia

Location: 67°30'N, 172°5'E Diameter: 18.000km Age: 3.50 +- 0.50 million years

Flynn Creek, Tennessee

Location: 36°17'N, 85°40'W Diameter: 3.550km Age: 360.00 +- 20.00 million years

Gamos

Location: 60°39'N, 9°0'E Diameter: 5.000km Age: 500.00 +- 10.00 million years

Glasford, Illinois

Location: 40°36'N, 89°47'W Diameter: 4.000km Age: 430.00 million years

Glover Bluff

Location: 43°58'N, 89°32'W Diameter: 3.000km Age: 500.00 million years

Goat Paddock

Location: 18°20'S, 126°40'E Diameter: 5.100km Age: 50.00 million years

Gosses Bluff, North Territory, Australia

Location: 23°50'S, 132°19'E Diameter: 22.000km Age: 142.50 +- 0.50 million years

Gow Lake, Canada

Location: 56°27'N, 104°29'W Diameter: 4.000km Age: 250.00 million years

Gusev

Location: 48°21'N, 40°14'E Diameter: 3.500km Age: 65.00 million years

Haughton, Canada

Location: 75°22'N, 89°41'W Diameter: 20.5km Age: 21.5 +- 1.00 million years

Haviland

Location: 37°35'N, 99°10'W Diameter: 0.015km Age: 0 years

Henbury, North Territory, Australia

Location: 24°35'S, 133°9'E Diameter: 0.157km Age: 10,000 years

Holleford, Onterio, Canada

Location: 44°28'N, 76°38'W Diameter: 2.350km Age: 550.00 +- 100.00 million years

Ile Rouleau

Location: 50°41'N, 73°53'W Diameter: 4.000km Age: 300.00 million years

Ilumetsa

Location: 57°58'N, 25°25'E Diameter: 0.080km Age: 0 years

Ilyinets

Location: 49°6'N, 29°12'E Diameter: 4.500km Age: 395.00 +- 5.00 million years

Janisjarvi, Russia

Location: 61°58'N, 30°55'E Diameter: 14.000km Age: 698.00 +- 22.00 million years

Kaalijarvi

Location: 58°24'N, 22°40'E Diameter: 0.110km Age: 0 +- 0 years

Kaluga, Russia

Location: 54°30'N, 36°15'E Diameter: 15.000km Age: 380.00 +- 10.00 million years

Kamensk

Location: 48°20'N, 40°15'E Diameter: 25.000km Age: 65.00 +- 2.00 million years

Kara, Russia

Location: 69°5'N, 64°18'E Diameter: 65.000km Age: 73.00 +- 3.00 million years

Kara-Kul, USSR

Location: 39°1'N, 73°27'E Diameter: 52.000km Age: 25.00 million years

Kardla

Location: 58°59'N, 22°40'E Diameter: 4.000km Age: 455.00 million years

Karla

Location: 54°54'N, 48°0'E Diameter: 12.000km Age: 10.00 million years

Kelly West

Location: 19°56'S, 133°57'E Diameter: 10.000km Age: 550.00 million years

Kentland, Indiana

Location: 40°45'N, 87°24'W Diameter: 13.000km Age: 300.00 million years

Kursk

Location: 51°40'N, 36°0'E Diameter: 5.500km Age: 250.00 +- 80.00 million years

Lac Couture, Quebec, Canada

Location: 60°8'N, 75°20'W Diameter: 8.000km Age: 430.00 +- 25.00 million years

Lac La Moinerie, Canada

Location: 57°26'N, 66°37'W Diameter: 8.000km Age: 400.00 +- 50.00 million years

Lappajarvi, Finland

Location: 63°9'N, 23°42'E Diameter: 17.000km Age: 77.30 +- 0.40 million years

Lawn Hill

Location: 18°40'S, 138°39'E Diameter: 18.000km Age: 515.00 million years

Liverpool

Location: 12°24'S, 134°3'E Diameter: 1.600km Age: 150.00 +- 70.00 million years

Lockne

Location: 63°0'N, 14°48'E Diameter: 7.000km Age: 540.00 +- 10.00 million years

Logancha, Russia

Location: 65°30'N, 95°48'E Diameter: 20.000km Age: 25.00 +- 20.00 million years

Logoisk

Location: 54°12'N, 27°48'E Diameter: 17.000km Age: 40.00 +- 5.00 million years

Lonar, India

Location: 19°59'N, 76°31'E Diameter: 1.830km Age: 52,000 +- 10,000 years

Macha

Location: 59°59'N, 118°0'E Diameter: 0.300km Age: 10,000 years

Manicouagan, Quebec, Canada

Location: 51°23'N, 68°42'W Diameter: 100.000km Age: 212.00 +- 1.00 million years

Manson, Iowa

Location: 42°35'N, 94°31'W Diameter: 35.000km Age: 65.70 +- 1.00 million years

Marquez

Location: 31°17'N, 96°18'W Diameter: 22.000km Age: 58.00 +- 2.00 million years

Middlesboro, Kentucky

Location: 36°37'N, 83°44'W Diameter: 6.000km Age: 300.00 million years

Mien, Sweden

Location: 56°25'N, 14°52'E Diameter: 9.000km Age: 121.00 +- 2.30 million years

Misarai

Location: 54°0'N, 23°54'E Diameter: 5.000km Age: 395.00 +- 145.00 million years

Mishina Gora

Location: 58°40'N, 28°0'E Diameter: 4.000km Age: 360.00 million years

Mistastin, Labrador, Canada

Location: 55°53'N, 63°18'W Diameter: 28.000km Age: 38.00 +- 4.00 million years

Montagnais

Location: 42°53'N, 64°13'W Diameter: 45.000km Age: 50.50 +- 0.76 million years

Monturaqui, Chile

Location: 23°56'S, 68°17'W Diameter: 0.460km Age: 1.00 million years

Morasko

Location: 52°29'N, 16°54'E Diameter: 0.100km Age: 10,000 years

New Quebec, Quebec, Canada

Location: 61°17'N, 73°40'W Diameter: 3.440km Age: 1.40 +- 0.10 million years

Nicholson Lake, Canada

Location: 62°40'N, 102°41'W Diameter: 12.500km Age: 400.00 million years

Oasis

Location: 24°35'N, 24°24'E Diameter: 11.500km Age: 120.00 million years

Obolon

Location: 49°30'N, 32°55'E Diameter: 15.000km Age: 215.00 +- 25.00 million years

Odessa, Texas

Location: 31°45'N, 102°29'W Diameter: 0.168km Age: 50,000 years

Ouarkziz, Algeria

Location: 29°0'N, 7°33'W Diameter: 3.500km Age: 70.00 million years

Piccaninny

Location: 17°32'S, 128°25'E Diameter: 7.000km Age: 360.00 million years

Pilot Lake, Canada

Location: 60°17'N, 111°1'W Diameter: 5.80km Age: 445.00 +- 2.00 million years

Popigai

Location: 71°30'N, 111°0'E Diameter: 100.000km Age: 35.00 +- 5.00 million years

Presqu'Ile

Location: 49°43'N, 78°48'W Diameter: 12.000km Age: 500.00 million years

Pretoria Salt Pan, South Africa

Location: 25°24'S, 28°5'E Diameter: 1.130km Age: 200,000 years

Puchezh-Katunki

Location: 57°6'N, 43°35'E Diameter: 80.000km Age: 220.00 +- 10.00 million years

Ragozinka, Russia

Location: 58°18'N, 62°0'E Diameter: 9.000km Age: 55.00 +- 5.00 million years

Red Wing

Location: 47°36'N, 103°33'W Diameter: 9.000km Age: 200.00 +- 25.00 million years

Riachao Ring

Location: 7°43'S, 46°39'W Diameter: 4.500km Age: 200.00 million years

Ries, Germany

Location: 48°53'N, 10°37'E Diameter: 24.000km Age: 14.8 +- 1.00 million years

Rio Cuarto

Location: 30°52'S, 64°14'W Diameter: 4.500km Age: 100,000 years

Rochechouart, France

Location: 45°50'N, 0°56'E Diameter: 23.000km Age: 186.00 +- 8.00 million years

Roter Kamm, Namibia

Location: 27°46'S, 16°18'E Diameter: 2.500km Age: 5.0 +- 0.30 million years

Rotmistrovka

Location: 49°0'N, 32°0'E Diameter: 2.700km Age: 140.00 +- 20.00 million years

Saaksjarvi, Finland

Location: 61°24'N, 22°24'E Diameter: 5.000km Age: 514.00 +- 12.00 million years

Saint Martin, Canada

Location: 51°47'N, 98°32'W Diameter: 40.000km Age: 220.0 +- 32.00 million years

Serpent Mound, Ohio

Location: 39°2'N, 83°24'W Diameter: 6.40km Age: 320.00 million years

Serra Da Cangalha

Location: 8°5'S, 46°52'W Diameter: 12.000km Age: 300.00 million years

Shunak, Kazakhstan

Location: 47°12'N, 72°42'E Diameter: 3.100km Age: 12.00 +- 5.00 million years

Sierra Madera, Texas

Location: 30°36'N, 102°55'W Diameter: 13.000km Age: 100.00 million years

Sikhote Alin, USSR

Location: 46°7'N, 134°40'E Diameter: 0.027km Age: 0 years

Siljan, Sweden

Location: 61°2'N, 14°52'E Diameter: 55.000km Age: 368.00 +- 1.10 million years

Slate Islands

Location: 48°40'N, 87°0'W Diameter: 30.000km Age: 350.00 million years

Sobolev

Location: 46°18'N, 138°52'E Diameter: 0.053km Age: 0 years

Soderfjarden, Finland

Location: 63°0'N, 21°35'E Diameter: 6.000km Age: 550.00 million years

Spider, Australia

Location: 16°44'S, 126°5'E Diameter: 13.000km Age: 570.00 million years

Steen River, Canada

Location: 59°31'N, 117°37'W Diameter: 25.000km Age: 95.00 +- 7.00 million years

Steinheim, Germany

Location: 48°40'N, 10°4'E Diameter: 3.800km Age: 14.80 +- 0.70 million years

Strangways

Location: 15°12'S, 133°35'E Diameter: 25.000km Age: 470.00 million years

Sudbury, Onterio, Canada

Location: 46°36'N, 81°11'W Diameter: 200.000km Age: 1850.00 +- 3.00 million years

Tabun-Khara-Obo

Location: 44°6'N, 109°36'E Diameter: 1.300km Age: 3.00 million years

Talemzane, Algeria

Location: 33°19'N, 4°2'E Diameter: 1.750km Age: 3.00 million years

Teague, Australia

Location: 25°52'S, 120°53'E Diameter: 30.000km Age: 1685.00 +- 5.00 million years

Tenoumer, Mauritania

Location: 22°55'N, 10°24'W Diameter: 1.900km Age: 2.50 +- 0.50 million years

Ternovka

Location: 48°1'N, 33°5'E Diameter: 12.000km Age: 280.00 +- 10.00 million years

Tin Bider

Location: 27°36'N, 5°7'E Diameter: 6.000km Age: 70.00 million years

Tookoonooka

Location: 27°0'S, 143°0'E Diameter: 55.000km Age: 128.00 +- 5.00 million years

Tvaren

Location: 58°46'N, 17°25'E Diameter: 2.000km Age: 0 years

Upheaval Dome, Utah

Location: 38°26'N, 109°54'W Diameter: 5.000km Age: 65.00 million years

Ust-Kara

Location: 69°18'N, 65°18'E Diameter: 25.000km Age: 73.00 +- 3.00 million years

Vargeao Dome

Location: 26°50'S, 52°7'W Diameter: 12.000km Age: 70.00 million years

Veevers

Location: 22°58'S, 125°22'E Diameter: 0.080km Age: 1.00 million years

Vepriaj

Location: 55°6'N, 24°36'E Diameter: 8.000kmAge: 160.00 +- 30.00 million years

Vredefort, South Africa

Location: 27°0'S, 27°30'E Diameter: 140.000km Age: 1970.00 +- 100.00 million years

Wabar, Arabia

Location: 21°30'N, 50°28'E Diameter: 0.097km Age: 10,000 +- 0 years

Wanapitei Lake, Canada

Location: 46°45'N, 80°45'W Diameter: 7.500km Age: 37.00 +- 2.00 million years

Wells Creek, Tennessee

Location: 36°23'N, 87°40'W Diameter: 14.000km Age: 200.00 +- 100.00 million years

West Hawk Lake, Canada
Location: 49°46'N, 95°11'W Diameter: 3.150㎞ Age: 100.00 +- 50.00 million years
Wolfe Creek, West Australia
Location: 19°18'S, 127°46'E Diameter: 0.875㎞ Age: 300.000 years
Zapadnaya
Location: 49°44'N, 29°0'E Diameter: 4.000㎞ Age: 115.00 +- 10.00 million years
Zeleny Gai
Location: 48°42'N, 32°54'E Diameter: 2.500㎞ Age: 120.00 +- 20.00 million years
Zhamanshin, Kazakhstan
Location: 48°24'N, 60°58'E Diameter: 13.500㎞ Age: 900.000 +- 100.000 years.

3) 크레이터 형상

미국 지질조사소(USGS: U.S. Geological Survey)의 홈페이지에 발표
되어 있는 운석충돌 분화구(impact crater)의 위치를 GPS로 확인한 후
에 구글의 위성사진을 획득하여 이를 각 대륙별로 정리하면 다음과
같다. <그림 4-16>은 북아메리카 지역의 크레이터를 정리한 것인데,
크레이터의 중심에 봉우리(central peak)가 있는 경우가 다수 관찰되
며, 없는 경우도 다수 존재한다. 낮은 지대에 있는 크레이터는 대부분
물로 채워져 호수를 형성하고 있음을 알 수 있다. 허드슨 만에 있는
크레이터는 매우 특이한 해안선인 원호를 형성하고 있다. <그림
4-17~20>에 있는 남미지역, 유럽지역, 아시아지역 및 호주지역의 크
레이터들도 북미지역과 거의 같은 형상을 보여주고 있다. <그림
4-21>의 아프리카지역에서는 특이하게도 사막 한가운데서 발견된 경
우에 모래로 덮여 있는 것을 확연하게 보여주고 있다.

아시아지역에서는 크레이터가 별로 발견되지 않은 것으로 보고되
어 있는데, 아쉽게도 우리나라에서는 철성분의 운석은 가끔 발견되고
있으나 크레이터가 발견되었다는 보고는 아직 없다.

〈그림 4-16〉 북미 지역의 크레이터

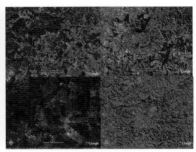

〈그림 4-17〉 남미 지역의 크레이터

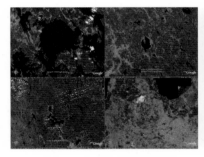

〈그림 4-18〉 유럽 지역의 크레이터

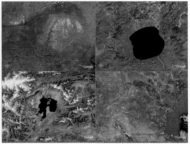

〈그림 4-19〉 아시아 지역의 크레이터

〈그림 4-20〉호주 지역의 크레이터

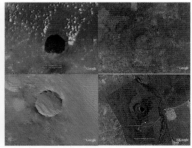

〈그림 4-21〉 아프리카 지역의 크레이터

5. 한반도의 폐곡선 능선

(1) 운석 분화구와 유사한 지형

우리나라에는 USGS나 한국지질학회에서 공식적으로 인정하는 운석 분화구인 크레이터가 현재까지는 발견되지 않는다. 영국의 대영박물관에서 2000년에 발간한 운석연감(Catalogue of Meteorites)에 등재된 한반도에서 발견된 4개의 운석이 모두 1924~43년에 발견된 것으로 기록되어 있다. 그렇다면 발견된 장소의 지형과 전 세계에서 발견된 운석 분화구 간에 어떤 공통점이 있을 수도 있다. <표 4-1>에 제시되어 있는 운석발견 지점 가운데 현재의 위치가 명확한 전남 고흥군 두원면에 대한 구글의 위성지도는 <그림 4-22>와 같다. 운석 발견 지점인 두원면은 고흥반도의 북쪽에 위치하는데, <그림 4-22>에 별표로 나타내었다. 두원면 바로 앞에 원형의 바다인 만(灣, bay)이 있고, 그 외곽은 산으로 둘러싸여 원형의 능선을 이루고 있다. 원형의 능선은 <그림 4-21>에 있는 아프리카지역의 크레이터 중에서 사막에 있어 모래에 덮여 산의 능선만 밖으로 노출된 좌하의 사진에 자세히 나타나 있다. 전남 두원면 사진에서 능선을 연결한 적색의 점선 상에는 만안에 있는 작은 섬이 놓여 있어, 이 섬이 원형의 능선에 연결된 곳임을 의미한다. 이상의 결과로 미루어볼 때 <그림 4-22>는 <그림 4-16~21>에 있는 크레이터의 지형과 같은 형태임을 알 수 있다. 이처럼 크레이터와 유사한 형태의 지형은 이 그림에서도 여러 곳에서 발견된다. 크레이터와 유사한 지형에서 크레이터가 되기 위한 특성을 발견하여 크레이터로 공식적으로 인정하는 것은 지질학자들의 몫이다.

참고로 최근에 한국과학재단(KOSEF)의 기초과학연구사업 학술기사(DBPIA 고유번호: 30394)에 의하면 전남 고흥 두원의 운석은 발견 시점이 아니고, 운석이 떨어진 시점이라고 명시되어 있다. 이것이 사실이라면 위의 추측은 충돌 크레이터와는 전혀 관계가 없는 내용이 될 것이다.

〈그림 4-22〉 전남 고흥군 두원

(2) 원 능선

<그림 4-22>와 유사한 지형을 한반도에서 조사한 결과는 매우 흥미롭다. <그림 4-23>은 광주시 광산구와 전남 나주시 사이의 지역에 대한 그림이다. 거의 같은 직경을 가지는 몇 개의 원호들이 서로 연결되어 거의 완벽한 원을 이루는 것을 알 수 있다. 각 부분이 확대된 산 능선의 형태는 부분적으로 매우 미세하게 불규칙한데, 이것은 <그림 4-15>의 베린저 운석공과 거의 유사하다. 이러한 산 능선의 형태와 산의 형태는 충돌 크레이터의 테두리(rim)와 크레이터 퇴적물(crater deposits)과 비슷한 것으로 보인다.

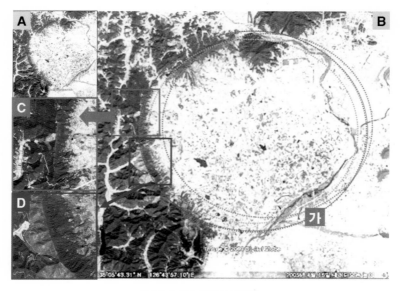

〈그림 4-23〉 광주시 광산구

<그림 4-24>는 충북 진천에서 발견된 지형인데, 산 능선이 원의 호의 일부를 이루고 있음을 알 수 있다. 그림에서 청색의 점선(A)으로 나타낸 부분은 완벽한 원호의 일부이다. 오른쪽에 있는 산의 능선을 확대한 지도(B)에서 이 능선이 미세하게는 원호를 이루지 않지만, 큰 스케일에서는 완벽한 호를 이룬다. 미세하게 호를 이루지 않은 것은 모든 크레이터에서도 관찰되는 것이다. 달이나 화성 혹은 금성에서 발견되는 규모가 큰 운석 분화구(impact crater)는 다수가 공존하고 서로 중첩한다고 한다. 원호 A 외에도 흰색의 점선으로 나타낸 무수히 많은 원들이 발견되는데, 이들은 거의 대부분 서로 중첩하고 있다.

　　<그림 4-25>는 경기도 화성군에서 관찰된 결과인데, 3개의 커다란 원이 서로 중첩하고 있다. 이러한 원의 중첩은 <그림 4-26>의 전남 신안군의 섬들에서도 관찰된다. 신안군은 많은 섬들로 구성되어 있는데, 서해 해상에 있는 많은 섬들이 여러 개의 원으로 연결되며, 이 원들은 서로 중첩하고 있다. 이러한 중첩현상은 충남 보령시에서 관찰한 <그림 4-27>에서 더욱 명확하게 나타난다. 작은 크기의 원들이 서로 중첩할 뿐만 아니라 비교적 큰 원들은 작은 원들을 포함하고 있다.

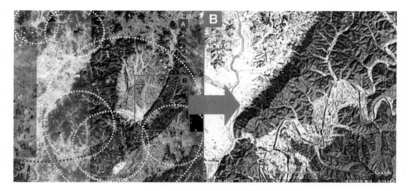

〈그림 4-24〉 충북 진천

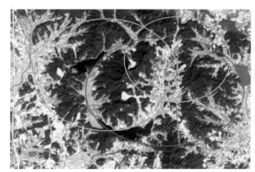

〈그림 4-25〉 경기도 화성

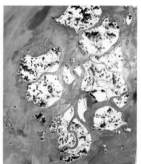

〈그림 4-26〉 전남 신안.

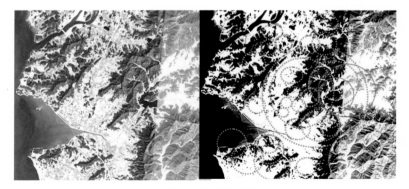

〈그림 4-27〉 충남 보령

<그림 4-28>은 아프리카의 차드와 북아메리카의 로키 산맥 부근에서 발견된 크레이터이다. 두 경우 모두 중앙 봉우리(central peak)가 있고, 그 주위에 거의 동심원 형태의 테두리가 차례대로 2~3개 존재하는 형태를 하고 있다. <그림 4-29>는 경기도 의정부시와 동두천시 사이에 있는 양주군에 대한 그림이다. 중앙의 산은 크레이터에서 중앙 봉우리에 해당하고 그 주위의 산 능선들은 동심원을 이루고 있어 <그림 4-28>의 크레이터와 거의 유사한 형태를 하고 있다.

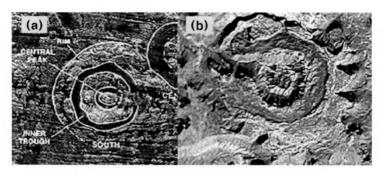

〈그림 4-28〉 크레이터의 형태: (a) 아프리카 차드, (b) 북아메리카 로키 산맥

〈그림 4-29〉 경기 양주

6. 왕관 현상과 충돌 크레이터

(1) 왕관 현상

잔잔한 호수에 작은 돌을 하나 던지면 첨벙하는 소리와 함께 호수 면에는 몇 개의 동심원 형태의 파문이 생기고, 이 파문은 밖으로 멀리 퍼져 나간다. 조금 큰 돌을 던지면 마찬가지로 동심원의 파문이 생기는데, 파고가 조금 더 높아지고 돌이 떨어진 자리에 물이 순간적으로 위로 튀어 오른다. 한때 신선한 우유라는 것을 선전하기 위해 우유의 왕관현상이라는 비디오가 광고로 소개된 적이 있는데, 이 비디오의 중요 장면을 선택하여 나열하면 <그림 4-30>과 같은데, 아쉽게도 이것은 제작자로부터 허락을 받지 않은 채로 사용함을 밝힌다. 그림에서 좌측의 첫 번째 장면은 우유 위로 작은 우유 방울이 떨어지는 순간이며, 우측으로 진행할수록 우유에 떨어진 방울이 만드는 여러 변화를 보여준다. 떨어진 방울과의 충돌에 의해서 우유 면 아래로 내려가면서 밀려나간 우유는 주위에 원형의 파문을 일으키며 밖으로 전파해 나간다. 곧이어 복원력에 의해서 중앙에는 위로 솟구치는 우유가 기둥을 만든 후에 다시 아래로 떨어지는데, 이 기둥은 우유의 표면장력 때문에 몇 개의 방울로 나뉘어 차례로 아래로 떨어진다. 방울이 떨어질 때마다 작은 파문이 생기지만 곧 사라지고, 마지막 방울은 제일 높은 곳에서 떨어지기 때문에 약간 강한 파문을 일으키거나 사진에서 보는 것처럼 왕관과 같은 모양을 보이기도 한다.

우유보다는 점도가 훨씬 낮은 물의 경우에도 이런 현상이 일어난다. <그림 4-31>은 물 위에 물방울이 떨어지는 경우 생겨나는 파문과

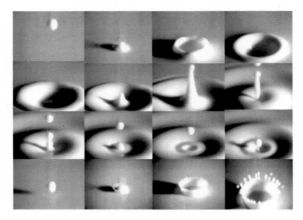

〈그림 4-30〉 우유의 왕관 현상

〈그림 4-31〉 물의 왕관 현상

수면의 변화를 보여준다. 제일 마지막의 왕관 현상은 물의 경우에는 관찰하기 어려운 왕관 현상인데, 특별히 연출한 결과이다. 이러한 다양한 파문은 떨어지는 물체가 가지고 있는 물체의 충격량과 충돌되는 물질의 물리적 성질에 따라 다양하게 나타난다. 물체의 충격량은 떨어지는 물체의 질량(m)과 속력(v)의 곱(mv) 비례한다. 따라서 물체의 질량이 크거나 속력이 크면 충격량은 커진다. 밀도가 같을 경우에는 큰 물체일 때, 같은 크기일지라도 밀도가 높은 물체일 때 질량이 크다. 지상에서 자유낙하를 할 경우에는 떨어지는 높이가 높을수록 속력은 증가하므로, 물방울이나 우유 방울이 떨어지는 높이를 조절하면 왕관 현상을 관찰할 수 있다.

(2) 충돌 크레이터

운석이 지면에 떨어질 경우에도 우유나 물이 떨어질 때와 같은 현상이 발견될 수 있을까? 미국 USGS는 충돌에 대한 컴퓨터 시뮬레이션 결과를 발표하였는데, <그림 4-32>에 자세히 나타나 있다.

충돌 직후에는 충격에너지가 지면 속으로 전파되면서 땅이 점차로 깊게 파이고, 밀려나간 지면은 파인 곳과 지면 간의 경계(rim)를 만들면서 위로 솟아오른다. 이런 과정이 심화되면 구덩이는 더욱 커지고, 표토의 일부는 경계에서 공중으로 분산되어 날아가 지면으로 떨어져 퇴적층을 만든다. 구덩이의 내부는 압력을 받아 밀도가 높아지면서 스트레인 에너지가 증가한다. 충돌에너지가 스트레인 에너지보다 작아지면 구덩이가 커지는 과정이 끝나고 오히려 스트레인 에너지에 의한 복원력으로 구덩이의 가운데서 땅이 솟아오른다. 스트레인 에너지가 해소되면 이 과정이 끝나고 솟아올랐던 땅은 자유낙하 하여 구덩이 속으로 떨어진다. 최종적으로는 충격 크레이터를 만들어낸다.

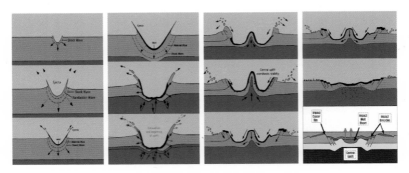

〈그림 4-32〉 운석충돌에 의한 크레이터 생성과정

　관찰되는 다양한 크레이터의 형태는 충격량과 땅의 물리적 상태에 따라 〈그림 4-32〉의 전 과정을 나타내거나 중간에서 끝나는 경우도 있으므로 다양한 형태의 크레이터가 관찰된다.

　〈그림 4-33〉은 관찰되는 충돌 분화구의 대표적인 형태를 나타낸 것이다. 그림에서 (a)와 (b)는 분화구의 크기에 비하여 충격량이 작은 경우에 발생할 수 있는 형태이다. 이는 마치 진흙 속으로 돌을 던질 때와 같다. 이때 던지는 돌의 크기가 작고 속력 또한 느려서 충격량이 작으면 돌이 안으로 파고들려는 힘보다는 진흙의 점성(viscosity)에 의해서 저항하는 힘이 클 때 조그만 구멍만 생기게 되는데, 그 형태는 그림에서 (a)와 같이 된다. 속력이 느리지만 돌이 클 경우에는 (b)와 같은 형태로 나타난다. 그림 (c)는 충분한 속력을 가지고 있어 중앙 봉우리까지 생겼지만 진흙의 점성이 커서 융기된 진흙이 원래의 형태로 돌아가지 못한 경우이다. 이때 크레이터의 테두리인 경계(rim) 안쪽에 바닥이 낮은 크레이터가 형성되고, 그 가운데에 봉우리가 만들어진다. 그림 (d)는 충돌이 완료된 분화구의 형태인데, 크레이터의 경계 안쪽에 작은 동심원을 이루는 링이 형성되어 있다. 바깥쪽 테두

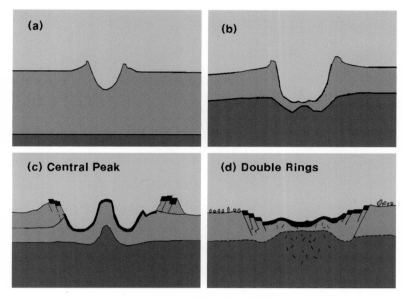

〈그림 4-33〉 충돌 분화구의 형태

리는 밀려난 부분 위에 비산하여 퇴적한 물질이 덮여 생성된 것이며,
내부의 링은 위로 융기한 후에 다시 내려앉아 형성된 것이므로 외부
의 테두리에 비하여 밀도가 낮은 것이 특징이다.

지구 상에서는 사막지대를 제외하고는 크레이터 내부에 물이 고여
있을 경우가 대부분이다. <그림 4-34>는 지구 상에서 관찰된 충돌 크
레이터를 보여주는데, 크레이터 내부에는 모두 물로 채워져 있다. 그
림에서 (a)는 단순 크레이터이며, (b)와 (c)는 중앙 봉우리(central peak)
가 있는 형태인데 주위에 물이 채워져 중앙 봉우리가 섬 형태로 존재
하고 있고, (d)는 북미의 캐나다에 있는 Clearwater lake로 이중 링
(doubling rings) 형태를 하고 있으며 내부에 있는 링은 호수 속에 섬
처럼 떠 있다.

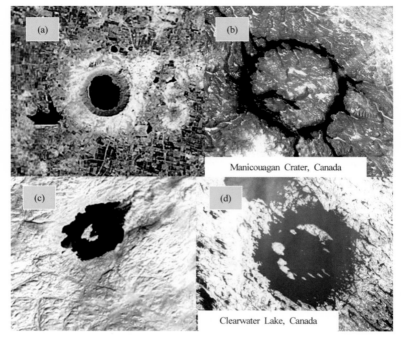

Manicouagan Crater, Canada

Clearwater Lake, Canada

〈그림 4-34〉 물이 차 있는 충돌 분화구

참고문헌

1. 마이클 슈나이더, 이충호 옮김, 『자연, 예술, 과학의 수학적 원형(A Beginner's Guide to Constructing the Universe)』, 경문사.
2. O.G. Von Simpson, 『The Gothic Cathedral: Origins of Gothic Architecture and the Medieval Concept of Order(Princeton)』, N. J: Princeton University Press, 1988.
3. 두원 운석: 발견시기가 아니고 운석의 낙하 시각이라고 말함. 『KOSEF』 기초과학연구사업 학술기사, 한국과학재단(간행물 유형: 국가지식-학술기사, DBPIA 고유번호: 30394).

CHAPTER 5

기반암과 혈

기반암과 혈

1. 지반

균일지반

충돌분화구는 복잡한 과정을 거쳐 생성되기 때문에 분화구의 각 부분마다 지질학적인 구조와 물리적인 성질이 다를 수 있다. <그림 5-1>은 충돌분화구의 단면구조를 나타낸 것인데 각 부분의 개략적인 특성은 다음과 같다.

분화구의 중심은 깊게 패여 있거나 중앙 봉우리 혹은 내부 링으로 구성되어 있으므로, 융기가 되거나 꺼져 내려앉거나 혹은 강한 충격으로 압력을 받은 상태가 된다. 융기가 되거나 내려앉은 경우에는 원래의 지반에 비하여 밀도가 저하되고 많은 공극을 가진 비교적 느슨한 구조를 한 지질로 이루어져 있을 것이다. 그런가 하면 압력을 받고 있는 상태에서 충돌과정이 끝났다면 그 후의 풍화침식작용으로 인해서 지반 내부의 압력을 해소시키기 위해서 내부에 크고 작은 균열들이 발생하였을 것이다. 물론 앞의 두 경우에 비하여 밀도는 다소

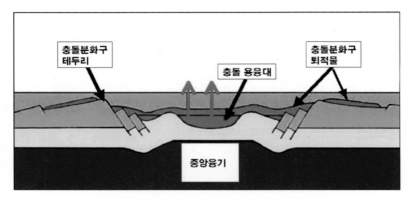

〈그림 5-1〉 충돌분화구의 단면구조

높지만 지반 내부에는 수많은 균열이 존재할 것이다. 분화구 중앙부
의 표면에는 충돌 시에 발생한 높은 열에 의하여 암석들이 녹은 충돌
용융대가 있으며, 그 위에 작게 부수어진 암이나 암의 조각 혹은 분
진으로 이루어진 퇴적물층이 덮여 있다. 따라서 분화구의 중심지역은
충돌 전에 비하여 기계적으로 훨씬 약한 지반과 지표를 가진 구조로
바뀔 수밖에 없다.

　분화구와 초기 지표면의 경계는 주위에 비하여 약간 솟아오른 테
두리로 이루어져 있는데, 이를 림(rim, 가장자리)이라 한다. 이 테두리
인 림 지역의 표면은 충돌 시에 비산한 물질들이 내려앉아 쌓인 퇴적
물도 있지만, 그 내부의 대부분은 충돌 시에 중심에서 밖으로 밀려나
간 지반으로 구성되어 있다. 그림에서 보듯이 밖으로 밀려나간 지반
들에 의해서 테라스(terrace, 段丘)와 같은 계단을 형성하는 경우가 대
부분이다. <그림 5-2>는 림이 단구형 구조를 보여주는 예인데, 미국
유타 주에 있는 업히벌돔(Upheaval Dome) 크레이터에 대한 그림이다.

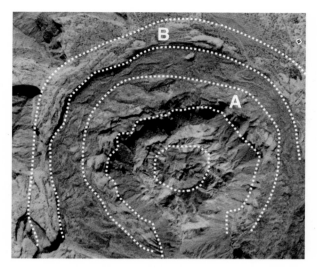

〈그림 5-2〉 미국 유타주 업히벌돔 크레이터의 테라스 구조

이 크레이터의 직경은 약 10㎞로 중간 크기에 해당한다. 림은 A와 B
의 2개 단구로 이루어져 있는데, 단의 높이도 상당하며 거의 수직형
태의 절벽으로 이루어져 있다. <그림 5-3>은 지구 상에서 가장 큰 크
레이터인 남아프리카공화국의 Vredefort crater인데, 그 직경은 약 300
㎞에 이른다. 이 크레이터의 내부 끝인 A에서 바깥쪽 경계인 B 사이
에 10개 이상의 계단식 림이 존재한다.

이상의 단구형 림은 대체로 동심원 형태인데, 동심원 형태로 지반
이 밀려나기 위해서는 지반이 비교적 균일할 경우이다. <그림 5-2>와
는 달리 <그림 5-3>에서는 같은 층의 단구는 서로 크기가 다른 암괴
들이 동심원 형태로 배열되어 있다. 이는 각 부분마다 물리적·열적
·화학적 성질 등이 서로 다른 암괴들로 구성되어 충돌 시에 부분적
으로 분리가 일어나는 형태가 달랐기 때문인 것으로 추측할 수 있다.

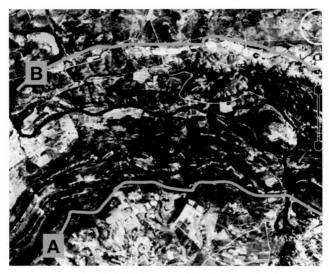

〈그림 5-3〉 남아프리카 공화국에 있는 Vredefort 크레이터의 테라스 구조

불균일 지반

지구의 표면과 운석이 충돌할 때 비교적 균일한 지반은 동심원의 단구형 테라스 구조를 가진 림을 지표면에 만든다. 만약 어떤 특정한 부분이 주위의 지반보다 충격에너지에 대해 훨씬 강하고, 녹는 온도가 매우 높아서 충돌에 의해 발생하는 열에도 견디며, 기계적인 강도가 매우 높아서 충격에 의해서 깨어지지 않는다면, 〈그림 5-2〉와 〈그림 5-3〉에 나타난 동심원의 테라스형 림 구조가 관찰될 수 있을지는 알 수 없다. 이에 대한 실마리는 중앙아메리카의 유가탄 반도에 있는 칙슐럽(Chicxulub) 크레이터에서 찾을 수 있을지도 모른다.

〈그림 5-4〉는 미국 항공우주국(NASA)이 발표한 칙슐럽 크레이터의 고해상 입체지형도인데, 이것은 유인 우주왕복선 엔데버호가 촬영

한 사진자료를 바탕으로 제작된 것이다. 크레이터의 중심이 남서에서 북동연장선을 만든 것은 충돌 시에 운석의 무게중심이 이동하였기 때문일 것으로 추측하고 있다.

여기서 A, B는 내부 링으로 테라스형 림에 해당하며, C는 중앙 봉우리에 해당한다. D는 테라스형 림 A, B와 연결되어 있지는 않으나 A, B의 연장선상에 위치한다. D는 오히려 중앙봉우리 C와 연결되어 있는데, 여기에는 특별한 이유가 있을지도 모른다. <그림 5-5>의 단면도에 나타나 있는 것처럼 주위에 있는 크레이터의 중심과 형태 및 거리를 고려할 때 D는 중앙 봉우리인 C와 관련된 또 다른 중앙 봉우리에 해당하지 않고, 오히려 A, B의 연장선상에 있는 테라스형 림에 해당한다. 또한 D와 연결된 배후의 높은 지형은 단절되지 않고 연속되어 있다. 이는 D가 충돌 시에 충격을 별로 받지 않아서 열에 의한 변형이나 충돌에너지에 의한 변형이 별로 일어나지 않아서이다. 반면에 테라스형 림 A, B는 D에 비하여 충돌 시에 심한 충격을 받아 많은 변형이 일어났을 것이다.

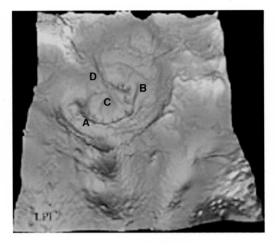

〈그림 5-4〉 칙슐럽 충돌 분화구

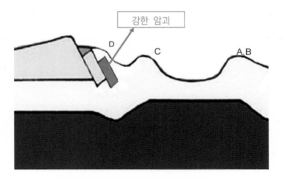

〈그림 5-5〉 강한 암괴

강한 암괴

그렇다면 암괴의 물리적 성질, 기계적 강도, 내부의 결함 등에서 테라스형 림 A, B와 D 간에는 어떤 차이가 있을까? 내부 균열이나 빈 틈과 같은 결함이나 빈 공간 등이 D에 비하여 A, B에서 훨씬 많이 발견되고, 밀도도 A, B보다는 D가 훨씬 높다. 또한 열에 의한 변형도 A,

B에서 훨씬 많이 일어났을 것이므로 화학적 및 물리적 안정성도 A, B에 비해서 D가 훨씬 우수할 것으로 보인다. 전체적으로 D는 A, B에 비해서 열에 의한 변형이 작고 내부의 구조적 결함이 훨씬 적은 강한 암괴임을 추측할 수 있다.

2. 암괴의 충돌

암괴의 연결

한반도에서 발견되는 산 능선의 형태는 대체로 <그림 5-6>과 같다. 높은 산의 봉우리에서 산 아래의 계곡이나 들판까지 능선이 내려오는 동안 능선은 좌우로 방향을 바꾸며 아래로 진행한다. 능선의 고도가 낮아지기만 하는 경우도 있으나, 일반적으로는 오르락내리락 하면서 그 고도는 점차 낮아진다. 능선이 좌우와 상하의 변화가 없이 단조롭게 직선적으로 하강한다면 산의 구조나 형상에 특이점이 없겠지만, 일반적으로는 그러하지 못하다.

능선이 상하로 변하거나 좌우로 변하는 것은 암괴가 달라진다는 것을 의미한다. 즉, 대부분의 능선은 많은 수의 암괴들로 구성되어 있으며, 많은 암괴들이 서로 연결된 것이 산의 능선이다. 따라서 산의 특성은 산을 구성하고 있는 암괴와 암괴의 연결상태에 의해 주로 결정될 것이다. 암괴의 특성과 그것의 연결상태는 그것의 생성원인에 의해 주로 결정될 것이므로, 이에 대한 자세한 이해가 필요할 것이다.

한반도는 지질시대의 고생대와 중생대에 거의 대부분 형성되었다고 한다. 여러 종류의 지각운동에 의해서 지형이 형성되고 난 후에

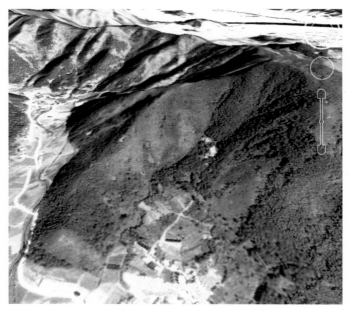

〈그림 5-6〉 암괴의 연결

오랜 시간 동안의 풍화침식작용을 거쳐 현재의 지형을 이루고 있다. 그 과정이 어떠하든 간에 산을 암괴와 그것의 연결로 단순화하여 해석할 경우에 산의 형태는 암괴와 암괴의 충돌작용으로 나타난 결과로 이해할 수 있다.

암괴는 기계적 강도가 강하여 충돌에너지나 충격파에 의하여 변형이나 균열 혹은 파쇄가 잘 일어나지 않는 강한 암괴와 변형이나 균열 혹은 파쇄가 쉽게 일어나는 약한 암괴로 분류된다. 이 경우에 암괴와 암괴의 충돌은 강한 암괴와 약한 암괴의 충돌 및 같은 강도의 암괴들 간의 충돌 등으로 분류할 수 있다. 여기서 문제시되는 것은 강한 암괴와 약한 암괴 간의 충돌인데, 이 충돌에서도 충돌하는 것과 충돌당하는 것으로 나누어 고려해야 한다. 따라서 지형의 특성에 영향을 주는 것은 강한 암괴가 정지한 약한 암괴에 부딪히는 경우와 약한 암괴가 정지한 강한 암괴에 부딪히는 경우로 나눌 수 있다.

강한 암괴의 충돌

강한 암괴는 충돌 크레이터가 만들어질 때 열에 의한 변형이 적고 내부의 구조적 결함이 훨씬 적어 기계적 강도가 강한 암괴이다. 이러한 암괴는 어떠한 물리적 성질을 가지는가?

강한 암괴는 내부에 구조적 결함이 적다. 암괴 내부에 존재하는 구조적 결함에는 층의 경계, 공극(空隙), 절리(節理), 균열(龜裂), 파쇄(破碎), 단층(斷層) 등과 같은 틈과 빈 공간 등이 있다. 이 중에서 층의 경계와 단층면, 균열, 파쇄, 빈 공간 등이 비교적 규모가 큰 결함들이다. 그런가 하면, 석회암 지역에서 잘 관찰되는 석회동굴이나 싱크홀, 제주도와 같은 용암지대에서 관찰되는 용암동굴과 같이 땅속은 커다란 규모의 빈 공간이 존재하기도 한다. 이렇게 규모가 큰 공간이 암괴나 지반 안에 있으면 결코 기계적으로 강한 암괴나 지반이라 할 수 없다. 따라서 강한 암괴가 되기 위해서는 이상과 같은 내부의 구조적 결함이 존재하지 않아야 한다.

<그림 5-5>의 강한 암괴의 생성과정과 그 내부에 존재할 수 있는 구조적 결함을 살펴보자. <그림 5-7>은 강한 암괴가 움직여 약한 암괴와 충돌할 경우이다. 강한 암괴가 약한 암괴와 충돌하는 순간에 부딪히는 양쪽 암괴의 접촉면에 수많은 균열이 발생하고 심한 경우에는 파쇄가 일어난다. 균열이 발생하거나 파쇄가 되는 정도는 충돌하는 암괴보다는 이것을 당하는 암괴의 정도가 훨씬 심하게 된다. 자동

차의 충돌이나 운석과 혹성 간의 충돌에서 관찰할 수 있는 바와 같이 일반적으로 충돌에 의한 피해는 충돌하는 물체의 속도와 질량에 비례하는 충격량에 의해 결정되며 충돌당하는 쪽의 피해가 훨씬 크다. 더욱이 양자 간에 기계적인 강도 차이가 있을 경우에는 강도가 약한, 즉 항복강도가 낮은 쪽의 피해가 더 클 수밖에 없다.

<그림 5-7>에서는 약한 암괴가 부딪히는 쪽이며, 기계적 강도도 낮기 때문에 대부분의 균열이나 파괴 혹은 파쇄는 충돌을 당하는 약한 암괴에서 일어난다. 따라서 약한 암괴의 접촉면 쪽에는 엄청난 파괴와 균열이 발생하며, 충돌하는 강한 암괴도 약간의 균열이나 파괴 혹은 파쇄가 발생한다. 충돌 순간에 수많은 파쇄와 균열이 발생한 후에 강한 암괴는 약한 암괴 속으로 파고들기 때문에 많은 경우에 강한 암괴의 높이는 약한 암괴의 높이보다 낮아질 수 있다. 강한 암괴가 약한 암괴 아래쪽으로 파고들면서 파괴는 계속 일어날 수 있으며, 이러한 파괴된 결과물들은 위로 올라와서 <그림 5-7>에 원으로 나타낸 것과 같이 외부로 돌출된 바위나 흔적을 남긴다. <그림 5-8>은 이러한 과정을 거쳐서 생성된 돌출된 바위를 보여주는 모식도이다. 융기된 쪽의 경계에 밖으로 돌출된 바위들이 있는데 이 바위들 내부에는 많은 균열들이 존재한다. 만약 충돌하는 강한 암괴의 크기가 작지 않고 클 경우에는 충돌 에너지에 의해서 암괴의 중앙부가 파괴될 수도 있는데, 이를 그림으로 나타내면 <그림 5-7>의 (b)와 같다.

충돌하는 강한 암괴는 이를 당하는 약한 암괴에 비하여 충돌 면에서 파쇄가 적게 발생하고 내부 균열도 적게 발생한다. 적게 발생한다는 것의 의미는 전혀 발생하지 않는다는 것이 아니라 약간 발생한다는 것을 말한다. 충돌한 암괴와 충돌당한 암괴의 충돌 면 부근에는

파쇄대(fracture zone)가 형성되는데, 파쇄대의 폭과 파쇄대를 구성하는 암편이나 그레인의 크기는 다르다.

약간 발생하는 파쇄와 균열은 강한 암괴에 어떻게 분포할까? <그림 5-9>에 예상되는 파쇄와 내부 균열의 분포가 나타나 있다. 충돌 직후에 충돌 면에는 파쇄에 의하여 암괴로부터 분리된 크고 작은 바위들이 쌓이고, 암괴의 충돌 면 부근에는 무수히 많은 균열들이 집중되어 있다. 충돌 면의 반대편에도 많은 균열들이 존재하는데, 이는 강한 암괴를 움직이게 한 운석충돌이나 폭발에 의한 충격파가 직접 닿을 때 발생한 것이다. 암괴의 주위 테두리에도 균열이 있을 수 있는데, 이는 기존의 지반으로부터 암괴가 분리되게 만든 충격파에 기인한 것이다.

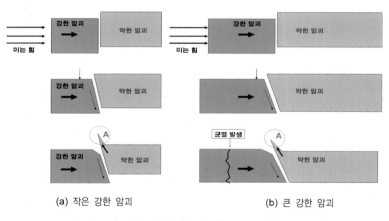

(a) 작은 강한 암괴   (b) 큰 강한 암괴

〈그림 5-7〉 강한 암괴가 움직여 약한 암괴와 충돌할 경우

〈그림 5-8〉 돌출된 바위를 만드는 암괴의 충돌

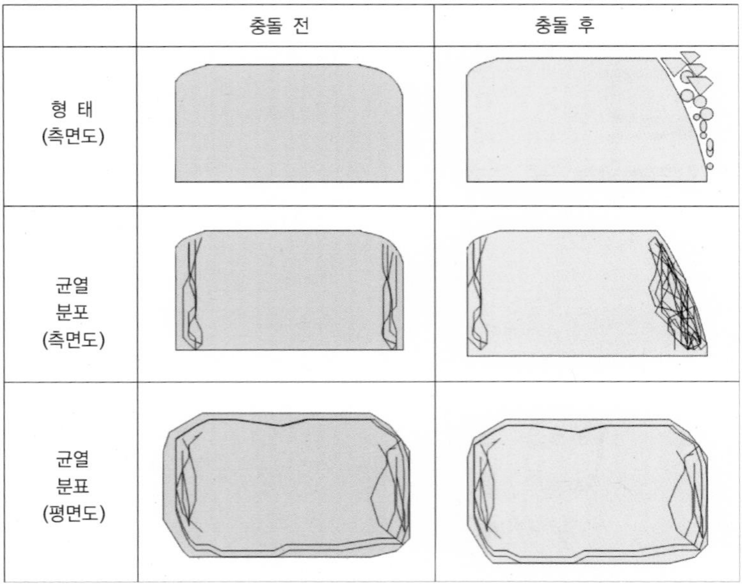

	충돌 전	충돌 후
형태 (측면도)		
균열 분포 (측면도)		
균열 분표 (평면도)		

〈그림 5-9〉 충돌한 강한 암괴 내에서의 균열

약한 암괴의 충돌

약한 암괴가 이동하여 강한 암괴와 충돌할 경우에는 위에서 기술한 역의 경우와는 다소 다른 충돌 결과를 낳을 수 있다. <그림 5-10>은 이러한 경우에 예측되는 충돌 결과이다. 충돌 시에 낮은 강도의 약한 암괴는 파괴되어 강한 암괴 위로 약간 올라갈 수 있다. 충돌이 진행되는 동안 약한 암괴는 계속 파괴되어 강한 암괴 위에 쌓이게 된다. 충돌하는 약한 암괴 내부에는 크고 작은 균열들이 생성되고, 충돌 면 부근에는 폭이 넓은 파쇄대가 생성된다. 따라서 충돌하는 약한 암괴 내부에는 균열이 존재하지 않은 결함이 없는(defect free) 부분이 거의 없다.

충돌 당한 강한 암괴에도 약간의 파쇄가 발생하고 내부에도 약간의 균열이 발생한다. 이 때 발생하는 파쇄대의 규모와 균열의 정도는 암괴들 간의 강도 차이와 충돌 암괴가 만든 충격에너지의 정도에 따라 다르다.

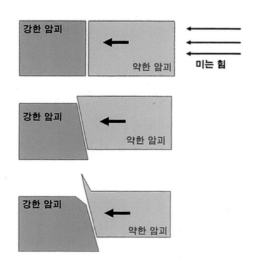

〈그림 5-10〉 약한 암괴가 움직여 강한 암괴와 충돌할 경우

3. 혈이 되는 강한 기반암

지하수가 고여 있는 곳

한반도에는 봄, 여름, 가을 및 겨울의 사계절이 있다. 정확하게 표현한다면 짧은 봄, 우기에 해당하는 장마철, 무더운 여름, 과도기적인 가을, 겨울 계절풍이 불어오는 겨울 등으로 나눌 수 있다. 기온의 연교차가 20℃ 이상으로 비교적 큰 편이며, 계절에 따라 15℃ 이상의 일교차가 나타나는 경우도 있으며, 강수량의 변화도 비교적 큰 편이다.

비가 온 후에 빗물의 일부는 땅속으로 스며들어 지하수를 만든다. 땅속 깊숙이 스며든 지하수는 더 이상 물이 침투하기 어려운 아주 단단한 암반을 만나면 지구의 중력 때문에 낮은 곳으로 흐르게 된다. 대부분의 지하수는 암반의 표면을 따라 계속 낮은 곳으로 흐를 것이다. 그런데 암반이나 암괴 속에 구조적인 결함이 있을 경우에는 상황이 달라진다.

구조적 결함은 물이 고일 수 있는 공간을 제공한다. 빈 공간의 규모가 클수록 많은 양의 지하수가 머무를 수 있다. 만약 암괴나 암반 속에 빈 공간의 규모가 큰 구조적 결함이 있을 경우에는 암반 표면을 따라 낮은 곳으로 흐르던 지하수의 일부는 이곳 결함 속에 머무르게 된다. 비가 그치고 지표면이 건조해질 때쯤에 대부분의 지하수는 낮은 쪽으로 흘러가지만 이 결함 속에 머문 지하수는 땅속에서 지표면으로 올라온다. 지하수 형태가 아니라 수분의 형태로 올라온다. 지표면이 다 말라도 구조적 결함이 있는 곳의 지표면 가까운 땅속은 언제나 다른 곳보다 습도가 높다. 수분을 필요로 하는 풀이나 나무와 같은 식물들은 이런 곳을 좋아하며, 운 좋게도 이곳에 자리 잡은 풀이나 나무는 다른 곳보다 훨씬 잘 자랄 수 있다.

바람이 들어오는 곳

파쇄대는 암괴나 암반 혹은 지반이 충격에 의해 파괴되어 아주 작은 돌이나 흙으로 변해있는 부분을 의미한다. 이러한 파쇄대는 단층의 경계나 암괴 간의 충돌 혹은 운석충돌과 같은 충격에너지에 의해서 암이 파괴되어 형성된다. 이곳에는 빈공간이 많기 때문에 바람이 이 내부로 쉽게 들어올 수도 있다. 단층의 경계가 있는 곳에는 대부분 단층파쇄대가 있기 때문에 지하수가 스며들거나 외부의 바람이 들어와 풍화 반응이 쉽게 일어날 수 있다. 바람이 스며들 수 있는 구조적 결함으로는 비교적 큰 규모의 균열이나 절리도 해당할 수 있다.

암괴나 암반은 모두 다 물이 투과할 수 없을 정도로 치밀한 조직을 가지고 있지는 않으며, 그 내부로 바람이 침투할 수 없을 정도로 치밀한 조직을 가지고 있지도 않다. 바람이나 물이 전혀 투과할 수 없는 통기성(permeability)이 0인 암은 그리 많지 않다. 퇴적암 중에서 사암이나 이암들은 통기도가 0이 아니며, 충진률(packing rate)이 높지 않은 암들도 통기도가 0이 아닐 수 있다. 그런가 하면 풍화가 많이 진행되어 두께가 얇은 암괴들은 통기도가 0이 아닐 수 있다. 경사가 급한 곳에서는 표토 속으로 바람이 스며들 수 있으며, 풍화된 낮은 봉우리의 지하에는 바람이 스며들 수 있다.

혈과 강한 기반암

강한 암괴는 밀도가 높고 충진률이 높아 통기성이 거의 0에 가까운 경우가 대부분이다. 강한 암끼리 충돌이 일어나면 양쪽 모두에 많은 손상(damage)이 발생한다. 그래도 일반적으로는 충돌하는 것이 충돌 당하는 것보다 더 큰 손상을 입기 때문에 충돌하는 강한 암괴 내부에는 구조적 결함이 전혀 없는 부분이 있을 수 있다. 강한 암괴가 약한 암괴와 충돌할 경우에는 당연히 충돌하는 강한 암괴 내부에는 결함이 전혀 없는 부분이 있을 가능성이 강한 암괴 간의 충돌보다 훨씬 높을 것이다. 두 경우 모두 강한 암괴가 움직여 충돌이 일어날 경우에는 강한 암괴 내부에 결함이 없는 부분이 존재할 수 있다. 결함이 없는 부분으로는 지하수가 고이지 않고, 외부의 바람이 스며들기 어렵다. 만약 지하수가 고이지 않고 바람이 스며들 수 없는 암괴의 윗부분을 혈이라 한다면 강한 암괴의 중심 부분이 바로 여기에 해당한다.

<그림 5-11>은 충돌 후의 강한 암괴의 모양을 나타낸 모식도이다. 충돌 당한 암괴 쪽에는 충돌에 의해서 밖으로 돌출된 바위가 두 암괴의 경계 부분에 원호의 형태로 나타나며, 충돌 면 양쪽으로 물이 잘 스며들 수 있는 파쇄대가 형성된다. 강한 암괴의 테두리 부근에는 충돌 에너지와 충격파에 의해서 형성된 균열들이 존재하고, 그 안쪽에 원이나 타원형을 띤 구조적 결함이 전혀 없는 혈이 존재한다.

<그림 5-11>의 측면도는 <그림 5-12>와 같다. 이 그림은 풍화, 침식되어 흙으로 변한부분을 제외한 암의 형태만을 나타낸 것이다. 암 표면을 덮고 있는 표토로 인해서 실제로 육안으로 관찰할 경우에는 이와 같은 형태를 확인하기 어렵다. 강한 암괴인 기반암의 중앙은 다른 부분보다 약간 높기 때문에 땅속으로 스며들어 암괴의 표면에 도달한 지하수는 암괴표면의 경사 때문에 쉽게 가장자리로 흘러내리게 된다.

위쪽의 암괴로 흘러간 지하수는 충돌 면 부근에 있는 파쇄대 속으로 쉽게 스며들 것이다. 위쪽에서 흘러내려오는 지하수도 두 암괴의

경계 부근에 있는 파쇄대 속으로 쉽게 스며들 수 있다. 따라서 <그림 5-11>의 암괴의 경우에는 지하수가 중앙의 혈속으로 흘러들어갈 수 없을 뿐만 아니라, 지표에서 스며든 물이 혈에서 잠시라도 머물 수 없기 때문에 지상의 물이나 지하의 물이 공격할 수 없는 부분이자 공간이 될 수 있다.

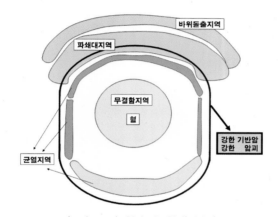

〈그림 5-11〉 혈의 기본형태(평면도)

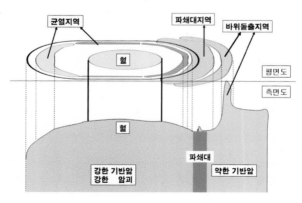

〈그림 5-12〉 혈의 기본형태(측면도)

혈이 있는 곳

<그림 5-11>에 제시된 혈은 어떻게 찾아낼 수 있을까? 그것의 물리적 특성은 어떠할까? 만약 물리적 특성을 알 수 있다면 지표면에서도 이러한 혈의 특성을 지닌 암괴나 지반을 찾아낼 수 있을 것이다.

지표면 가까이에 있는 땅속을 직접 파내어 눈으로 확인하지 않고 쉽게 조사할 수 있는 물리탐사방법은 지하 침투 레이더(GPR, ground penetrating radar)를 활용하는 것이다. 이 방법은 지하 5~10m에 이르는 땅속의 지질구조를 쉽게 확인할 수 있는데, 단점은 공간 분해능이 나쁘다는 것이다. 공간 분해능이 1~5㎝ 정도이므로, 수 mm 이하의 균열이나 파쇄대를 판별해내는 것이 용이하지 않다.

또 하나의 지표면 가까이의 구조를 확인할 수 있는 방법으로는 지자기 분포를 측정하는 것이다. 이 방법은 측정 데이터에 많은 종류의 잡음이 포함되어 있기 때문에 데이터 해석에서는 잡음을 제거하는 기술이 요구된다. 이것을 극복할 수 있다면 이 기술이 많은 장점을 가지고 있어 여러 분야에서 유용하게 응용될 수 있을 것이다. 첫 번째 장점은 공간분해능이 뛰어나다는 것인데, 다른 어떤 물리탐사법에 비하여 월등하게 우수한 1mm 이하의 공간분해능을 가진다. 그래서 폭이 수 mm 이하인 균열과 같은 미세한 결함을 쉽게 확인할 수 있으며, 지층의 경계, 파쇄대, 지하 공간 등을 용이하게 분리해낼 수 있다.

<그림 5-13>은 <그림 5-11>에 있는 강한 암괴의 표면에서 지자기 분포나 그 변화를 측정할 때 예상 가능한 컴퓨터 시뮬레이션에 의한 자력분포 결과이다. 혈의 중앙인 높은 봉우리에서 높은 자력을 나타내고, 그 주변으로 갈수록 자력은 점차 낮아지며, 파쇄대 근처에서는 심하게 요동을 친다. 따라서 자력분포에서는 균열이 있는 곳, 파쇄대 분포지역 및 결함이 없는 지역이 명확하게 구별된다.

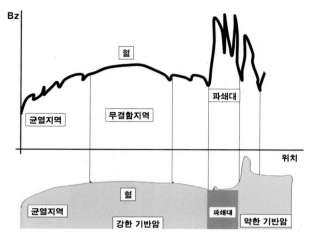

〈그림 5-13〉 혈에서의 지속밀도 분포

4. 용의 흐름과 암괴의 연결

좌암괴와 우암괴

주산에서 혈로 오는 내룡은 거의 직선으로 뻗어 내려오기도 하고 좌우로 휘어지며 내려오기도 한다. <그림 5-14>는 주산에서 혈이나 계곡 혹은 평지까지 뻗어 있는 내룡의 형태를 보여준다. 그림에서와 같이 암괴의 연결로 구성된 내룡은 좌측위로 뻗은 좌암괴와 우측위로 뻗은 우암괴로 연결되어 있다. 풍수에서는 좌암괴를 좌선룡으로, 우암괴를 우선룡으로 표현하고 있다. 암괴의 연결은 암괴의 충돌로부터 해석될 수 있는데, 충돌의 결과로 나타나는 좌암괴와 우암괴의 연결은 <그림 5-15>~<5-17>과 같은 형태로 나타난다.

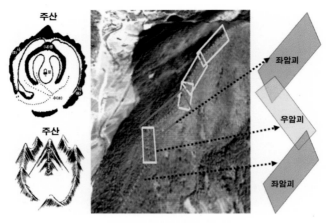

〈그림 5-14〉 내룡을 구성하는 암괴

순경사, 평경사 및 역경사

암괴와 암괴가 충돌에 의해 서로 연결될 때 좌암괴 3종류와 우암괴 3종류 등 모두 6종류의 방법이 있다. 좌암괴 3종류는 〈그림 5-15〉에 나타나 있는 바와 같이 순경사, 평경사 및 역경사 연결이다. 순경사는 위쪽의 암괴에서 아래쪽의 좌암괴로 연결될 때 좌암괴의 표면이 원심력을 봉쇄하여 위에서 내려오는 돌이나 흙 또는 물이 밖으로 나가지 않고 좌암괴의 안쪽으로 모여들게 한다. 이는 〈그림 5-16〉에 나타나 있는 바와 같이 흘러내려오는 물체들에 구심력이 작용하여 좌암괴의 안쪽으로 모여들게 하는 것과 같다. 따라서 좌암괴에서 순경사는 물체를 안쪽으로 모으는 역할을 한다. 이때 순경사 암괴의 표면은 좌측이 높고 우측이 낮은 경사를 가진다.

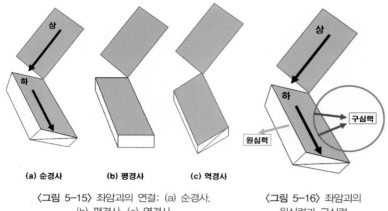

(a) 순경사　　　　(b) 평경사　　　　(c) 역경사

〈그림 5-15〉 좌암괴의 연결: (a) 순경사,
(b) 평경사, (c) 역경사

〈그림 5-16〉 좌암괴의
원심력과 구심력

이와는 달리 좌우의 높이가 같은 경우에는 좌우 경사가 없으므로 평경사가 되며, 좌측이 낮고 우측이 높은 경우에는 경사가 역전되므로 역경사라 한다. 역경사를 가지는 경우에는 위에서 내려오는 물체는 원심력에 의해서 밖으로 나가서 암괴의 표면에서 이탈한다. 평경사의 경우에도 내려오는 물체는 안쪽으로 모이지 않고 밖으로 흘러나가 암괴표면으로부터 이탈할 가능성이 매우 높다.

따라서 순경사일 경우에만 위에서 흘러내려오는 물체가 암괴표면의 안쪽으로 모여들게 되며, 흐름만을 고려할 경우에는 가장 안정된 형태라 할 수 있다.

<그림 5-17>은 우암괴의 연결 형태이다. 우암괴의 경우도 좌암괴와 마찬가지로 3종류의 연결방법이 있다. 우암괴의 순경사는 좌측이 낮고 우측이 높은 표면을 가진다. 좌암괴의 경우와 같이 흐름만을 고려할 경우에는 순경사일 때 암괴표면의 안쪽으로 물체가 모여들게 된다.

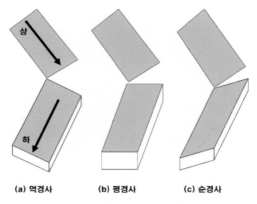

(a) 역경사   (b) 평경사   (c) 순경사

〈그림 5-17〉 우암괴의 연결: (a) 역경사,
(b) 평경사, (c) 순경사

암괴의 뒤틀림

대부분의 암괴는 표토 때문에 그 표면형상을 정확하게 확인하기 어렵다. 표면은 대체로 평판에 가까운 형태일 것으로 추측되지만, 많은 경우에 위로 불룩한 형태를 가지거나, 드물긴 하지만 아래로 오목한 형태인 경우도 발견된다. 이때 곡률은 거의 0이거나 비교적 작으므로 평면에 가까운 것으로 가정하여도 무방하다. 그런데 아주 드물긴 하지만 암괴표면의 기울기가 위쪽과 아래쪽에서 서로 반대인 경우가 발생한다. 즉, 위쪽은 좌측으로 기운 경사를 가지는데 비하여 아래쪽은 우측으로 기운 경우이다. 어떻게 이러한 경우가 발생할까?

암괴를 구성하는 암은 경도가 매우 높고, 큰 힘이나 충격에 의해 부스러질(brittle) 수 있다. 그래서 매우 센 압력에 의해서 암괴는 압축될 수 있는데, 이때 암괴는 파괴가 일어나 압력을 완화시킨다. 파괴가 일어나는 방법으로는 내부 균열이 발생하거나 파쇄가 된다. 이때 분리된 2개 이상의 암괴 부분이 서로 어긋나 그 경사가 서로 엇갈릴 수 있다. 따라서 상하의 좌우경사가 서로 반대인 경우에는 내부에 균열이 존재하거나 파쇄가 되어 있다. 그래서 엄밀하게 표현한다면 단일 암괴가 아닌 분리된 암괴라 할 수 있다. 이상을 종합하면 암괴 상하에서 좌우의 경사가 서로 반대방향일 때는 뒤틀린 암괴라 하며, 내부에 커다란 균일이 발생해 있거나 파쇄가 발생한 경우이므로 단일암괴가 아니며, 혈의 측면에서 평가한다면 뒤틀린 암괴는 혈이 아니라고 할 수 있다.

CHAPTER 6

음택풍수와 지반

음택풍수와 지반

음택의 판정

우리가 살고 있는 집, 즉 양택이 좋고 나쁜 것은 어떻게 판정할 수 있을까?

집 안에서 우리가 살아가므로, 사람이 살기에 쾌적한 공간을 제공하는 집이 좋은 집이라고 할 수 있다. 이런 집 안에서는 육체적으로, 정신적으로 건강해지고, 정신 집중이 잘 되며, 공부도 잘 된다. 그래서 집안이 화목해지고, 하고자 하는 일도 잘 된다.

이런 집이 과연 있을까? 이런 집이란 것을 어떻게 판정할 수 있을까. 이런 판정에 객관성을 부여할 수 있는 방법이 있을까? 건강이라는 것은 그 대상이 사람의 육체와 정신이므로, 이는 어디까지나 제도권 학문들 중에서 의학과 밀접한 관계가 있다. 그렇다면 건강의 판정은 마땅히 의학의 힘을 빌릴 수밖에 없다. 그렇다면 의학의 도움으로 이런 판단에 객관성을 부여하는 방법은 쉽게 찾을 수 있을까? 이런 여러 가지 의문에 대해 그 답들을 찾아보기로 했다. 그 결과로 저자는 2005년에 『좋은 집이 우리를 건강하게 만든다』(영남대학교 출판부)라는 책을 출간하였다.

　산 사람의 집을 양택이라 한다면, 사자의 집은 음택이라 할 수 있다. 양택과 마찬가지로 음택도 객관성과 보편성 및 타당성을 부여하여 평가할 수 있는가? 좋은 음택이란 어떤 것일까? 나쁜 음택은? 자연에서 음택의 의미는 무엇인가? 의학적인 결과에 의해 양택이 평가되는 것처럼, 음택의 경우에도 의학과 같은 수단이 있는가? 이런 의문에 대한 답을 얻기 위해서는 사후에 음택의 역할과 기능을 먼저 이해하거나, 이에 대한 정의가 먼저 확립되어야 한다. 이에 대한 저자의 짧은 지식을 아쉬워할 수밖에 없다. 이에 대한 많은 것은 그만두더라도, 자연과학을 공부하는 저자의 입장에서는 최소한 이런 점은 우선 짚고 넘어가야만 한다.

　첫째, 음택이 자연 속에 있는 자연의 구성요소라면 어떤 이유에서라도 자연 자체를 파괴하는 것은 용납할 수 없다. 다르게 표현하면, 음택으로 인해서 환경이 파괴되거나 환경에 변화를 주어서는 안 된다. 산비탈에 인위적으로 만든 음택으로 인해서 산사태가 발생한다면 이는 자연을 훼손하는 것이다. 능선에 위치한 음택이 자연경관을 어지럽힌다면 이것 또한 환경에 영향을 주는 것이 아닐까.

　둘째, 음택이 자연재해를 유발하거나 생태계에 영향을 주면 안 된다. 우리는 가끔 새로운 도로를 내기 위해서 산을 절개한 경우에 지하수의 흐름이 단절되어 산 아래에 있는 나무나 풀이 고사하거나 약한 지진에 의해서 음택이 붕괴되고 이로 인해서 커다란 재앙이 초래되는 경우를 보기도 한다. 얼마 전에는 태풍이 인위적으로 조성한 공원묘지 전체를 붕괴한 일이 있었다.

　현재의 자연은 절대적으로 안정된 상태(absolutely stable state)이거나 평형상태(equilibrium state)가 아니다. 그렇지만 가만히 있어도 산이 무너지거나 땅이 꺼지는 불안정한 상태(unstable state)도 아니다. 조그만 자극에 의해서는 아무런 변화가 생기지 않는 준안정상태(metastable state)이다. 그래서 웬만한 자극에는 괜찮지만, 상당한 자극에 대해서는 변화가 일어난다. 그런데 '상당한' 자극이 문제이다. 상당한 자극은 때에 따라 장소에 따라 환경에 따라 다르다. 그래서 예측이 상당히 어렵다.

좋은 음택은 어떤 것을 말할까? 자연을 파괴하지 않는 것, 자연을 훼손하지 않는 것, 자연이나 환경이나 생태계에 변화를 일으키지 않는 것, 작은 자극에도 변화가 일어나지 않는 안정된 곳, 이런 곳이 좋은 음택이 아닐까?

우리가 사는 주위 환경은 늘 조금씩 변하며, 경우에 따라서는 갑작스레 변하기도 한다. 땅 위는 물론이거니와, 음택이 있는 땅속도 세월에 따라 변한다. 음택 밑의 지반 상태나 조건은 땅속의 상태와 아무런 관계가 없을까? 지반이 약하면 당연히 땅속도 약할 것이다. 지반에 흠 즉 결함이 있을 경우에도 땅속은 약할 것이다.

지반이 견고한 경우에는 어떨까? 물론 잘 알 수는 없겠지만, 지반이 약한 경우보다는 땅속이 훨씬 강할 것이다. 사람이 일부러 파헤치거나 태풍과 같은 아주 강력한 힘에 의해서 산이 파괴되지 않는 한, 웬만한 지진이 발생해도, 세월이 흘러도, 기후가 변하고, 환경이 바뀌어도 땅속에서는 별다른 변화가 없을 것이다. 지반이 견고하지 않을 때보다 견고할 때 땅속에서 변화가 덜 일어날 것이므로 좋은 음택이 될 수 있다. 그러므로 좋은 음택을 찾아내기 위해서는 약하지 않고, 결함이 없으며, 견고한 지반을 찾아야 할 것이다.

물리탐사에 의한 지반의 견고성 검사

지하에 대한 정보를 얻기 위해서 직접 관찰하는 방법, 여러 종류의 장비를 활용하는 물리탐사 방법, 위성을 이용하는 방법, 이외에도 여러 가지 방법을 활용할 수 있다. 퇴적물이나 암석자체 혹은 층 단면을 직접 관찰하거나 검층(檢層)을 통해서 정보를 수집하는 직접 관찰 방법은 많은 제약조건과 제한 때문에 우리가 필요로 하는 정보를 수집하기에는 불충분하다.

여러 가지 장비를 사용하여 물질의 변화를 측정하고 그 결과로부터 구성물질의 특성과 지층구조를 유추하는 탐사를 한다. 암석이나 퇴적물의 전기전도도가 다르면 전기 비저항이 달라지고, 서로 다른 층의 경계에서도 전기비저항이 달라진다. 뿐만 아니라 탄성파의 전파 속도가 변하거나 전자파의 분포에 이상이 발생하며, 중력가속도가 변하고, 지구자기장의 분포에도 이상이 발생한다. 이러한 성질을 이용해서 지질구조와 지질의 종류 또는 결함 등을 유추할 수 있다. 이러한 방법을 물리탐사라 한다.

이와 같은 측정치의 변화를 용이하게 관찰하기 위해서는 지층 구조에 커다란 이상이나 차이가 있어야 한다. 이런 커다란 차이는 물성에 큰 변화를 일으켜 우리가 측정하는 물리량에 변화를 주므로 그 원인을 찾아낼 수 있다. 물성의 변화가 아주 작을 경우에는 어떤 것도 찾아내지 못할 수도 있다. 그런가 하면 역으로 주위에 존재하는 커다란 이상으로 인해서 실제로 찾아내야 하는 문제를 간과하는 경우도 있다. 여러 종류의 탐사방법은 제각각의 특징으로 인하여 때로는 상호보완작용을 하는 경우도 있다. 전기비저항법으로 찾아낼 수는 없지만, 탄성파탐사방법으로는 명확하게 찾아낼 수 있는 경우가 있으며,

그 역의 경우도 있다.

대부분의 물리탐사법은 탐사기 시스템이 거대하여 혼자서 다루기에 용이하지 않거나 조사해야 하는 지표면에 접촉시키지 않으면 안 되는 문제점을 가지고 있다. 그리고 측정환경에 지배를 받는 경우도 많다. 예를 들어 폭약을 사용하거나 강한 해머(망치)를 사용하여 탄성파를 발생시켜야만 하는 탄성파탐사의 경우에는 주위 구조물에 충격을 주거나 결함을 일으킬 수 있기 때문에, 주위에 구조물 또는 건물이 많은 지역이나 도시지역에서는 사용이 불가능하며, 특히 음택을 조사하는 데는 부적절하다. 지하에 전기비저항에 영향을 줄 수 있는 전도성물질이 많이 포함된 지역이나 전도성물질이 매장된 곳 혹은 금속 파이프가 매장된 곳에서는 전기비저항 탐사나 초저주파(VLF) 전자파 탐사가 해석하기 어려운 결과를 낳기 때문에 바람직한 탐사 방법이 아니다. 물론 음택 조사에도 적용될 수 없다.

현재까지 알려진 탐사에 사용되는 물리량은 레이저와 같은 빛, 전자파, 탄성파, 중력가속도, 자기장 등이 있다.

빛은 유리와 같이 투명한 물질을 잘 투과하지만, 거울과 같은 면에서는 반사를 하고 나머지 대부분의 물질에 대해서는 투과하지 못한다. 즉, 대부분의 물질에 대해서는 불투명하므로, 불투명한 물질의 내부에 대한 어떤 정보도 얻을 수 없다. 전자파도 전기전도도가 높은 물질(도체)의 표면에서 반사하여 그 내부로 침투하지 못하므로 도체에 대한 정보를 얻기 어렵다. 밀도와 비중이 비슷한 한 물질에 의한 중력가속도는 거의 같기 때문에 신호에 큰 이상(anomaly)을 얻기 어려워 다양하고 많은 정보를 얻을 수 없다.

매질이 존재하지 않는 진공이나 밀도가 대단히 낮은 물질 내에서는 탄성파가 진행할 수 없거나 어렵기 때문에 이런 물질에 대한 정보를 탄성파를 이용하여 얻을 수는 없다. 그런데 지질구조나 지반조사를 하는 지질의 밀도는 탄성파가 전파될 수 있을 정도로 충분한 탄성률과 밀도를 가지므로, 탄성파는 지질조사에 대단히 유용한 도구가 된다. 그러나 축조한 제방이나 내부에 기공이 많은 지질 혹은 인공으로 축조한 방파제와 같이 내부구조가 불균일한 구조에 대해서는 정보획득이 거의 불가능하다.

자력은 초전도체(superconductor)를 제외하고는 어떤 물질에 대해서도 투명하다. 즉 어떤 물질 내부로도 침투한다. 다행히도 초저온(적어도 절대온도 20도 이하)에서만 초전도성을 나타내는 극소수의 특수한 합금을 제외하고는 초전도체가 자연계에 존재하지 않으므로, 지구상에 존재하는 모든 물질은 초전도체가 아니라고 할 수 있다. 특히 탐사의 대상이 되는 지반이나 지질은 모두 초전도체가 아니다. 그래서 자기장의 분포나 성질을 조사하면 매질 또는 중간에 존재하는 물질의 자기적인 성질을 찾아낼 수 있으며, 이로부터 내부 구조와 존재하는 결함을 조사할 수 있다. 이런 것은 어디까지나 가정에 지나지 않을 수도 있다.

자력탐사에 의한 지반검사

자기장이 모든 물질에 대해서 투명하다는 것은 장점이자 단점이다. 즉 모든 물질의 내부에 대한 정보를 얻을 수도 있지만, 정보를 얻는 것이 매우 어려울 수도 있다. 특히 정보를 얻었다 할지라도 그것을 정확하게 해석하는 것이 용이하지 않을 수도 있다. 이렇게 강력한 도구인 자기장 혹은 자력이 탐사에 별로 적극적으로 활용되지 못하는 이유는 무엇일까. 바로 이런 어려움 때문이 아닐까.

감지하는 센서를 지표면에 접촉시키거나 지하에 묻어야 하는 전기비저항 탐사나 탄성파탐사와는 달리, 자력탐사에서는 센서를 지표면에 접촉할 필요가 없다. 2인 이상의 탐사자를 필요로 하는 대부분의 탐사방법과는 달리, 자력탐사는 조작이 간단하여 1인이 간단하게 운용할 수 있다.

자력탐사를 제외한 모든 탐사방법은 발생원(source)을 필요로 하는 능동적 기술(active technology)이므로 측정위치로부터 대상체가 있는 곳까지의 거리를 유추해낼 수 있지만, 자력탐사 중에서 지구의 자기장을 이용하는 지자기 탐사법은 지구가 만든 자력을 이용하는 수동적 기술(passive technology)이기 때문에 대상체까지의 거리를 정확하게 계산하기 어렵다. 모든 물질에 대해서 자력이 투명하다는 장점이 있다. 대부분의 물질은 자기적(磁氣的) 성질의 차이가 대단히 작기 때문에 아주 미세한 자력 차이가 발생한다. 그래서 미세한 차이의 자력을 감지해낼 수 있는 대단히 높은 감도를 가진 고성능의 센서를 필요로 한다. 또 한 가지의 어려움은 측정한 결과를 해석하는 기술이다. 나타난 결과가 내부에서 발생한 것인지, 경계면에서 발생한 것인지, 내부의 결함에 의한 것인지를 명확하게 구별하는 기술을 필요로 한다.

이러한 어려움들을 해결한다면 현존하는 도구들 중에서 가장 강력한 무기인 자력(磁力)을 이용하여 지반구조를 조사하면, 어떤 매질이나 경계 혹은 내부결함도 간편하게 찾아낼 수 있다.

저자는 여러 물리탐사법 중에서 자력탐사(磁力探査, magnetic survey) 방법으로 음택이 있는 곳의 지반을 조사 분석하였다. 이 결과로부터 지반의 좋고 나쁨을 판별하였는데, 이 결과는 음택의 좋고 나쁨을 판정하는 데 결정적인 단서를 제공하였다.

1. 나쁜 지반

나쁜 지반

음택의 좋고 나쁨이, 그것이 있는 지하를 구성하는 지반의 좋고 나쁨과 관계가 있을지 모른다.

좋은 양택은 좋은 지반 위에 있어야 한다. 지반이 단단하면 집이 튼튼할 수 있다. 만약 모래 위에 집을 지었다고 가정해보자. 소위 말해서 사상누각을 지었다면, 이 집이 오래 가지 않을 것이라는 것은 쉽게 예측된다. 그런가 하면, 만약에 1년 내에 땅이 아래로 꺼질 것으로 예측되는 집터가 있다고 하자. 그러면 어느 누구도 이곳에 집을 짓고 살 생각을 하지는 않을 것이다. 1년이 아니라 10년 후에 꺼질 땅이라도 집을 짓고 살지는 않을 게 뻔하다. 혹시라도 이 집을 보험에 가입시켜, 집이 무너질 때 집값보다 훨씬 많은 보험금이라도 받을 수 있다면 여기에다 집을 지을 사람이 있을 수도 있겠지만, 그걸 알고도 보험에 가입시켜 줄 보험회사도 없을 것이다. 만약 30년 후에 땅이 꺼진다면, 어떻게 할까. 집을 지어놓고 25년 정도 살다가 다른 곳으로 이사를 하면 괜찮을까? 판단이 서지 않을 수도 있다.

2002년 6월 말, 그때는 한반도가 월드컵 축구라는 열기로 후끈 달아올랐다. 전 세계의 절반 이상이 월드컵 축구로 들끓었다. 그때 저자는 논문발표를 위해서 미국 플로리다 주의 올랜도에 갔었다. 올랜도 시 바로 옆에는 디즈니 월드가 있다. 이곳의 컨벤션 센터에서 IEEE

Sensors라는 학술회의가 열렸다. 그날은 조 예선 경기로 우리와 포르투갈 간에 시합이 있던 날이다. 올랜도에 사는 현지인들은 축구에 대해 아무런 반응이 없었다. 올랜도 시에서 발행되는 일간지를 펼쳐보아도 축구에 대한 기사는 전혀 없었다. 대신에 일면 톱에는 이상한 기사가 있었다. 너무 신기해서 기사를 다 읽고 나서, TV를 켰다. 마침 그 지역 뉴스를 전하는 시간이 되어 신문에서 1면 톱뉴스로 보도된 내용이 제일 먼저 언급되었다. 전날 오후에 올랜도 동부지역에서 땅이 꺼져 집 한 채가 커다란 구덩이 쪽으로 많이 기울어졌는데, 인명피해는 없었다는 것이 주된 내용이었다. 그리고 여러 전문가들이 분석한 결과를 토대로 땅이 꺼진 이유를 설명하였다. 신기하고 놀라운 내용이었는데, 왜 그들은 조용히 그리고 냉정하게 보도하고 있을까 하는 의문이 생겼다.

<그림 6-1>을 보자. 이것은 플로리다 지역에서 쉽게 관찰할 수 있는 싱크홀(sink hole)이다. 길이 무너진 것은 물론이고, 건물도 무너져버렸다. 우리나라의 영월지방처럼 플로리다 중부지역의 땅은 대부분 석회암으로 이루어져 있다. 땅속으로 스며든 빗물에 석회암이 녹아내려 구멍이 생기고, 점차로 커져서 종래에는 커다란 구멍으로 되었다가, 나중에는 지면이 구멍 속으로 무너지게 된다. 그래서 땅속으로 꺼진(sink) 구멍(hole)이 생기는데, 싱크홀로 인해서 집이 기울거나 무너지고, 길이 꺼지는 것이 이 지역에서는 가끔 발생하는 일이었다.

〈그림 6-1〉 지반이 꺼진 싱크홀

싱크홀에 의한 지반 붕괴가 큰일이긴 하지만, 적어도 이 지역에서는 심각한 일이 아니었다. 인명 피해만 없었다면 대수롭지 않은 일이었다. 이런 이곳의 사정을 알 수 없었던 저자는 놀랄 수밖에 없었다.

땅속으로 꺼지는 싱크홀 위의 집은 좋은 집일까? 당연히 아니다. 그런데 왜 그들은 그곳에다 집을 지어 살았을까? 너무 아둔한 의문이다. 그들은 그곳에 싱크홀이 있다는 것을 몰랐던 것이다. 그렇다면, 그걸 알아내는 방법은 없는가.

우리나라에서도 강력한 태풍이 지나간 곳, 새로운 길을 만들기 위해서 산을 절개한 곳, 공업단지나 택지 혹은 공원묘지를 만들기 위해서 새롭게 조성한 지역 등에서는 지반이 붕괴되거나 산사태(land slides)가 발생하기도 한다. 지금은 토목공학이 발달하고 시공하는 기술이 발전하여 기초공사가 워낙 철저하게 이루어지기 때문에 옛날과 같은 지반침하나 산사태는 발생하지 않는다.

그런데, 우리보다 토목기술이 앞서 있을 것으로 생각되는 미국이나 일본에서도 심심찮게 산사태나 지반침하로 인한 사고가 여러 종류의 미디어를 통해 보도되고 있다. <그림 6-2>는 미국 캘리포니아 주 남부 라콘치타 일대에 발생한 산사태를 보여준다. 길이 무너진 것은 물론이고, 산 자체가 통째로 아래로 미끄러져 내려갔다. 그러니 산 아래에 있던 집들은 산과 함께 아래로 떠내려가거나 집이 흙더미에 묻혀버렸다. 산사태가 덮친 진흙더미에서 구조대원들이 생존자 구조작업을 벌였지만 그 피해가 엄청났다. <그림 6-3>은 미국의 다른 곳에서 발생한 산사태를 보여주는데, 집이 아래로 떠내려가거나 완전히 파괴되었다. 산사태가 일어나는 원인은 여러 가지가 있겠지만, 그 원인이야 어찌되었든 간에 산사태가 일어날 수 있는 지역에 있는 집들은 결코 좋은 집이라 할 수 없다.

〈그림 6-2〉 미국 캘리포니아주 남부 라콘치타 일대에 발생한 산사태

〈그림 6-3〉 미국에서 발생한 산사태

　가끔 우리는 애써 쌓아놓은 축대가 무너진 곳을 발견할 수 있다. 무너진 곳을 다시 수리해도 또다시 무너져, 기초를 튼튼히 만든 후에 다시 축대를 튼튼하게 쌓는다. 그래도 다시 무너지는 곳이 있다. 왜 이런 일이 일어날까? 기초공사가 잘못되어서일까?

　우리나라는 세계가 인정하는 인터넷 강국이다. 많은 정보들이 인터넷을 통해서 급속하게 퍼져 나간다. 정보의 진위여부는 제쳐두고, 무조건 퍼져 나간다. 그리고는 이슈화된다. 그제야 겨우 진위에 대한 논쟁이 불붙는다. 물론 거의 대부분은 논쟁거리가 되지도 않지만. 그래서 인터넷을 통해서 정보를 입수할 때는 신중을 기해야 한다.

　흉가라고 소문난 곳이 있다. 인터넷 정보에 의하면 소위 귀신을 볼 수 있다고 하는 집이다. 진짜로 귀신을 볼 수 있는지 없는지는 알 수 없지만, 무더위가 기승을 부리는 여름만 되면 귀신을 찾는 사람들이 흉가로 모여든다고 한다. TV를 통해서 보는 흉가는 대체로 오랫동안 방치되어서 그런지 허름하고, 물건들이 어수선하게 흩어져 있다. 저자도 여름만 되면 흉가를 분석해달라는 공동취재 요청으로 가끔씩 흉가를 방문한다. 많은 계측기와 검사기를 사용하여 측정하고 분석해본 결과 그런 집에서는 공통된 현상을 찾아낼 수 있었다. 이런 집이 있는 곳의 지반이 좋지 못하거나, 지나치게 많은 양의 철근이나 철제 빔을 사용하여 집을 지었다는 점이다. 철근을 사용하지 않고 지은 시골집은 대부분 심한 단층면 위에 있거나, 지반이 약한 연약지대나 파쇄대 위에 놓여 있다. 그래서 작은 지각변동이나 지진, 혹은 비나 눈과 같은 강수현상에 의해서도 집이 서서히 붕괴된다.

<그림 6-4>는 국도 변에 있는 축대를 보여준다. 축조한지 꽤 오래된 곳인데, 유독 이곳에서만 축대가 계속 붕괴된다고 한다. 이곳에 대해 물리탐사를 해본 결과 단층면이 있는 곳으로 밝혀졌다. 이렇게 축대가 붕괴되거나, 집이 서서히 붕괴되는 곳은 물론 좋은 집터가 아니다.

〈그림 6-4〉 도로변에 있는 붕괴된 축대

지반은 암석 덩어리이다. 이 속에는 공극(空隙), 절리(節理), 균열(龜裂), 파쇄(破碎), 지층의 경계(境界), 단층(斷層) 등과 같은 틈이 있는데, 이들 중에서 지층의 경계와 단층면, 균열, 파쇄 등이 비교적 규모가 큰 결함들이다. 그런가 하면, 석회암 지역에서 잘 관찰되는 석회동굴이나 싱크홀, 제주도와 같은 용암지대에서 관찰되는 용암동굴과 같이 땅속에 커다란 빈 공간이 존재하기도 한다. 이렇게 규모가 큰 공간이 지반 안에 있으면 결코 좋은 지반이라 할 수 없다.

싱크홀이나 동굴과 같이 비교적 규모가 큰 결함들의 존재는 여러 가지 물리탐사법으로 확인할 수 있다. 그렇지만, 지층의 경계, 단층면, 균열, 파쇄 등과 같은 2차원 결함들은 물리탐사법으로 찾아내기 어렵다. 그래서 저자는 정밀 자력탐사법이라는 새로운 탐사법을 고안하여 이런 미세한 결함들을 찾아내고 확인하는 방법을 확립하였다.

2. 싱크홀

(1) 싱크홀

우리나라 영월이나 삼척 혹은 제천지방은 석회암 동굴로 유명하다. 일반적으로 비가 내리면 공기 중에 있던 이산화탄소(CO_2)가 빗물 속에 녹아 들어가는데, 이 빗물이 땅속으로 들어가 석회암지역에 있는 석회암(limestone, $CaCO_3$)이나 돌로마이트(dolomite, $CaMg(CO_3)_3$)와 만나면, 빗물 속의 이산화탄소가 석회암과 돌로마이트를 마그네슘이온, 칼슘이온, 중탄산이온 등으로 분해하여 이 암석을 물에 녹여 버린다.

그래서 땅속에 스며든 빗물은 땅속에 흠을 내거나 구멍을 내어 <그림 6-5>에서 보는 것처럼 서서히 땅을 무너뜨린다. 이런 지역에서는 이런 방법 외에도 다양한 방법으로 땅이 무너지거나 꺼지는데, <그림 6-6>은 석회암으로 주로 이루어진 카르스트 지형에서 일어날 수 있는 용해나 침하 또는 표면 붕괴 등의 방법으로 땅이 무너지거나 꺼지는 것을 보여준다. 미국 플로리다의 어떤 지역에서는 <그림 6-7>처럼 여러 개의 싱크홀이 한 곳에서 동시에 발견되기도 하는데, 땅이 아래로 꺼진 곳이나, 이제 물이 고이고 있는 곳, 혹은 물이 가득 찬 호수로 변한 곳도 있다. 심지어는 이런 몇 개가 합쳐지거나 호수들이 합쳐진 곳도 있다. 이런 곳에는 수많은 싱크홀들이 함께 모여 있다.

〈그림 6-5〉 석회암 동굴의 형성과 붕괴

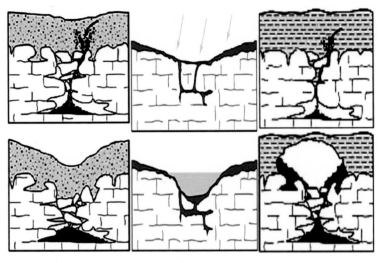

〈그림 6-6〉 카르스트 지형에서 지반침식

　여기서는 싱크홀의 모양이나 성질을 설명하려는 것이 아니다. 우리가 살고 있는 곳, 특히 우리 집, 우리 집 마당 아래에 싱크홀이 있다고 생각해보자. 당신이라면 단 하루라도 마음 편하게 지내거나 그 집에서 잠을 잘 수 있을까? 당연히 언제 이곳이 아래로 꺼질지를 몰라 무척이나 불안할 것이다. 이런 불안감과 초조감으로 신경쇠약이나 심장마비로 변을 당할지도 모른다. 실제로 가끔씩 우리나라에서도 거대한 싱크홀에 대한 보도나 보고는 있었다. 그렇지만 우리나라 석회암지역에 살고 있는 주민들의 대부분은 땅이 꺼지는 것에 대한 두려움을 가지고 있다는 어떠한 보고도 없었다. 더욱이 이곳 주민들은 땅이 꺼지는지, 그렇지 않은지에 대해서 아무런 정보를 가지고 있지 않다. 그것은 아마도 미국에 비해서 싱크홀에 의한 붕괴사건의 발생 빈도가 현저하게 낮았기 때문일 것이다.

〈그림 6-7〉 미국 플로리다의 싱크홀

(2) 싱크홀 조사방법 1-전기탐사와 탄성파탐사

미국의 플로리다 주에서는 일 년에 수차례씩 싱크홀 붕괴사건이 보고된다. 특히 싱크홀 사고가 많이 발생하는 지역에 사는 주민들은 싱크홀의 존재에 대해 염려하기도 한다. 그런데 왜 그들은 싱크홀의 존재여부를 확인하지 않고 집을 짓고, 도로를 축조할까? 그것은 아마도 싱크홀의 존재를 찾아내는 방법이 어렵기 때문일 것이다. 그렇지만 최근에는 다소 수고스럽기는 하지만 싱크홀의 존재를 찾아내는 방법이 나왔다.

비교적 간단하게 싱크홀의 존재를 알아낼 수 있는 방법으로 전기 비저항 탐사법(전기탐사법)과 탄성파탐사법이 있다. <그림 6-8>은 전기탐사법으로 탐사하는 방법을, <그림 6-9>는 그 결과를 보여준다. 이 <그림 6-9>의 결과를 이해하기 위해서는 약간의 전문지식을 필요로 하므로 생략한다. 분석한 결과에서는 짙은 검은색으로 표시되는 지하의 동굴이 3개 있는 것을 보여주고 있다.

〈그림 6-8〉 전기비저항 탐사

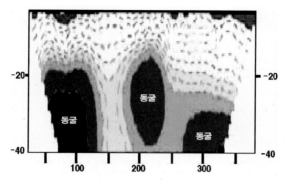

〈그림 6-9〉 전기비저항 탐사 결과

　　<그림 6-10>은 탄성파를 이용해서 탐사 및 분석하는 탐사방법을
보여준다. 망치나 폭약을 이용해서 탄성파를 만들어 땅속으로 전파시
킨 후에 굴절된 파나 반사된 파를 감지하여 땅속 구조를 조사하는 방
법이다. 이에 대한 자세한 원리나 방법을 알고 싶은 경우에는 물리탐
사법에 관한 책이나 논문을 참고하기 바란다. 탄성파탐사법으로 얻을
수 있는 결과는 탐사방법에 따라 다양한데, <그림 6-11>은 그중의 하
나이다. 탐사방법에 따라 여러 가지 형태의 결과를 얻게 되지만, 이
그림에서는 땅속의 구조가 어떻게 되어 있는지를 잘 보여준다. 검은
색 띠로 된 부분은 같은 지층을 나타내며, 이것이 단락된 것은 지층
이 서로 연결되지 않고 끊어져 있거나 다른 층으로 연결된다는 것을
뜻한다.

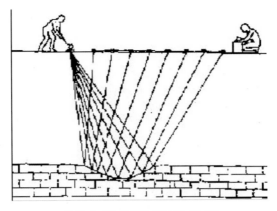

〈그림 6-10〉 표면탄성파탐사 모식도

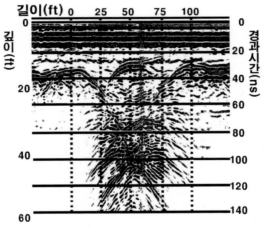

〈그림 6-11〉 표면탄성파탐사 결과

이렇게 전기탐사법이나 탄성파를 이용하여 지하의 구조를 조사할 수 있다. 그러나 이미 설명한 것처럼 전기탐사법에서는 탐사하려는 지역이나 그 주변에 금속과 같은 도전성이 높은 물질이 있거나, 도전성을 가지는 전기전해질을 함유하는 물질이 있을 때는 정확한 해석이 어려워진다. 탄성파탐사의 경우에도 건물이 밀집한 지역이나, 붕괴위험이 있는 지역, 혹은 폭약을 사용할 수 없는 지역에서는 적용하기 어렵다. 이 두 방법은 전위차를 측정하기 위한 금속막대를 땅속에 심거나, 탄성파를 듣기 위한 마이크로폰(청음기)을 지면에 갖다 대어야 하는 불편이 있으며, 항상 일정한 공간이 확보되지 않으면 많은 잡음들이 신호와 같이 나타나 정확한 해석을 불가능하게 만든다.

탄성파는 매질이 존재하지 않는 진공이나 밀도가 대단히 낮은 매질 내에서는 파가 진행할 수 없거나 어렵기 때문에, 이런 물질에 대한 정보를 얻기는 대단히 어렵다. 그런데 우리가 여기서 궁금하게 생각하는 지반은 탄성파가 잘 전파될 수 있을 정도로 충분한 탄성률과 밀도를 가지므로, 탄성파는 지질조사에서 대단히 유용한 도구가 된다. 그러나 축조한 제방이나 내부에 기공이 많은 지질 혹은 인공으로 축조한 방파제와 같이 내부구조가 불균일한 구조에 대해서는 정보획득이 어렵고, 해석 또한 어렵다.

(3) 싱크홀 조사방법 2-자력탐사

지반구조에 비교적 커다란 규모의 이상이 있는 경우에만 탐사가 가능한 다른 물리탐사방법과는 달리, 자력탐사는 이상이 생기는 곳의 규모가 작더라도 그곳을 용이하게 찾아낼 수 있는 장점이 있다. 또한 자력으로 나타나는 자기장의 분포나 성질을 조사하면 매질 또는 중간에 존재하는 물질의 자기적인 성질을 알아낼 수 있으며, 내부 구조와 존재하는 결함을 조사할 수 있다. 즉, 지반의 외형이나 지반의 내부구조, 특히 지반이 깨진 부분이나 빈 공간 등이 자기장 분포 상에 각각의 특징을 나타낸다.

이 외에도 자력탐사를 활용할 경우에는 운용상의 이점이 있다. 일반적으로 지질이나 지반을 대상으로 하는 물리탐사법에서는 신호를 감지하는 센서를 지표면에 접촉시키거나 지하에 묻어야 한다. 전기비저항 탐사나 탄성파탐사도 마찬가지로 센서를 지면에 접촉시켜야 한다. 그래서 땅속에 묻거나 측정하는 데 일정시간이 소요된다. 그리고 센서를 땅에 접촉하거나 묻기 때문에 측정점들 간에 최소한의 거리나 간격이 요구된다. 즉, 지면에 묻는 센서들의 간격과 거리에 대한 해상도가 수십 ㎝ 이하로 작아지지 않으므로, 측정 대상의 구조나 결함 또는 물체의 최소 크기가 결정된다. 이들 방법으로 탐사를 수행할 경우에는 커다란 시스템을 운용하거나 많은 사람을 동원해야 하는 경우가 대부분이다.

그래서 탐사시스템에 대한 운용비용이 상당히 높다. 자력탐사에서는 검지용 센서를 지표면에 접촉할 필요가 없으며, 대상 지면을 어떻게 스캐닝(scanning)하느냐에 따라서 거리 및 간격에 대한 분해능이 결정되므로 다른 방법에 비해 월등히 우수하다. 참고로 스캐닝하는 방법에 따라 다르지만 자력탐사의 경우에는 수mm 이하의 대단히 우수한 분해능을 가지므로, 아주 작은 물체도 분리해낼 수 있다. 2인 이상의 탐사자를 필요로 하는 대부분의 탐사방법과는 달리, 자력탐사는 1인이 간단하게 조사가 가능하며, 탐사시스템이 간단하고 소형이므로 탐사비용이 저렴하다는 이점이 있다.

자기장이 모든 물질에 대해서 투명하다는 것은 장점이기도 하지만 단점이 될 수도 있다. 즉, 모든 물질에 대해서 그 내부에 대한 정보를 얻을 수도 있지만, 다른 한편으로는 정보를 얻는 것이 매우 어려울 수도 있으며, 설사 정보를 얻었다 할지라도 그것을 정확하게 해석하는 것이 용이하지 않을 수도 있다. 이런 점들이 강력한 도구인 자기장 혹은 자력이 탐사에 적극적으로 활용되지 못하고 있는 이유이다. 자력탐사는 장점만 가지고 있는 것이 아니다.

① 깊이: 지하 지반조사에서는 탐사하는 장소에서 어느 정도 깊이에 어떤 구조가 있는지, 즉 깊이에 대한 정보를 필요로 한다. 자력탐사를 제외한 거의 모든 탐사방법은 발생원(source)을 필요로 하는 능동적 기술(active technology)이므로 측정위치로부터 대상체가 있는 곳까지의 거리를 유추해낼 수 있다. 자력탐사 중에서 지구의 자기장을 이용하는 지자기 탐사법은 지구가 만든 자력을 이용하는 수동적 기술(passive technology)이기 때문에 대상체까지의 거리를 정확하게 계산하기 어려운 점이 있다.

② 고감도 센서: 무엇보다 어려운 점은, 물질의 자기적(磁氣的)인 성질 차이가 대단히 작은 경우에 그 차이를 구별하기 위해서는 고감도의 센서를 필요로 한다. 실제로 우리가 대상으로 하는 지반구조를 탐사하기 위해서는 지자기의 약 10만분의 1에 해당하는 0.01mG의 분해능을 가지는 센서를 필요로 한다.

③ 해석 기술: 또 한 가지의 어려움은 측정한 결과를 해석하는 기술이다. 나타난 결과가 내부에서 발생한 것인지, 경계면에서 발생한 것인지, 내부의 결함에 의한 것인지를 명확하게 구별하는 기술을 필요로 한다.

싱크홀은 지하에 커다란 공간이 있거나, 무수히 많은 작은 공간이 있는 구조를 하고 있다(그림 6-12, 그림 6-13). 그런가 하면, 싱크홀로 변화하고 있는 것은 무수히 많은 틈이나 구멍, 파단면, 깨어진 것들과 파쇄대로 이루어져 있다. 이처럼 지하에 싱크홀이 존재할 경우에는 지층의 경계, 단층면, 파단면, 빈 공간, 파쇄대 등의 지반결함이 몇 가지씩 중복되어 있거나 한 종류의 결함만이 존재하기도 한다. 또한 싱크홀이 초기에는 규모가 아주 작은 결함으로만 존재하다가, 계속 발달하면서 규모가 큰 결함으로 변하기 때문에 규모가 작은 것과 큰 것이 혼재하며, 결국에는 주로 규모가 큰 결함들로 구성된다. 그래서 앞에서 서술한 자기 탐사를 제외한 대부분의 물리탐사방법으로는 규모가 큰 결함의 존재 유무만을 알아낼 수 있기 때문에, 진행상태가 초기와 중기인 싱크홀의 존재는 정확하게 알아내기 어렵다.

〈그림 6-12〉 싱크홀 단면   〈그림 6-13〉 싱크홀 내부 단면

작은 규모의 결함도 용이하게 알아낼 수 있는 자력탐사는, 자기장의 분포이상으로부터 지하에 존재하는 결함의 종류와 형태를 알아내는 방법이다. 존재하는 결함의 종류와 형태를 알아내기 위해서는 먼저 결함의 종류에 따른 자력분포특성을 이해할 필요가 있다. 다행히

도 자기장에 관한 맥스웰 방정식과 컴퓨터 시뮬레이션을 통하여 개략적으로 자력분포의 의미를 알아낼 수 있다. 그래서 지질구조와 지층의 자기적 성질 및 재료적인 성질을 이용하여 결함들의 자기적 분포이상을 컴퓨터로 시뮬레이션할 수 있다.

3. 지하수

(1) 지하수

수맥(水脈)이란 말은 우리에게 친숙하면서도 어딘가 접근하기 힘들고 어려운 용어로 느껴진다. 일반인들은 수맥이라는 용어가 과학적이며, 학문에서 사용되는 것으로 알고 있지만 과학이나 공학에서 사용되고 있지 않다. 왜 수맥이란 용어가 학문적인 용어로 사용되고 있지 않을까? 사전적인 해석인 '땅속에 흐르는 물의 줄기'의 뜻을 가진 현상이 실제로 존재하지 않기 때문이다. 땅속을 흐르는 물은 존재하지만, 땅속을 흐르는 물의 줄기는 존재하지 않는다는 뜻이다. 지하수는 땅속에 존재하는 물이므로, 땅속에 흐르는 물도 지하수이다. 지하수 중에서 땅속을 흐르는 물의 줄기는 존재하지 않으며, (지하)수맥은 실제로 존재하는 것이 아니라 관념이다.

지하수

땅속에 흐르는 물, 혹은 땅속의 물이 지하수를 뜻하므로, 지하수에 대해서 자세히 살펴보자. <그림 6-14>는 지표하의 물의 상태를 나타낸 것이다. 비나 눈이 온 후에 물은 통기대(通氣帶, zone of aeration)를 지나 심층부로 이동한다. 이중 약간의 물은 미세한 입자로 된 부분을 지나면서 입자 상호 간의 인력이나 표면장력에 의해 포획되거나 횡방향으로 분산된다. 지표면 바로 아래층으로 식물의 뿌리가 박혀 있는 토양(土壤, soil) 혹은 토양수대(土壤水帶, soil water zone)가 있는데, 이 속에는 식물이 이용할 수 없는 토습수(hygroscopic water)와, 토양 입자에 의해 형성된 모세관에 잡혀 있는 모세관수(capillary water) 및 중력 때문에 토양층을 통과하는 중력수(gravitational water)가 있다.

토양층을 통과한 물은 흙 입자 사이나 암석에 존재하는 빈 공간인 공극(空隙)들로 이동하여 채우는데, 이를 지하수(地下水, groundwater)라 한다. 지하수가 존재하는 부분을 포화대(saturated zone)라고 하며, 지하수가 모든 공극을 점유하므로 토양의 공극률은 지하수 양에 대한 척도가 된다. 포화대의 바로 위층은 모세관 현상에 의하여 위로 상승한 수분으로 젖게 되는데 이를 모세관수대(capillary zone)라 하며, 이 층의 두께는 토양의 구조에 좌우되므로 지역마다 차이가 있다. 토양수대와 모세관수대 사이에는 중간수대(intermediate zone)가 존재하는데, 토양수대를 통과한 침투수는 중간수대를 거쳐 모세관수대와 포화대에 이르게 된다. 포화대에 관입한 우물의 수위를 지하수면(water table)이라 하는데, 지역에 따라 지하수면의 수위는 다르다. 대기압의 영향을 받는 자유수면을 가지는 지하수를 자유수면(自由水面) 지하수라 한다.

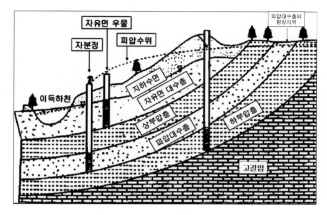

〈그림 6–14〉 지질구조와 지하수

　지하수의 분포는 각종의 목적에 사용할 수 있는 물을 보유하고 있
는 지층인 대수층(aquifers)이나, 물의 투과가 불가능하거나 어려운 지
층인 불투수층(aquifuges)과 난투수층(aquicluds)과 같은 지질수문학적
요소의 분포와 특성에 따라 변한다. 지하로 침투된 물이 불투수층이
나 난투수층을 만나면 더 이상 침투가 어려워 투수층에 수로가 형성
된다. 지하수는 공극이 일정하지 않은 토사 사이를 움직이므로 운동
방향은 일정하지 않으나 전체적으로는 대략 일정한 방향으로 흐르게
된다. 대수층 내에 있는 지하수 흐름이 압력을 받으면 피압(被壓) 대
수층, 압력을 받지 않으면 비피압(非被壓) 대수층이라 한다. 피압 대수
층은 관수로와 유사한데, 피압 대수층에 우물을 관입하면 수압에 해
당하는 높이까지 수위가 상승한다. 이때, 수위가 지면보다 높은 경우
에는 분정(噴井, flowing well)이라 한다.

　대수층의 용량을 초과한 지하수는 지표로 배출되거나 대기 중으로
증발한다. 비피압 대수층이나 피압 대수층이 지표면을 관통하면 지하

수는 지표수(地表水)로 바뀌거나 샘(spring)을 형성한다. 큰 샘은 암석의 균열(龜裂, cracks)이나 공동(空洞, voids))과 관련이 있으며, 규모가 크고 중간 정도의 투수 계수를 가진 대수층과 접해있는 샘은 비교적 일정한 유량이 솟아난다.

간극수

위에서 알아본 것처럼 '땅속에 흐르는 물의 줄기'가 실제로 존재하지 않으므로, 지하수와 관련이 있는 수맥은 실제로 존재하지 않는다. 우리가 흔히 이야기하는 수맥은 우리가 먹는 물과 아무런 관계가 없다. 우리가 통념적으로 인정하는 수맥은 여러 가지 요인들에 의해서 지자기(地磁氣, geomagnetism)가 교란(攪亂, disturbances)된 곳을 말한다. 수맥이 있는 곳은 다른 곳에 비하여 지자기가 높거나 낮다. 아울러, 이렇게 교란된 지역은 그 폭이 5~500cm 이내로 대단히 좁게 나타난다. 지하에 존재하는 물을 나타내는 것은 수맥이 아니라 지하수이다. 땅속에 흐르는 물, 혹은 땅속의 물이 지하수이다. 이처럼, 지하수와 수맥의 의미를 파악하여 정확하게 구별해서 사용해야 한다.

암석 속이나 암석 사이에 있는 공간을 간극(間隙, 또는 空隙, pore spaces)이라 한다. 간극이 존재하는 깊이는 암석의 종류에 따라 다르다. 점토질이나 점토질의 암에서는 깊이 3,000m 이하에서 간극은 급격히 감소하지만, 모래나 사암은 7,000m에서도 간극이 존재한다. 지하에 있으며 암석 속이나 암석 사이에 있는 간극을 채우고, 중력(重力)에 의해 유동하고 있는 물을 지하수라고 한다. 지하수는 흙 속에 있으므로 눈으로 볼 수 없지만, 우물을 파거나 구멍을 내면 그 속에 수면이 나타나므로 볼 수 있다. 지하수는 부존 상태에 따라 간극수와 열수, 형태로는 자유수와 피압수로 나뉜다. 자유수는 주로 지면 가까이에, 피압수는 심층에 존재한다. 자유의 간극수는 본수(main water)와 주수(perched water)로 나뉜다.

자갈이나 모래 또는 점토는 그들 사이에 간극이 있으므로 다공질(多孔質, porous) 매체라 한다. 이 다공질 매체의 간극을 채우는 물이 간극수이다. 단단하게 뭉쳐진 고결암(固結岩)에서 볼 수 있는 절리(節理)와 같은 간극이나 틈을 채우는 물은 활목수 또는 열수라 한다. 제주도에서 쉽게 발견되는 용암동굴이나, 강원도 영월 부근에서 발견되는 석회동굴 속을 흐르는 물은 동굴수로 불리며, 동굴수는 때로 지하천(地下川)을 형성하기도 한다. 이 지하천을 수맥이라 하는 사람도 있으나, 이는 잘못된 것이다.

수문지질학

고전 수문지질학(水文地質學)에서는 암석을 투수층과 불투수층으로 분류했지만, 나중에 반투수층(semi-permeable layer)이 추가되었다. 지하수를 함유하고 있는 투수성의 지층을 대수층(帶水層, aquifer 또는 water-bearing layer)이라 한다. 물의 통수성과 저류성을 고려할 때, 대수층은 비투수층(aquifuge), 난투수층(aquiclude), 반투수층(aquitard), 대수층(aquifer)으로 나눌 수 있다.

우물을 파보면 지층의 구분을 잘 이해할 수 있다. 대수층 속에 판 우물에서는 지하수가 잘 용출하지만, 점토와 같은 난 투수층에서는 지하수가 용출하기 매우 어렵다. 모래나 자갈로 이루어진 사암이나 역암과 같은 반투수층에서는 영구적인 용수가 있다. 대수층에 비하여 투수성이 떨어지지만 어떤 대수층의 상하(上下)에 접하여 양 층 사이에 지하수의 왕래가 있을 경우에, 투수성이 낮은 이 층을 누수성(漏水性, leaky) 대수층이라 부른다. 반투수층은 일반적으로 누수성 대수층이다.

물을 잘 전달하지 않는 난투수층이 대수층 상하에 존재하면, 그 사이에 끼어 있는 대수층 속의 물은 구속될 수밖에 없고, 외부에서 물이 계속 유입되므로 압력을 받게 된다. 이와 같은 난 투수층에 의해 압력이 가해지므로, 난 투수층을 가압층(加壓層) 또는 부압층(confining layer)이라고 한다. 가압층은 물을 수평방향으로 전달하지 않고, 수직방향으로 전달한다. 수직으로 전달되는 물을 누수(漏水)라 하는데, 누수는 물을 쥐어 짜내는 교출(squeeze)과 물이 새어 나오는 누출(漏出, leakage)로 나뉜다.

지각의 상부층은 주로 단단하게 뭉쳐지지 않은 미고결암(未固結岩)과 뭉쳐진 고결암(固結岩)으로 이루어져 있다. 미고결암은 파쇄(破碎, fractured)되거나 분해된 암(岩)을 말하는데, 수 ㎛에서 수십cm의 크기를 가진다. 지하수에서 중요한 미고결 퇴적물은 점토, 실트, 모래, 자갈, 조개껍질과 이들의 혼합물이다. 크기와 형상이 서로 다른 광물들이 열이나 압력 또는 화학반응에 의해서 서로 응결된 것이 고결암이다. 지하수문학이나 토목공학에서는 이것을 기반암이라 부르는데, 이것은 대체로 물을 통과시키지 않는다.

암석 덩어리에는 여러 종류의 틈이 있다. 즉, 공극(空隙, pore spaces), 절리(節理, joints), 균열(龜裂, fissures), 틈 또는 파쇄(破碎, fractures), 지층의 경계(strata boundaries), 단층(斷層, faults) 등이 있다. 암석의 생성과 동시에 발생한 간극이나 틈을 1차 개공(開孔)이라 하며, 암석 생성 후에 발생한 것을 2차 개공이라 한다. 이런 간극들의 양이나, 크기, 형태, 연속성, 비표면적 등이 지하수의 흐름을 지배하므로, 간극의 형상이나 종류는 지하수의 성질을 이해하는데 대단히 중요하다.

지온

지온조사에서는 천공이 쉬운 1m 깊이에서의 지온을 측정하는 일이 많은데, 그 이유는 지온이 지표온도보다 변화가 작고, 일 변화도 작아 재현성이 좋기 때문이다.

1m 깊이에서의 지온을 측정하여 지하수나 열원을 추정하려는 시도도 있다. 일본의 Takeuchi는 지하수가 존재하는 곳에서의 지온은 여름철에 1.3~2.7℃ 정도 낮아진다고 하였다. 일본의 Yuhara(湯原 浩三)(지하 1m 깊이의 지온 분포로부터 지하열원을 이론적으로 추정하는 방법, 物理探鑛 8-1, 1955)는 지하 1m 깊이의 지온 분포로부터 지하열원(地下熱源)을 이론적으로 추정하는 방법을 제안했다. 이들의 논문은 공통된 정보를 우리에게 전하고 있다. 즉, 지하에 냉수가 있을 때 그곳의 지온은 여름철에 1~2℃ 가량 낮고, 온천과 같은 열원이 있는 곳에서는 약간 높다. 즉 지표온도나 지온의 분포로부터 지하에 냉수나 온천이 있는 곳의 위치를 알 수 있다.

예로부터 전해져오는 우리의 말에 이와 유사한 것이 많다. 즉, '눈이 제일 먼저 녹는 곳이나, 다른 곳과는 달리 얼음이 잘 얼지 않는 곳에는 지하에 온천이 있다.' 그리고 우리의 지명에도 이러한 정보가 들어 있다. 경북 울진군 온정(溫井)리[백암온천], 경남 창녕군 부곡(釜谷)리[부곡온천], 충남 아산군 온양(溫陽)리[온양온천] 등은 그 지명이 온천과 관련이 있다는 것을 암시한다.

(2) 지하 간극수

간극수가 있는 지질구조

지하수가 침투할 수 있는 공간 중에서 가장 규모가 큰 것은 파쇄대 (fractured zone)이다. 파쇄대 내의 암석들은 작은 크기로 깨져 있거나 수많은 틈과 균열들을 가지고 있어 지하수가 쉽게 스며들 수 있다. 파쇄대는 주위의 암석층에 비해서 간극이 대단히 많아서, 밀도와 기계적인 강도가 현저하게 낮을 뿐만 아니라 빈 공간으로 인하여 전기가 잘 통할 수 없어 전기비저항이 아주 높다. 파쇄대는 밀도가 낮기 때문에 주위에 비하여 투자율이 낮다. 예를 들어 지층의 공기에 대한 비투자율이 2.0이라면, 파쇄대에서의 비투자율은 공기의 1.0보다는 크고 지층의 2.0보다는 작다. 투자율은 자력선을 모을 수 있는 능력이므로, 투자율이 높은 지층의 자속밀도가 투자율이 낮은 파쇄대에서의 자속밀도보다 당연히 높을 것이다. 따라서 자속밀도는 파쇄대에서 낮고, 주위의 지층에서 높을 것이다. 그렇지만 총 자력선의 수는 변함이 없으므로, 파쇄대에서 감소한 자력선은 파쇄대에 인접해 있는 부분으로 이동한다.

<그림 6-15>는 파쇄대가 있을 것으로 추측되는 지역의 지표면에 대한 지자기 분포를 나타낸 것이다. 파쇄대는 직경이 거의 10m나 되는 커다란 규모인데, 이 파쇄대 내에는 암석보다 빈 공간이 훨씬 많은 경우이다. 일반적으로 파쇄대는 용적이 큰 빈 공간형태가 아니라, 작은 암석으로 파괴되거나 균열이나 틈이 많은 형태가 일반적이다. <그림 6-16>은 파쇄대가 잘 발달해 있는 경남의 어느 산기슭에서 조사한 지자기 분포를 나타낸 것인데, <그림 6-15>와는 분포가 전혀 다

르다. 평균 지자기에 비해서 대단히 높은 피크가 상당히 많이 관찰된다. 지자기가 높은 피크의 면적도 대단히 좁다. 그런데 특이한 것은 높은 피크가 있는 바로 옆에는 지자기가 대단히 낮은 피크, 즉 반대 방향의 피크가 같이 존재하고 있다. 시추를 해본 결과 이 파쇄대에는 빈 공간보다는 크기가 3~150mm에 이르는 작은 암석들로 가득 차 있었다.

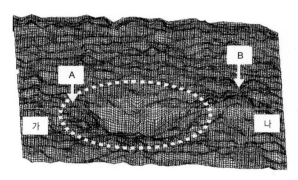

〈그림 6-15〉 빈 공간이 있는 파쇄대 위에서의 지자기 분포

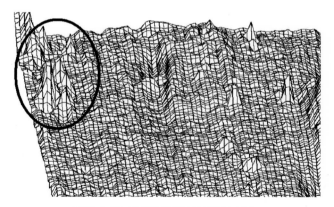

〈그림 6-16〉 파쇄대 위에서의 지자기 분포

파쇄대에서 가장 많이 관찰되는 형태는 <그림 6-17>의 자력분포이다. 이것은 경기도 어느 골프장에서 조사한 것으로, 전체적으로는 비교적 고른 지자기 분포를 보인다. 가운데 있는 직선 가-나를 중심으로 양쪽의 지자기 값은 전혀 다르다. 한쪽은 평균에 비해서 훨씬 높고, 다른 쪽은 훨씬 낮다. 직선 가-나를 따라서 이동하면, 파쇄대로 가까워짐에 따라 자속밀도는 평균값을 보이다가, 파쇄대 인근인 점 A에서 약간 증가한다. 그리고 파쇄대에서는 다시 감소한다. 파쇄대에서 멀어질 때도 가까워질 때와 대칭적으로 변하여 점 B에서 약간 증가한 후에 감소한다. 이를 좀 더 명확하게 확인하기 위해서 직선 다-라를 따라 지자기의 변화를 나타낸 <그림 6-18>을 보자. 양쪽은 평균 지자기를, 가운데를 중심으로 양분하여 한쪽은 높은 값을, 다른 쪽은 낮은 값을 각각 보이는데, 거의 대칭을 이루고 있음을 알 수 있다.

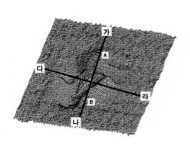

<그림 6-17> 파쇄대 위에서의
지자기 분포(경기도)

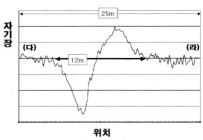

<그림 6-18> <그림 6-17>의 직선 다-라를
따라 측정한 파쇄대 위에서의 지자기 분포

이러한 분포는 지층의 경계면이나 단층면에서 관찰되는 것과 유사하다. 그러나 지층의 경계나 단층면에서 관찰되는 자기이상의 폭과는 상당한 차이가 있다. 지층의 경계에서는 자력이상이 관찰되는 폭이

1m 이내이며, 단층면도 2~3m 이내이다. 그러나 이 경우는 10m 이상에 이르기 때문에 커다란 공간을 가진 벽개면(cleavage)이거나, 작은 암석으로 채워진 <그림 6-19> 모양의 파쇄대일 것으로 추정된다.

〈그림 6-19〉 도로 절개면에서 관찰한 파쇄대

간극수의 존재

이들 3종류의 간극수가 들어 있는 지질구조에서 지하수가 발견될 확률이 가장 높은 것은 <그림 6-15>의 구조이다. 이런 구조가 형성된 원인은 지질학적으로 좀 더 연구가 되어야 하지만, 지하수가 분포하는 형태로 본다면 주수(perched water)에 해당한다. 지자기 분포도에 의하면, 이곳에서 다른 곳으로 연결된 결함이 없는 것으로 보아, 흘러들어온 지하수가 다른 곳으로 빠져나갈 가능성이 가장 적은 곳이다.

<그림 6-16>의 지질구조에서는 수많은 작은 암석들이나 틈과 균열이 존재하여 (+)와 (-) 피크들이 나타나며, 이런 간극들은 작은 결함들에 의해서 또 다른 간극으로 연결되므로 간극을 가진 구조가 어디에서 끝날지 예측이 어려운 구조이다. 그래서 반드시 3차원적인 지질

구조로부터 확인하지 않으면 지하수가 실제로 존재하는지를 확인하기 어렵다. 즉, 지자기 분포에 의하면 간극들이 상당히 발달되어 있지만, 이 간극에 설사 지하수가 존재하더라도 작은 결함에 의해서 다른 곳으로 물이 빠져나갈 가능성이 높다.

이 구조를 3차원적으로 확인하는 방법으로는 전기(비저항) 탐사, 탄성파탐사, 전자파 탐사, 시추(boring)를 비롯해서 여러 종류가 있다. 이들 방법은 제각각의 탐사특성 때문에 장점과 문제점을 가지고 있다. 특이한 사항이 없을 경우에는 탐사방법이 비교적 용이한 전기탐사를 사용하지만, 목적에 따라 특정한 방법이 적용된다. 그러나 시추하는 것을 제외하고는 모두다 여러 가지 가정에서 출발한 탐사이므로 항상 해석상의 문제점을 가지고 있다. 그래서 탐사결과를 확인하는 의미에서 시험시추를 한 결과와 비교 분석하여 전체 지질구조를 재작성하는 것이 바람직하다.

<그림 6-16>에 나타나 있는 지점에 대해서 지하의 깊이 방향으로 지질구조를 확인하기 위해서 유도분극 탐사법으로 전기탐사를 시행하였다. 조사와 분석은 이 분야를 전공한 전문가가 행하였는데, 그 결과는 <그림 6-20>에 나타나 있다. 여기서 탐사의 중심은 8번 전극이며, 전극들 간의 간격은 50m이다. 이를 분석하면 다음과 같다.

① 짙은 색으로 나타나는 높은 저항을 가지는 암석층은 그 두께가 약 250m, 길이 약 400m로 추정되는데, 왼쪽 위에서 오른쪽 아래(깊은 곳)로 위치하고 있다.

② 높은 저항의 암석층 바로 왼쪽에 낮은 저항을 가지는 층이 발달해 있으며, 그 바로 왼쪽에는 다소 높은 저항층이 왼쪽 위에서 오른쪽 아래로 위치하고 있다.

③ 사각형 박스로 둘러싸인 6~8번 전극의 가장 아래쪽에는 50~100m 의 폭을 가진 특별히 저항이 낮은 부분이 있으며, (높은 저항층)-(낮은 저항층) 간의 계면이 발달해 있다.

Wards(1990, pp.148~151)가 제시한 전기비저항을 좌우하는 요소와 지질에 따라 비저항이 변하는 것으로부터 <그림 6-20>을 분석하면 다음과 같다. 8번 전극 아래에 있는 1,000 [Ωm] 이상의 높은 저항 층 은 파쇄가 된 암석층이며, 이 층은 50~350여m에 걸쳐 분포한다. 400m 이하에서는 저항이 낮은 젖은 실트(silty)질이나 사암층의 대수 층이 발달해 있다. 이 지역[8번 전극이 있는 곳]을 시추한 결과, 약 60~300m 깊이에서 극심한 파쇄대가 나타나 시추가 더 이상 불가능하 여 400m에 못 미쳐서 시추를 중단하였다.

미국의 한 지하수 개발회사의 연구소가 제시한 지하수를 함유하는 어떤 지질구조를 <그림 6-21>에 나타냈는데, 점선은 파단 이상대(破 斷異常帶, fracture-like anomaly)를 나타낸 것이다. 150ft 부근의 관정이 지하로 내려와 이상대(異常帶)와 만나는 지점이 지하수가 있는 곳인 데, 실제로 시추한 결과 지하수가 있었다. 지하수가 있는 곳에서는 모 자바위(cap rock)의 존재가 중요한 의미를 가진다고 한다.

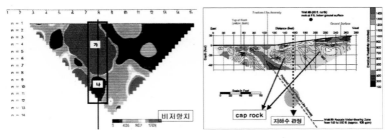

〈그림 6-20〉 전기탐사 결과   〈그림 6-21〉 전기탐사 결과(미국)

참고문헌

1. 이문호,『좋은 집이 우리를 건강하게 만든다』, 영남대학교 출판부, 2005.
2. 손호운 외,『지반환경물리탐사』, 시그마프레스, 2000.
3. 이문호저,『펭슈이 사이언스』, 도원미디어, 2003.
4. 최영박 역,『수문학』, 문운당, 1999.
5. 이재형 외 공역,『수자원 공학』, 구미서관, 2000.
6. 이동우 역,『지질구조 및 지질도학 입문』, 시그마프레스, 1999.
7. 김영호, 최진법,『자원과 이용』, 반도출판사, 1994.
8. 김남형 역,『지하수문학』, 원기술, 1992.

CHAPTER 7

지반구조

지반구조

1. 자성체와 투자율(透磁率)

　지자기 분포와 지반구조의 관계를 이해하고 지반구조를 컴퓨터를 통하여 시뮬레이션하기 위해서는 자기(磁氣)에 대한 기본지식이 필요한 것은 물론인데, 그중에서도 특히 자속밀도(磁束密度)의 분포(이하에서는 간단하게 자력분포(磁力分布)라 칭한다)와 투자율이라는 용어를 잘 이해해야만 한다. 이를 잘못 이해할 경우에는 조사한 결과를 엉뚱하게 해석하는 오류를 범할 가능성이 매우 높다. 이런 오류를 범하지 않도록 자기에 대한 가장 기본적인 사항 몇 가지를 기술한다.

　어떤 자기적인 성질을 가지는 물질에서 자력이 작용하는 크기와 방향을 나타내기 위해서 자기력선(또는 자력선: 磁力線)이라는 용어를 사용한다. 방출되는 자력선의 수가 많으면 자력이 큰 것이며, 자력선의 방향은 자력이 작용하는 방향을 나타낸다. 그리고 단위 면적당 지나가는 자력선의 수, 즉 자력선의 밀도가 높으면 자력이 세다는 것을 의미하는데, 자력선의 밀도를 자속밀도(磁束密度, magnetic flux density:

B)라고 부른다. 이 자기적인 성질을 가지는 물질이 자기장(磁氣場, magnetic field, **H**) 속에 놓여 있을 때, 그 물질 내부에 발생하는 자력선의 밀도(외부에 있는 자기장 **H**에 의해서 유도된 자속밀도)를 **B**라 할 때, **B**는 **H**에 비례한다. 이 비례상수를 투자율(透磁率, magnetic permeability: μ)이라 하는데, 서로는 **B=μH**의 관계에 있다. 공기나 진공상태에서는 **B=μ₀H**가 되는데, 여기서 μ_0는 공기(또는 진공)의 투자율이라 한다.

모든 물질은 투자율을 가진다. 큰 투자율을 가지는 물질은 외부 자기장에 의해서 유도된 자기력선의 수가 많아서 물질 내부의 자속밀도가 커지므로 자기유도능력이 크다. 한편 작은 투자율을 가지는 물질은 내부에 유도된 자기력선의 수가 적어 자기유도능력이 작다.

진공(眞空, vacuum)은 내부에 물질이 전혀 없는 상태이다. 아무런 물질이 없으므로 자기력선을 추가로 유도하지 못하여, 외부자기장에 의해 형성된 자기력선만을 가진다. 공기의 투자율이 진공일 때와 거의 같다는 것은 공기가 자기유도능력이 전혀 없다는 의미이다. 그래서 자기적인 성질에서 볼 때 공기는 진공상태와 같이 취급해도 된다.

이처럼 투자율은 물질의 자기적 능력을 나타내는 중요한 물성 중의 하나이다. 내부에 물질이 존재하고, 이것이 자기유도능력을 가지는 경우에는 진공에 비해서 큰 투자율을 가진다. 물질의 자기적인 능력은 투자율의 절대값으로 나타낼 수도 있으나, '진공의 투자율에 비해 몇 배인가'로 나타낼 수도 있다.

진공의 투자율은 $\mu_0 = 4\pi \cdot 10^{-7} (= 12.566366 \times 10^{-7})$ weber/ampere/m 이며, 공기의 투자율은 $\mu = 12.566370 \times 10^{-7}$ weber/ampere/m이다. 물이나 다른 광물 또는 나무나 종이, 오일 같은 것들은 그 성분에 따라 형태에

따라 저마다의 특이한 투자율을 가진다. 이처럼 단순할 것 같은 각 물질의 투자율도 실제로는 우리가 기억하기 쉽지 않다. 그래서 자기적 성질을 단순화하기 위해서 각 물질의 투자율을 진공의 투자율에 대해서 몇 배나 되는가로 바꾸었는데, 이것을 상대투자율(相對透磁率, relative magnetic permeability: μ_r)이라 한다.

상대투자율(μ_r)은,

$$\mu_r = \mu/\mu_o \quad \text{---} \quad \text{---} \quad (7\text{-}1)$$

로 되는데, 일반적으로 편의상 상대투자율을 단순히 '투자율'이라 부르기도 한다. 이 책에서도 상대투자율을 '투자율'로 표현할 것이다. 그래서 진공의 (상대)투자율은 1이 되며, 공기의 투자율은 1.00000037 이다.

외부에서 인가한 자기장(H)과 같은 방향으로 자력선이 배열될 경우(B와 H는 같은 방향)에 μ(=B/H)는 양(陽, +: plus)의 값이 되지만, 자력선이 H에 반대방향으로 배열(B와 H는 서로 반대방향)되면 μ는 음(陰, -: minus)이 된다. 투자율이 양($0<\mu<10$)인 물질을 상자성체(常磁性體, paramagnetic materials)라 하는데, 유도자기가 외부의 자기장과 같은 방향으로 생기는 물질을 뜻한다. 투자율이 음($\mu<0$)인 것은 역자성체 혹은 반자성체(反磁性體, diamagnetic materials)라 하며, 유도자기가 외부 자기장과 반대방향으로 생기는 물질이다. 상자성체와 반자성체 내부에 유도되는 유도자기와 외부에 인가한 외부 자기장과의 관계를 나타내면 <그림 7-1>과 같다.

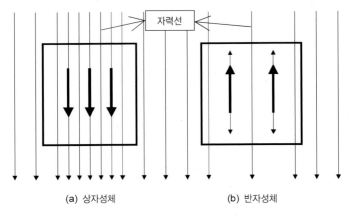

(a) 상자성체	(b) 반자성체

〈그림 7-1〉 강자성체와 반자성체의 자기력선

일상생활에서 우리가 많이 사용하는 재료로는 돌이나 흙 또는 나무와 같이 가공하지 않은 천연재료가 있는가 하면, 플라스틱과 같은 석유가공품이나, 반도체와 같은 신소재가 있다. 많은 재료들 중에서 단위 무게당 가장 값이 싼 재료는 무엇일까? 물론 가공하지 않은 돌(자갈이나 폐석)이나 흙(모래나 보통의 흙)이 가장 값이 저렴할 것이다.

그런데 무게 1kg당 가격을 비교해보면 경우에 따라서는 이런 재료들도 그렇게 싸지만은 않을 수도 있다. 정말로 값이 싼 재료는 무엇일까? 그것은 바로 철(鐵, iron, Fe)이다. 물론 철에도 철근과 같이 값싼 것이 있는가 하면 특수합금강과 같은 비싼 것도 있다. 일상생활에서 친근하면서도 쉽게 접하는 철근과 같은 재료는 무게당 가격 면에서 대단히 값이 싼 것임이 확실하다.

철근은 주로 자성원자(磁性原子)인 철(Fe)로 이루어져 있어, 강한 자기장에 놓이면 강하게 자화(磁化, magnetization)된다. 자화가 된다는 뜻은 자석으로의 성질을 가진다는 의미이다. 물질이 자화되면 바늘이나 못과 같이 자석에 잘 붙는 것들을 끌어당길 수 있다. 자화가 된 후에 자기장을 제거하여도 자화된 성질이 완전히 없어지지 않고 약간의 자력을 가지는 성질을 강자성(強磁性, ferromagnetism)이라 하며, 철이나 니켈과 같이 강자성을 나타내는 물질을 강자성체라 한다.

강자성은 자기(磁氣) 모멘트 사이의 교환상호작용(交換相互作用)에 의해 자성원자의 전자가 지닌 스핀(자기 모멘트)이 서로 평행하게 되어, 자발적(自發的, spontaneous)으로 자화가 되는 성질이다. 그러므로 강자성체는 자화되기 전에는 강자성을 나타내지 못한다. 이것은 강자성체가 자구(磁區, magnetic domains)라는 미소(微小)한 영역으로 분할되어 있고, 그것들이 각각 제멋대로의 방향으로 이미 자화된 상태가 되어 전체적으로는 자기(磁氣)를 상쇄(相殺)하기 때문이다.

이러한 상태인 강자성체에 외부 자기장을 인가하면 자기장 방향으로 자화되어 최대치를 가지는데, 이 값을 포화자기(飽和磁氣, saturation magnetization)라 하며, 강한 자기장에 의해 각 자구의 자기방향이 모두 같은 방향으로 평행하게 되기 때문에 일어나는 변화이다. 이어서 외부에서 인가한 자기장을 줄이다가 완전히 제거하여도 자기는 0이 되지 않고 일정한 값을 가지는데, 이를 잔류자기(殘留磁氣)라 한다. 즉 강자성체는 자기장에서 벗어나도 잔류자기만큼의 값을 가진다. 이번에는 외부 자기장을 반대방향으로 인가하면 잔류자기가 점차 감소하여 0으로 되는데, 잔류자기를 0으로 만드는 데 필요한 외부 자기장의 세기를 보자력(保磁力) 또는 항자력(抗磁力, coercive force)이라 한다.

강자성체의 유도자기(B)는 외부에서 인가한 자기장(H)에 따라 어떤 특별한 변화곡선을 나타내는데 이것을 자기이력곡선(磁氣履歷曲線, magnetic hysteresis curve)이라 하고, 그 모양은 <그림 7-2>와 같다. 이런 특이한 자기이력곡선은 포화자기, 잔류자기, 자력 때문에 나타난다. 자기장을 제거하여도 강한 자력을 가지는, 잔류자기가 큰 물질을 영구자석이라 하는데, 이것의 항자력도 대단히 커서 자력을 쉽게 잃지도 않으므로 모터나 나침반, 장난감 등에 사용되고 있다. 그런가 하면, 자석에는 잘 붙지만, 자신이 다른 물질을 당기는 힘이 거의 없거나 아주 약한 성질을 연자성이라 한다. 연자성체는 잔류자기와 항자력이 대단히 작으며, 전기변압기의 코어나 전자석으로 많이 사용되고 있다. 영구자석으로 사용되는 강자성체를 경질자석(硬質磁石, hard magnet)이라 하며, 전자석으로 사용되는 강자성체를 연질자석(軟質磁石, soft magnet)이라 한다.

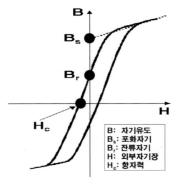

〈그림 7-2〉 자기이력곡선

강자성체와 비슷한 성질을 가지는 물질로 페리 자성체(ferrimagnetic materials)라는 것도 있는데, 이들은 경질자석과 연질자석으로 나뉜다.

인접한 원자의 자기 모멘트(스핀)가 서로 반대 방향으로 규칙적으로 배열하여 전체로서의 자기가 0인 물질을 반강자성체라 하는데, 산화물에서 많이 관찰된다.

한편 자성체는 ① 투자율이 높은 강자성체와 페리 자성체, ② 투자율이 낮은 상자성체, 반자성체, 반강자성체 등으로 크게 나뉜다. ①과 같이 높은 투자율을 가진 자성체를 일반적으로 '자성체'라 하며, ②와 같이 낮은 투자율을 가진 자성체를 '비자성체'로 부르기도 한다.

맥스웰 방정식 (Maxwell Equations)

지자기 분포와 지반구조의 관계를 이해하고 지반구조를 컴퓨터를 통하여 시뮬레이션하기 위해서는 전기·자기장과 전기전도도, 유전율 및 투자율 간의 관계를 설명한 맥스웰 방정식을 해석해야만 한다. 참고로 저자는 맥스웰 방정식의 해(解, solution)를 구하는 간단한 소프트웨어를 이용하여 모든 경우에 대한 시뮬레이션을 수행했다. 맥스웰 방정식은 다음과 같다.

$$\nabla \cdot D = \rho \quad \text{--- ---} \quad (7\text{-}2)$$

$$\nabla \times E = -\partial B/\partial t \quad \text{--- ---} \quad (7\text{-}3)$$

$$\nabla \cdot B = 0 \quad \text{--- ---} \quad (7\text{-}4)$$

$$\nabla \times H = J + \partial E/\partial t \quad \text{--- ---} \quad (7\text{-}5)$$

$$\nabla \cdot J + \partial \rho/\partial t = 0 \quad \text{--- ---} \quad (7\text{-}6)$$

여기서 식 7-2는 가우스의 법칙, 식 7-5는 암페어의 법칙, 식 7-6은 유체의 연속방정식을 각각 나타낸다.

시뮬레이션에서 가장 중요한 것은 경계조건을 실제와 가장 근접하게 제시하는 것과 물질의 전기·자기적 특성 값들을 정확하게 적용하는 것이다. 그러나 지반이나 암반 및 암석은 결함이 전혀 존재하지 않은 단결정(single crystal) 상태의 단일조성(또는 單一 相, single phase)으로 이루어진 단체(單体, monolith)가 아니다. 오히려 모든 것들이 복합조성(multicomponent), 복합상(multiphase), 수많은 결함들(defects)이 혼재하는 복합체(複合体, composites)이다. 따라서 실제 값과 유사하거나 거의 근접하는 데이터를 입력할 수밖에 없다. 이런 작업은 지질학이나 지구과학 또는 재료과학에 대한 지식이 없는 사람의 경우에는 대단히 접근하기 어렵다. 저자는 다행히도 전자공학, 물리학, 재료공학을 각각 전공하였기에 비교적 큰 어려움 없이 이러한 방법을 시도할 수 있었다. 그래도 실제에 근접하는 데이터를 입력하기 위해서 시뮬레이션한 결과와 실제로 측정한 결과를 서로 비교하면서 동일한 현상이 나타나는 가장 근접한 입력데이터를 찾기 위해서 많은 시행착오를 거듭할 수밖에 없었다. 독자 여러분들도 이런 시도를 해보길 권한다. 무척 흥미 있는 결과를 얻을 수 있을 것으로 확신한다.

2. 지반의 결함

지하에는 지층의 경계, 단층면, 빈 공간, 파쇄대와 같은 여러 형태의 지반 결함이 존재하는데, 여기서는 이들에 의해서 발생하는 지자기분포의 이상들을 컴퓨터로 시뮬레이션한 결과를 설명하고자 한다. 이들과 같은 기본적인 결함 이외에도 벽개면(cleavage)이나 지하 공간, 지하 터널이나 동굴 혹은 땅굴, 싱크홀, 관입 층 등등이 있으나, 이들은 기본적인 결함들이 복합적으로 존재하는 것과 같다.

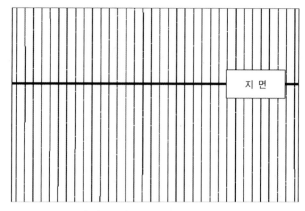

〈그림 7-3〉 균일한 자기력선 분포

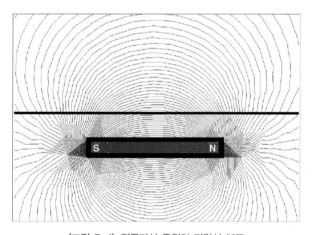

〈그림 7-4〉 영구자석 주위의 자력선 분포

영구자석 하나가 지면에 평행하게 묻혀 있다고 생각해보자. 지하에 영구자석이 없을 때는 지자기에 의한 자력선들이 균일하게 분포하고 있는 것은 물론, 그 방향도 동일하여 자력분포가 균일하다(그림 7-3). 그런데 지하에 자석이 묻혀 있을 경우에는 상황이 달라진다.

<그림 7-4>에서 알 수 있듯이 자석이 만드는 자력선은 N극에서 나와서 S극으로 들어가며, N극과 S극 주위에서 자력선의 밀도가 높아진다. 한편 지구가 만드는 지자기는 <그림 7-5>에 나타나 있는 것처럼 북자극이 자석의 S극에, 남자극이 자석의 N극에 각각 해당하므로, 자력선은 남자극(N극)에서 나와서 북자극(S극)으로 들어간다. 북반구에 살고 있는 우리의 입장에서는 지자기의 자력선이 공중에서 땅속으로 들어가는 형태로 분포한다. 그래서 땅속에 자석이 묻혀 있으면 <그림 7-6~7>과 같은 분포를 하게 된다. <그림 7-6>은 전체 자력선의 분포를 나타낸 것이며, <그림 7-7>은 지자기의 수직성분(Bz)을 나타낸 것이다. 지자기의 수직성분은 S극에서 주위 평균에 비해서 낮은 값, N극에서 주위보다 높은 값을 각각 가진다. 자력선의 분포는 지자기에 의한 원래의 균일한 분포와 자석에 의한 부분적인 분포(NS 분포)의 합으로 나타나고, 자석에 의한 NS 분포가 원래의 균일한 분포를 교란하는 형태를 보인다. 이것을 저자는 "지자기 교란: 地磁氣 攪亂: geomagnetic disturbances"이라 하였다. 그래서 그림에서 보는 것처럼 지자기 값이 주위평균에 비하여 높은 곳과 낮은 곳이 항상 쌍을 이루며 존재한다. 땅 표면(지면)에서 관찰해보면 항상 값이 높은 지역(N극)과 낮은 지역(S극)이 공존한다.

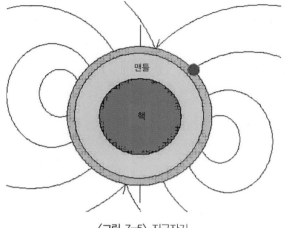

〈그림 7-5〉 지구자기

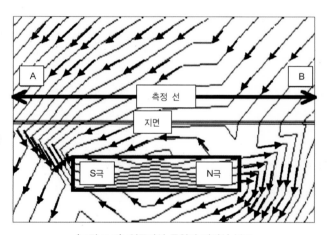

〈그림 7-6〉 영구자석 주위의 자력선 분포

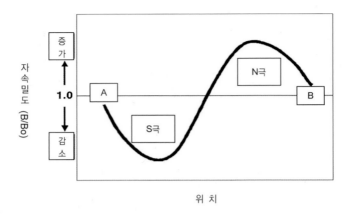

자속밀도 (B/Bo)

증가

1.0

감소

A

S극

N극

B

위 치

〈그림 7-7〉 〈그림 7-6〉의 직선 A-B에서 따라서 측정한 자력의 수직성분

(1) 지층의 경계

암석은 그 생성원인에 따라 화성암, 퇴적암, 변성암으로 나뉜다. 이들의 형태, 구조 및 물리적 성질들은 서로 다르다. 퇴적암으로 이루어진 지층의 경우에는 각 층들이 차례로 쌓여 마치 시루떡과 같은 구조를 하는 경우가 많으므로 지면에서 관찰되는 지층의 경계는 거의 평행한 직선에 가까운 모양을 한다. 이와는 달리 화성암이나 변성암은 불규칙한 형태의 경계면을 가지고 있다. 그래서 지표면에서 관찰되는 지층의 경계는 직선에 가까운 선이나 곡선을 이룬다. 종류가 어떤 암석이든 간에 자기의 세계(magnetic world)에서 중요한 것은 두 암석 사이의 자기적인 성질의 차이이다. 만약 차이가 있을 경우에는 지면에서 관찰되는 자력의 분포에 이상(anomaly)이 있을 수 있다.

투자율이 서로 다른 지층

어떤 이유이든 간에 두 지층 간에 투자율이 약간 다르다고 가정해 보자. 그러면 지층경계에서 양쪽에 있는 지층은 서로 다른 투자율을 가진다. 실제로 대부분의 지층이나 지층의 경계는 이런 조건을 만족한다. <그림 7-8>처럼 투자율이 서로 다른 두 층이 서로 교차하여 쌓여있다고 하자. 지면 바로 위의 화살표(->)를 따라 자속밀도(또는 자력)는 어떻게 변할까?

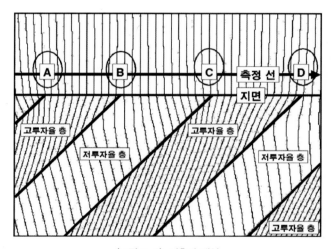

〈그림 7-8〉 지층의 배열

일반적으로 자철광과 같은 자성체가 지하에 존재하지 않으면, 지층들 간의 투자율 차이가 거의 없기 때문에 <그림 7-9> (가)처럼 자속밀도(자력)의 분포에는 거의 변화가 없다. 그러나 정밀한 계측기로 실제로 측정해보면, <그림 7-9> (나)처럼 변하는 것으로 거의 대부분의 지질학 교과서에는 기술되어 있다. 만약 지표면에 아주 가까이 접근하면 어떻게 변할까? '아주 가까이'는 20㎝ 이내를 말한다. 20㎝보다 가까운 1~5㎝ 정도라면 어떻게 변할까? 이때도 <그림 7-9> (나)처럼 변할까? 그런데 이러한 시도는 아직 해본 적이 없는 것으로 보인다. 이러한 시도에 대한 결과는 저자가 많은 지질학 전공자들에게 문의하여 얻은 답으로 대변할 수는 없지만 10여 명의 지질학 전공자들로부터 얻은 답을 먼저 기술해보자. 그들의 답은 <그림 7-9> (나)와 같이 변한다. 즉 투자율이 서로 다른 층과 그 경계에서 일어나는 자기이상(magnetic anomaly)은 <그림 7-9> (나)와 같다. 왜 그런 답을 할까? 이유는 간단하다. 지금까지 그런 시도를 단 한 번도 해본 적이 없기 때문이다.

실제로 측정하면 어떻게 될까?

<그림 7-9> (다)와 같이 된다. 왜 이런 차이가 발생할까? (나)와 (다)의 근본적인 차이는 무엇일까? 그것은 바로 지층의 경계에서 나타나는 특이한 현상이다. 투자율이 작은 층의 경계 가까이에서는 원래보다 더욱 작은 값을, 투자율이 큰 층의 경계 가까이에서는 더욱 큰 값을 각각 나타내어 상(+)·하(-)의 쌍을 이루는 피크(peak)를 만든다. 즉 (+)·(-)피크 쌍을 이룬다. 이것은 바로 경계면에서 관찰되는 자기계면현상(magnetic interfacial phenomena)이다.

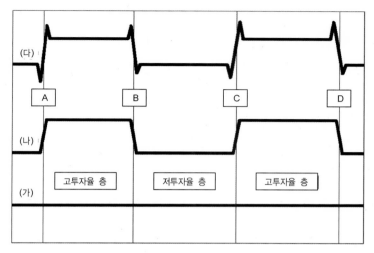

〈그림 7-9〉 측정선 (ABCD) 상에서의 자력분포

<그림 7-9> (다)에서 자기계면현상만을 다시 나타내면 <그림 7-10>이 된다. 평균에 비해 약간 낮은 곳과 약간 높은 곳이 차례로 나타나고, 지층의 경계에서는 폭이 아주 좁지만 높고 낮은 것이 쌍을 이루며 나타난다.

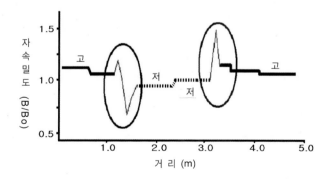

〈그림 7-10〉 근접 측정한 자력분포결과

주위의 평균값에 비해서 약간 높은 자기장의 세기나 자속밀도를 나타내는 곳은 자기적으로 S극(남극)으로 생각할 수 있고, 역으로 약간 낮은 곳은 N극(북극)으로 생각할 수 있으므로, 지층의 경계에서는 NS극의 쌍을 이루는 영구자석이 놓여 있는 것으로 생각할 수 있다. 지면에서 관찰되는 지층의 경계는, 퇴적암의 경우에는 거의 직선 형태로, 다른 암석의 경우에는 곡선 형태를 가진다. 그래서 거의 직선을 이루는 퇴적암의 지층경계에서는 <그림 7-11>과 같은 자석 분포를 생각하면 된다. 한편 다른 일반적인 암석의 경계에서는 생긴 모양대로 자석이 배열되어 있다고 생각할 수 있다. 때에 따라서는 지층의 경계가 잘 발달되어 있기도 하지만, 그렇지 못한 경우도 있다. 그래서 지층의 경계에서 관찰되는 자속밀도의 분포는 규칙적인 경우와 불규칙적인 경우가 서로 섞여 있다. 그렇지만 무엇보다도 지층경계의 특징적인 현상은 이런 NS극의 쌍이 나타나는 폭이 지극히 좁다는 것이다.

<그림 7-12>는 경북 고령에서 측정한 결과이다. 마침 대구-고령-합천 등지로 연결되는 왕복 4차선 산업도로를 건설하는 현장을 찾아가서 퇴적층이 발달된 노두지역에서 지자기의 변화를 조사한 것이다. 지자기의 수직성분(Bz)은 대체로 310~350mG의 범위에서 변하였다. 전체 40여 m를 6회 반복하여 측정하였지만 위치에 따라 변화하는 경향은 모두 같았다. 잘 발달된 퇴적암이라서 지층의 경계는 거의 직선으로 나타났으며, NS극이 나타나는 폭은 30 ㎝ 이내이었다.

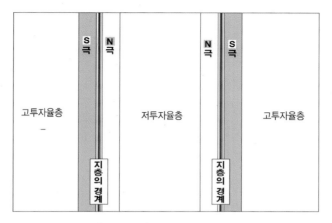

〈그림 7-11〉 퇴적암의 지층경계

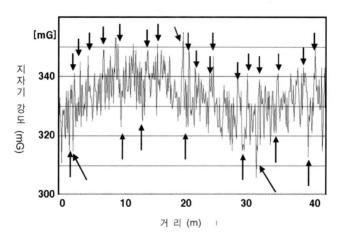

〈그림 7-12〉 퇴적암 위에서의 자력분포(Bz. 경북 고령)

(2) 균열(龜裂, Cleavage)

균열 또는 갈라진 틈이나 홈에서는 <그림 7-13>과 같은 지자기 분포를 나타나는데, V자 형태를 이루는 것이 특징이다. V자의 좌우에는 주위보다 약간 높은 피크를, 가운데는 주위보다 작은 값을 각각 나타낸다. 따라서 균열에서는 SNS 형태의 분포를 보인다. 그런가 하면 균열에 의해서 생긴 절개면이 벌어져서 두 면이 서로 멀어지면 그 사이에 커다란 빈 공간이 형성된다. 이 공간은 주로 빈 공간(공기), 모래, 흙 또는 작은 크기로 부서진 암석들로 채워지므로 암석층보다 훨씬 낮은 투자율을 가진다. 이 빈 공간은 자석의 N극에 해당하여 SNS 구조를 가지며, 그 폭이 아주 넓은 경우에는 N극 부분의 폭이 넓어져 SN-NS와 같은 형태를 이루기도 한다. 그래서 V의 깊이가 훨씬 깊고, 폭도 훨씬 넓다. 절개 면의 폭에 따라 피크의 차이가 수백mG인 경우도 있으며, 피크가 나타나는 폭도 수m에 이르는 경우도 있다. 참고로 지층경계의 경우에는 수십mG 정도의 피크 차이와 피크가 나타나는 폭이 약 30㎝ 이내이다. 이처럼 절개 면에서는 지층경계에 비하여 (+/−)피크 간의 차이가 훨씬 크고 피크가 나타나는 그 폭도 훨씬 크다.

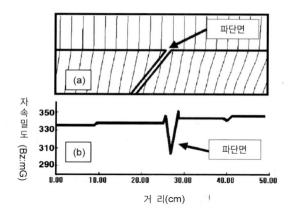

〈그림 7-13〉 균열과 파단 면 주위의 자력분포

<그림 7-14>와 <그림 7-15>는 경기도의 어느 골프장에서 조사한 결과이다. 위쪽의 N극과 아래쪽의 S극이 거의 대칭을 이루고 있다. NS 두 극의 경계가 직선이나 부드러운 곡선이 아닌 불규칙한 형상을 이루고 있는 것으로 보아 균열면인 것으로 추측되며, NS 양극의 거리는 최대 14m에 이른다. 최저 200mG, 최고 540mG로 나타난 자력분포로부터 피크 값의 차이는 최소 340mG에 이른다. 지질학자들이 아직 이와 같은 좁은 지역(14m)에서 발생하는 거대한 지자기 이상(340mG)에 대하여 구체적으로 조사하거나 연구한 바가 전혀 없는 것이 아쉬울 따름이다.

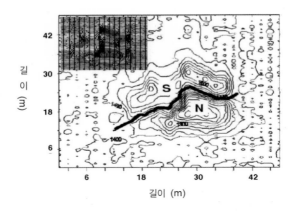

〈그림 7-14〉 지표면에서의 자력분포(Bz, 경기도 골프장)

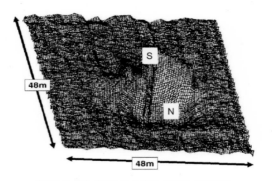

〈그림 7-15〉 〈그림 7-14〉와 동일한 자력분포

(3) 단층과 파쇄대

암석이 어떤 면을 따라서 떨어져나가 양쪽 지괴(地塊)의 위치가 면을 따라서 상대적으로 변한 것을 단층(斷層, fault)이라 한다. 이 때 지층과 암석 등이 어긋난 면을 단층면(面), 이 면의 위쪽에 있는 지괴를 상반(上盤), 그 밑에 있는 지괴를 하반, 단층을 만드는 운동을 단층운동이라고 한다. 일반적으로 현미경으로만 변위가 확인되는 대단히 작은 규모의 것은 단층이라고 하지 않는다. 단층은 변위의 대소에 관계없이 그 방향에 의해서 다음 4가지로 분류된다. ① 정(正)단층: 단층면의 경사 방향으로 상반이 하반에 대하여 상대적으로 흘러내린 단층이다(그림 7-16). ② 역(逆)단층: 단층면의 경사 방향으로 상반이 상대적으로 하반 위로 올라간 단층을 말하는데(그림 7-17), 이중에서 단층면의 경사가 45˚ 이하인 것을 충상단층(衝上斷層, thrust)이라 한다. ③ 수평단층: 단층면을 끼고 상대 쪽의 지괴가 왼쪽 혹은 오른쪽으로 움직인 단층을 뜻한다(그림 7-18). 실제의 단층변위는 병진운동과 회전운동의 합성에 의해서 결정되는데, 대개는 병진운동으로만 표현되는 경우가 많다. ④ 변위가 회전운동에 의해서만 일어나는 경우를 이음매 단층이라 한다.

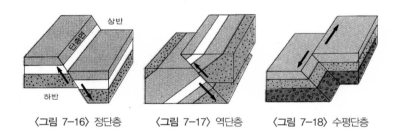

〈그림 7-16〉 정단층   〈그림 7-17〉 역단층   〈그림 7-18〉 수평단층

우리나라에서 쉽게 관찰할 수 있는 단층들로는 정단층이나 역단층이지만, 지진이 빈번한 미국의 캘리포니아 지역에서는 수평단층도 자주 발견된다. <그림 7-19>는 미국 캘리포니아 지역의 오렌지(orange) 농원에서 발견된 수평단층을 보여준다. 왼쪽 아래에서 오른쪽 위로 대각선 방향으로 나타나 있는 수평단층 때문에 오렌지 나무가 배열

된 줄이 어긋나 있다. 그런가 하면 이웃한 지역의 밭에서 발견된 수
평단층이 <그림 7-20>에 나타나 있다. 밭이랑이 단층면에서 어긋나
있다.

〈그림 7-19〉 미국 캘리포니아 오렌지 농원의 수평단층

〈그림 7-20〉 수평단층이 있는 밭

〈그림 7-21〉 캐나다 로키 산맥의 빙하

　얼마 전 우연한 기회에 공식적으로 캐나다의 로키 산맥을 구경할
기회가 있었다. 그중에서 빙하가 흘러내리는 컬럼비아 빙원(Columbia
Ice Field)은 저자의 눈을 번쩍 뜨게 만들었다. 컬럼비아 빙원은 얼음
의 두께가 약 600m나 되는 북반구에서 북극권 다음으로 큰 빙원이다.
지구 온난화 현상으로 빙하의 크기가 매년 7~8m씩 줄어들고 있어
약 400~500년 후에는 사라질 것이라 한다. 영화 '닥터 지바고'에 소
개된 이곳은, 버스에 얼음 위를 달릴 수 있는 바퀴를 장착한 스노모
빌을 타고 안내소에서 빙하의 중단부로 진입할 수 있다. 스노모빌에
서 내린 빙하 중간지점에서 재미있는 모양을 발견했는데, <그림
7-21>이 그것이다. 하얀색은 흘러내리는 빙하이고, 줄무늬가 들어있
는 검은색의 물체는 바위산이다. 해발 3,000m가 넘는 이곳의 가지런
한 줄무늬가 들어 있는 바위는 아주 옛날에 바다 속에서 만들어진 퇴
적암이다. 바위들의 특징만을 강조하여 새로 정리하여 그리면 <그림
7-22>가 된다. 대각선을 중심으로 해서 검은색의 바위를 자세히 살펴

보면 꽤 재미있다. 대각선의 빗금은 두 개의 바위가 서로 미끄러진 면을 나타내고, 위쪽의 바위가 오른쪽에서 왼쪽 위로 미끄러져 올라간 것을 알 수 있다. 두 암반의 경도가 높을 때는 두 바위가 서로 접촉하고 있는 미끄럼 면(sliding plane)을 중심으로 <그림 7-23>처럼 각각 아래와 위로 이동하여 <그림 7-24>와 같은 구조를 나타낸다.

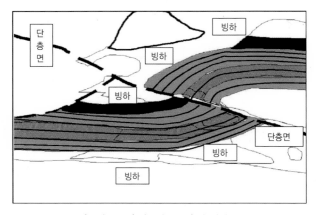

〈그림 7-22〉 〈그림 7-21〉의 빙하도

〈그림 7-23〉 암반의 미끄러짐

〈그림 7-24〉 단층

지표에 가까운 부드러운 피복층이나 아직 단단해지지 않은 물속의 미고결(未固結) 퇴적암 속을 단층이 지나가는 경우에는 파쇄가 거의 일어나지 않고, <그림 7-25>와 같은 불연속한 단층면만 생긴다. 지표면보다 조금 깊은 곳에서 단층운동이 일어날 경우에는, 날카롭게 모가 난 자갈 모양으로 파쇄된 암석으로 이루어진 단층 각력암(角礫岩)이 단층대에 형성되거나, 더욱 깊은 곳에서는 입자의 지름이 4μm 이하인 점토로 이루어진 단층점토가 생긴다. 지하 수km에서 10km 이상의 깊이가 되면 단층운동에 의해서 재결정을 수반하는 유동화가 일어나 압쇄암(壓碎岩)이 형성된다(그림 7-26). 단층면 위에는 단층운동에 의해 '긁힌 자국'이 새겨져 있는데, 이를 단층 조선(條線)이라고 하고, 단층변위가 일어난 방향을 아는 유력한 정보가 된다.

〈그림 7-25〉 불연속 단층면의 여러 형태

〈그림 7-26〉 압쇄암의 형성

단층에 의해서 단층면, 단층각력암, 단층점토 등과 비교적 커다란 틈 등과 같은 결함뿐만 아니라 경우에 따라서는 대단히 큰 틈이나 빈 공간 혹은 상하반이 완전히 분리되어 멀리 떨어진 경우도 있다(그림 7-27).

〈그림 7-27〉 큰 틈과 빈 공간의 형성

오랜 지질시대부터 수많은 지각변동을 거듭하면서 화산폭발, 융기, 침강, 압축 등에 의해서 지질구조가 복잡하게 되어 단층이나 계층이 횡압력으로 주름 잡힌 습곡 또는 균열이 발달한다.

단층지역의 암반은 일정한 축으로 전단파괴(剪斷破壞)가 일어난다. 전단파괴는 단 1회의 단층운동에 의해 1개의 단층면을 형성하거나, 동시에 2개 이상의 근접한 단층면을 형성하기도 하며, 여러 번에 의해 많은 수의 단층면을 만들기도 한다. 단층에서는 근본적으로 암석이 파괴되기 때문에, 암반이 덩어리(塊狀)나 알갱이(粒狀)로 되며, 지하수에 의해 변질되어 점토로 변화되기도 한다. 이와 같이 단층에 의해서 암반이 덩어리, 알갱이, 점토로 변질된 곳을 단층대(斷層帶, 그림 7-28)라고 하며, 단층면이 특정 범위 내에서 밀집한 단층대(帶)에서는 여러 번에 걸쳐 암석이 파괴되어 파쇄암이 만들어지는데, 이 중에서 파쇄가 집중된 곳을 단층파쇄대 또는 파쇄대(破碎帶, fracture zone)라고 한다(그림 7-29).

〈그림 7-28〉 단층대

〈그림 7-29〉 파쇄대

2005~2006년도 박사학위과정 현장조사가 10월 2~3일, 이틀에 걸쳐 경주와 영천에서 열리면서 풍수답사 시즌이 열렸다. 10여 명의 참석자들과 함께 경주시 일원을 조사하던 중에 무척 재미있는 지형을 발견하였다. 전체적인 형태는 그림 <7-30>과 같다. 정단층이 산의 정상 부근 능선에 형성되어 있었는데, 옆에서 본 산의 모양은 ABEK와 같다. 여기서 점 B는 산의 능선이며, AB는 산의 뒤쪽 사면을 나타내고 EK는 산의 앞쪽 사면을 나타낸다. (편의상 경사가 완만한 곳을 산의 앞쪽, 급한 곳을 산의 뒤쪽이라 하였다) 산의 앞쪽에는 EFHK 암반(기반암)이 발달되어 있고, 산의 뒤쪽에는 ABEG 암반이 발달되어 있다. ABEG 암반은 눈으로도 확인될 정도로 외부로 드러나 있다. ABEG 암반이 DEFG 단층면을 따라 EFHK 암반 위로 미끄러져 올라가 있는 형태를 보여준다. 즉 ABEG 암반이 상반에 해당하고, EFHK 암반이 하반에 해당하며, DEFG는 단층면에 해당한다.

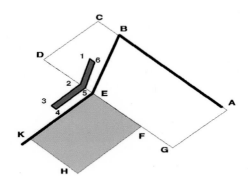

〈그림 7-30〉 산 정상부의 단층(경북 경주시)

단층면을 중심으로 직사각형의 지표 (점 1~6)에 대해 지자기 분포를 조사하였는데, 그 결과는 <그림 7-31>, <그림 7-32>와 같다. 그림에서 점 2와 점 5를 연결하는 직선이 단층면에 해당한다. 입체적인 형태로 나타낸 <그림 7-31>에서 보면 직선 2~5의 아래와 위쪽에 지자기가 높고 낮은 부분, 즉 (+/-)피크 쌍들이 여러 개 발견된다. 좀 더 엄하게 말하면 상반에 비해 하반에서 조금 더 많이 발견되지만, 상반과 하반 모두에서 피크 쌍들이 발견된다. 그림에서 밝은 부분은 높은 지자기, 어두운 부분은 낮은 지자기를 각각 나타낸다. 상반에서는 대체로 밝은 색을, 하반에서는 우측은 밝으나 좌측으로 갈수록 점차 어두워진다. 이것을 좀 더 정확하게 이해하기 위해서 그물형 분포를 나타낸 것이 <그림 7-32>이다. 이 그림에서 점 4, 5, 6 등이 나타나 있는 오른쪽 측면을 보자. 지자기의 변화가 그래프로 나타나 있다. 지자기의 값은 점 6과 점 5 사이인 상반에서는 높으나, 하반에 해당하는 점 5와 점 4 사이에서는 낮다. 전면의 점 4와 점 3 사이에서는 점 4에서 점 3으로 갈수록 대체로 감소하고 있다. 물론 지자기의 피크들이 몇 개 존재하고 있는 것도 확인할 수 있다.

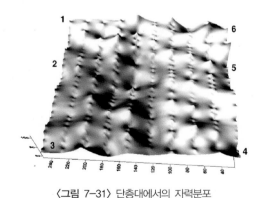

〈그림 7-31〉 단층대에서의 자력분포

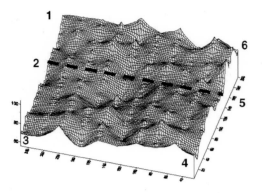

〈그림 7-32〉 단층대에서의 자력분포
(그림 7-31과 동일)

이상의 결과를 정리해보자. 단층면을 경계로 하여 그 인접지역인 단층대에서는 단층으로 인한 단층파쇄대가 형성되며, 단층파쇄대에서는 지자기의 (+/-)피크 쌍들이 여기저기에서 발견된다. 지자기의 값은 상반이 하반보다는 높은 값을 가지며, 단층대는 상반과 하반 모두에서 생기며, 이들은 서로 파괴되어 단층파쇄대를 형성한다.

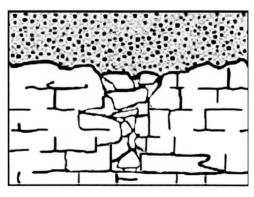

〈그림 7-33〉 풍화작용

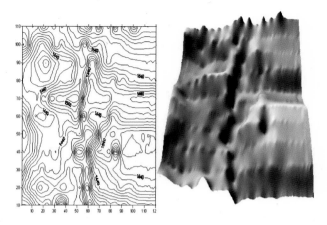

〈그림 7-34〉 단층파쇄대(영남대학교 운동장)

이와 같이 산의 정상부근에서 발견되는 단층이나 단층대와는 달리, 산의 중턱이나 구릉 혹은 들판에서 발견되는 파쇄대나 단층은 <그림 7-33>처럼 지각의 풍화작용으로 인해서 육안으로 확인하기 어렵다. 그러나 지자기 분포를 조사하면 의외로 쉽게 단층의 존재를 확인할 수 있으며, 가끔 단층파쇄대도 확인된다. <그림 7-34>와 <그림 7-35>는 산 중턱, 계곡부근, 구릉지, 혹은 평지에서 조사 확인한 단층과 단층파쇄대가 보여주는 지자기 분포이다.

<그림 7-34>는 영남대학교 대운동장 가운데에서 조사한 것이다. 원래는 논이었지만 지금은 운동장으로 변한 곳이며, 그 크기는 가로 10m, 세로 20m이다. 상하로 계곡과 같은 형태가 있고, 좌우로도 폭이 넓은 계곡 같은 형상이 존재한다. 이것은 가운데 상하방향의 단층면과 그 주위에 있는 단층파쇄대를 보여준다. <그림 7-35>는 산기슭에 있는 잘 발달된 파쇄대를 보여주는데, 밝은 곳은 지자기가 높은 곳이

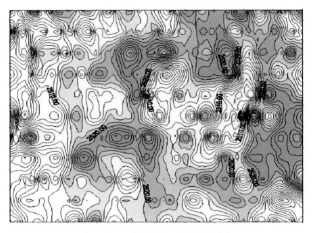

〈그림 7-35〉 산기슭의 단층파쇄대

며, 어두운 곳은 지자기가 낮은 곳이다. 밝고 어두운 곳이 불규칙하게 어지럽게 널려져 있는데, 이러한 형태가 파쇄대에서의 전형적인 지자기 분포이다.

(4) 지하의 빈 공간

지하의 빈 공간은 주변에서 쉽게 관찰할 수 있지 않지만, 석회암지대나 용암지대에서는 비교적 용이하게 발견된다. 강원도 삼척, 태백, 영월 지역의 석회암 지역에서는 지하 동굴이 많이 존재하며, 화산섬인 제주도에서는 지하에 용암동굴이나 분화구도 여럿 존재한다.

지하에 존재하는 동굴의 생성 원인이 어떠하든 간에 동굴 주위의 지질이 균일할 경우에 지상에서 관찰되는 지자기의 분포는 동굴의 크기, 형태, 깊이 등에 따라서 변한다. 같은 동굴이 지면가까이에 존재할 경우에는 지면에서의 지자기 분포에 강한 영향을 미치고, 땅속

깊숙한 곳에 존재할 경우에는 지상에서의 지자기 분포에 미치는 영향이 작아진다. 즉 지면 가까이에 존재할 경우에는 지자기 교란이 심하게 된다.

형태에 따라 나타나는 지자기 교란도 달라진다. <그림 7-36>은 사각형의 동굴이 존재할 경우에 관찰되는 자력의 분포를 나타낸 것이며, <그림 7-37>은 지상에서 관찰되는 지자기의 변화이다. 동굴 위에서는 자력이 낮지만 그 주위에서는 높으며, 동굴 경계에서는 주위에 비해서 훨씬 높은 값을 가진다. 이처럼 주위에서 훨씬 높은 값을 나타내는 현상을 자기계면현상이라 한다. <그림 7-38>과 <그림 7-39>는 동굴이 원형일 때 나타나는 자력선의 분포와 지상에서의 자력변화를 각각 나타낸 것으로, 그 변화 경향은 사각형 동굴의 경우와 거의 같다. <그림 7-40>과 <그림 7-41>은 실제로 지하 공간 위에서 조사한 결과이다. 지하 공간이 있는 곳에서는 주위에 비해서 자력의 세기가 약한 것을 알 수 있다.

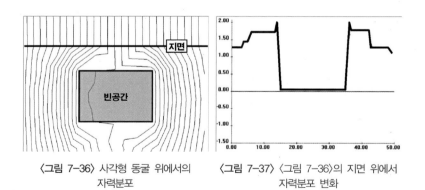

〈그림 7-36〉 사각형 동굴 위에서의 자력분포

〈그림 7-37〉 〈그림 7-36〉의 지면 위에서 자력분포 변화

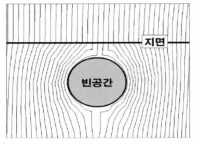

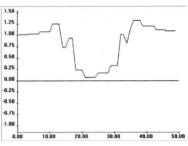

〈그림 7-38〉 원형 동굴 위에서의
자력분포

〈그림 7-39〉〈그림 7-38〉의 지면 위에서
자력분포 변화

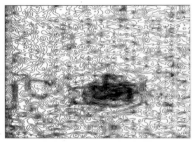

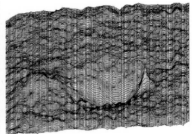

〈그림 7-40〉 실제 지하 공간 위에서의
자력분포

〈그림 7-41〉〈그림 7-40〉과 동일한
자력분포

<그림 7-42>는 전남 해남군 우수영에 있는 모이산의 은산광산(순신개발)의 지하 50m에 가로 5m, 높이 5m의 빈 공간이 있는 곳에서 조사한 결과를 나타낸 것이다. 금광을 개발하기 위한 시추시험과 주상도에 대한 많은 정보를 보유하고 있는 두 곳에서 주상도 결과와 자력탐사 결과 간의 상관성 분석을 위해 지질구조와 터널에 대한 분석을 행하였는데, 대부분의 결과가 잘 일치하였다. 자력탐사로부터 월등히 많은 특이점이나 지질구조적인 변화를 찾아내었으나 시추시험에서는 시추공의 간격으로 인해서 나타나지 않았다.

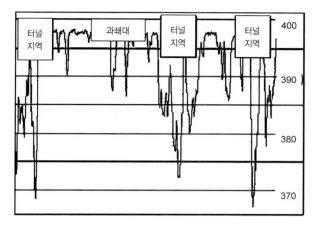

〈그림 7-42〉 전남 해남 은산광산 지하갱도 위에서의 자력분포

참고문헌

1. R. Merrill et al., 『The magnetic field of the Earth』, Academic Press, 1998.
2. 『National Research Council, Residential electric and magnetic fields』, National Academic Press, 1997.
3. G. Backus et al., 『Foundation of geomagnetism』, Cambridge Univ. Press, 1996.
4. W. H. Campbell, 『Int. to geomagnetic fields』, Cambridge Univ. Press, 1997.
5. J. Fraden, 『Handbook of modern sensors』, AIP Press, 1997.

CHAPTER 8

명당과 명혈

명당과 명혈

1. 혈의 생성

현재 우리나라에서 풍수 또는 풍수지리라는 이름으로 알려진 전통적인 자연관은 천 년 이상의 긴 역사를 가지고 있다. 그럼에도 불구하고 연역법적인 논리체계로 인하여 아직도 학문영역에서 자신의 자리를 확립하지 못한, 제도권에 속하지 못하는 분야 중의 하나이다. 이제 많은 연구자가 노력하여 제도권의 논리로 우리의 전통 자연관을 체계적으로 정리하고 있으므로, 제도권 진입은 물론이고 우리의 독특한 자연관을 세계로 펼쳐 나가야 할 시점에 이르렀다. 저자가 이 책을 저술하려는 목적 중의 하나도 '풍수의 제도권화'이기에 모든 기술은 학문이라고 하는 제도권의 방법론을 충실하게 따르고 있다.

자연을 기술하는 방법은 기술자의 시각과 관점에 따라 다양하게 표출된다. 자연 그대로의 형상을 묘사할 수도 있으며, 그 형상에 어떤 의미를 부여할 수도 있다. 형상 자체를 배제하고 그 의미만을 강조할 수도 있으며, 그 의미로 인해서 파생된 상징만을 부각시킬 수도 있다.

이러한 다양성으로 인해서 풍수라는 단일 용어를 사용하지만, 형상만을 강조하거나(풍수의 형국론), 형상과 의미 또는 상징을 연계하거나(형국이기론), 형상을 배제한 의미와 상징을 내세우면서(이기론) 각 방법론 간에 일체의 교류와 협력 없이 대립된 시각을 견지할 경우에는 논리의 통일은 물론이거니와 결론다운 결론조차 내리지 못할 것은 불을 보듯 분명하다.

이런 현상은 우리를 비롯한 중국과 일본 등의 동북 아시아권에 거주해온 민족들의 공통된 자연관에 기인한다. 즉, 어떤 형체나 사물에 대해 그것의 본질을 확실하게 나타낼 수 있는 의미나 상징을 부여하는 것이다. 이것은 우주의 구성이치로도 발전한다. 우주의 근본은 태극이며, 여기에서 분화된 음양오행이라는 독특한 개념이 모든 물질과 정신을 구성한다. 그리하여 우주는 태극과 음양오행 및 만물의 순으로 구성되고, 태극의 움직임에 따라 음양이 나타나고 오행의 순응에 의해 물질과 정신을 비롯한 만물이 생성된다.

다양한 생각과 접근으로 인해서 풍수도 다양하게 기술되고 있으며, 이로 인해서 다양한 풍수론들이 펼쳐져 있다. 저자는 이런 다양한 풍수론들에 생명을 불어넣을 수 있는 토대를 만들고자 몇 가지의 과감한 시도를 행하고 있다. 그 첫 번째는 풍수의 대상이 자연 그 자체이므로 자연과학적인 접근과 해석을 통해 풍수이론을 새롭게 정비하고자 한다. 두 번째는 풍수에서 주장하는 인과관계를 체계적으로 정리하기 위해서 통계학적인 방법을 도입하여 풍수이론을 재정립하고자 한다. 세 번째로는 사람의 출생과 삶 그리고 자연으로의 회귀를 법의학(法醫學)적으로 분석, 해석하는 일이다. 이것은 풍수에서 주장하는 모든 것의 중심이 우리가 속해 있는 우주가 아니라 우리 인간 그 자체이기 때문이다.

이런 일을 통해서 풍수가 단순히 우리의 전통적인 관념이 아니라 자연을 보는 자연관, 보다 더 구체적이고 종합적인 자연과학으로 자리매김하여 풍수학(風水學)으로 새롭게 태어날 수 있을 것이다. 이러한 일들은 짧은 시간 내에 만족할 정도의 결론을 얻을 수 있을 것으로 생각하지는 않는다. 이들은 현재 여러 연구자들에 의해서 차분하게 진행되고 있으며, 많은 사람들이 이 일에 동참하고 있다. 그중에서 상당수는 생물학적인 나이의 한계에도 불구하고 오로지 학문에 대한 작은 기여를 위해 훌륭한 정신력으로 대학원 박사학위과정에서 연구를 수행하고 있다. 이 책에서는 그 결실의 일부를 정리하고자 하였다.

풍수는 자연의 형상을 중시하고 그의 특징을 명쾌하게 정리하는 형국론(形局論), 형상과 음양오행에 따르는 의미를 강조하는 형국이기론(形局理氣論: 形氣論), 음양오행의 관념을 중시하는 이기론(理氣論) 등으로 크게 나눌 수 있다. 이 외에도 여러 이론들이 있는데, 여타의 이론들은 이런 기본입장에 새로운 개념을 도입하여 파생한 것이므로 특별하게 다루지 않아도 무리가 따르지 않을 것이다.

이런 3종류의 풍수론들은 서로 나름대로의 특징이 있으나, 출발점이 같기에 기본이론은 거의 유사하다. 그래서 이 책에서는 이들 이론을 망라할 것으로 추측되며, 자연과학적 입장과 비교적 가까운 형기론을 과학적인 접근의 대상으로 설정하였다. 특히 형기론 중에서 비교적 분석적이며 형태를 체계적으로 전개한 하남(河南) 장용득(張龍得)이 정리한『명당론(明堂論)』(명당론 전집 · 하남의 비결, 장용득 저, 신교출판사, 1976)을 그 구체적인 대상으로 하였으며, 여기서 그의 명당론을 편의상 '명당론'으로 부르기로 한다.

하남 풍수의 명당론을 이해하기 위해서 그 일부를 인용하면 다음과 같다.

"지리(風水地理)란 산수자연의 생김생김에 대한 이치를 말한다. 지구상의 만물(생물을 의미함)은 땅의 흙(山)과 물(水)과 바람(風, 기후의 조화)이 있어야 생육(生育)한다. 만물의 생사가 달려있는 중대한 요인은 山·水·風의 작용이라 할 수 있다. 산의 높고 낮음과 억세고 부드러움, 물의 얕고 깊음, 바람의 덥고 시원함과 따뜻함과 차가움 등의 영향으로 삼라만상의 흥망성쇠(興亡盛衰)가 일어난다. 이러한 변화는 지상에 존재하는 모든 물체가 음양오행의 상생상극(相生相剋)의 이치를 갖고 있기 때문이다.

산과 물과 바람은 모두 음(陰), 양(陽), 오행(五行: 木火土金水)의 성질을 가지고 있다. 생물의 생사를 주관하는 산과 물과 바람은 자연환경을 말하며, 자연환경에는 자연법칙이 존재하고 이 법칙에 따른 조화에 의해서 모든 생명체는 생육하고 있다.

이 대지(大地)는 길한 곳(吉地)과 흉한 곳(凶地)으로 구별된다. 산은 길산(吉山)과 흉산(凶山), 물은 길수(吉水)와 흉수(凶水), 바람은 길풍(吉風)과 흉풍(凶風), 만물은 길한 모습(吉相)과 흉한 모습(凶相)으로 각각 나뉜다. 길한 곳에는 길한 산, 길한 물, 길한 바람, 길한 모습 등이 서로 조화를 이루며, 그곳에 있는 만물이 윤택하여 좋은 결실을 맺는다. 한편 흉한 곳에는 흉한 산, 흉한 물, 흉한 바람, 흉한 모습 등이 서로 어우러져, 그곳에 있는 만물은 거칠고 허실이 많은 성과를 얻는다.

이런 이치로 명지에는 명당과 명산과 명혈(明穴)이 있으며, 흉지에는 망지와 흉산과 비혈(非穴)이 존재한다. 명당은 생거지(生居地)로 집을 짓고 살기에 아주 적합하고, 명혈은 사거지(死居地)로 묘(墓)를 쓰기에 아주 좋다. 흉지는 잡초지(雜草地)이므로 나무를 심고, 비혈은 한유지(閑遊地)로 산이나 밭으로 활용해야 한다.

혈(穴)은 산(山)의 꽃을 말하는데, 집터와 묘지 터의 길지이며, 산과 물과 바람이 서로 조화를 이루어 음양이 적절하게 배합된 곳

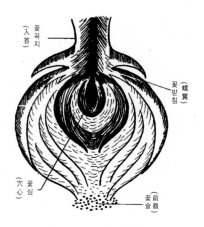

〈그림 8-1〉 꽃의 단면도

이다. 주변의 모든 산이 혈이 있는 이곳에 집중되어 모든 것이 혈을 위해 존재하는 것처럼 보이는 곳이 바로 혈인데, 바람과 물이 감싸 돌아 항상 건조하거나 습하지 않고, 안온한 곳이다.

혈의 모양(穴相)은 바깥으로 튀어나온(突出) 여성의 젖가슴 모양(乳相)과 돌출한 모양(突相)인 양혈(陽穴)과, 안으로 들어간 혈(深穴)인 소쿠리 모양(窩相)과 부젓가락 모양(겸상, 鉗相)인 음혈(陰穴)로 나뉜다. 혈은 '입수(入首), 혈판(穴坂), 선익(蟬翼), 전순(前脣)'을 갖추어야 한다. 이는 식물의 꽃에 비유된다. <그림 8-1>에 나타나 있는 꽃의 단면을 보면 꽃의 꼭지, 꽃심, 꽃받침, 꽃술이 잘 나타나 있는데, 이것은 혈에서 각각 입수(꽃꼭지), 혈판 또는 혈심(穴心, 꽃심), 선익(꽃받침), 전순(꽃술)에 해당한다."

2. 혈의 기본요건

혈심(穴心)

하남풍수의 명당론에서 주장하는 혈심에 관한 내용을 다시 살펴보자.

"산에 혈이 되는 곳이 있으면 우선 그 혈판의 생김에서 힘이 뭉쳐 있는지 흩어져 있는지, 둥근 형태인지, 넓은지, 바르고 반듯하게 있는지, 기울어져 있는지, 강한지, 부드러운지 등등을 세밀하게 관찰한다. 혈의 생김에서 상중하부가 각 부위별로 강한지 약한지, 넓은지 좁은지 등을 확인한다.

또 선익의 유무(有無)를 먼저 살펴본 후에, 그 형태가 반드시 혈만을 위해서 있는지, 혈판보다 더 큰지 작은지, 그의 기운이 왕성한지 등을 조사한다. 혈이 입수의 기운을 전부 받을 수 있는지, 입수와 혈이 연결되어 있는지, 입수가 바른지 기울어져 있는지 등도 중요하다.

큰 꽃의 화심(花心)은 깊이 있으며, 작은 꽃의 화심은 얕게 있다. 마찬가지로 혈에도 큰 혈(大穴)과 작은 혈(小穴)이 있으며, 큰 혈의 혈심은 깊은 곳에, 작은 혈의 혈심은 얕은 곳에 있다. 지형과 지질에 따라 혈심의 깊이가 결정되지만, 방향(坐向)에 따라 혈심이 고정되지 않는다."

이와 같이 명당론은 혈심의 중요성을 강조하였으며, 아울러 입수, 선익, 전순뿐만 아니라 혈을 중심으로 하여 득수, 파구, 보국이 짜임새 있게 갖추어져야 한다고 주장한다.

혈심의 기본요건

혈이 되기 위해서는 혈판 특히 혈심을 이루고, 입수, 전순, 선익, 득수, 파구, 보국 등이 조화를 이루어야 한다. 무엇보다 혈판을 만드는 것이 가장 중요하다. '혈판 또는 혈심을 만들다'의 정의는 무엇일까? 혈의 형태에 따른 깊이나 모양, 토질에 따른 혈심의 깊이, 토질에 따른 혈토의 형태나 색상 등이 '혈심을 만들다'의 정의에 필요한 변수가 될 수 있는가?

혈이 있는 곳을 지질구조적으로 살펴보자. 혈이 있는 곳의 지표는 지하의 암반이 풍화작용에 의해 흙으로 변한 부분이다. 이를 표토(表土)라 하는데, 표토에 해당하는 토양은 풍화된 정도에 따라 알갱이(grain)의 크기가 아주 작은 것이 있는가 하면 직경이 수mm에 이르는 비교적 큰 것도 있다. 흙으로 바뀐 토양의 두께는 수㎝ 정도로 풍화가 거의 되지 않은 곳도 있지만, 풍화가 많이 된 곳은 수m에서 수십m에 이르는 경우도 있다.

토양층 아래에는 이제 풍화가 되기 시작하는 곳이 있으며, 그 아래쪽에는 균열들이 존재하는 부분이 있고, 그 이하에는 전혀 풍화되지 않은 암반이 존재한다.

'비석비토(非石非土)' 지점이 혈심이다. 많은 풍수가들이 주장하는 이것에 대한 과학적인 근거는 있는가? 토양학을 전공하는 연구자들이 밝힐 내용이지만 풍수가들의 주장에는 수긍이 가는 점이 있다. 비석비토는 풍화반응의 초기 상태이다. 풍화반응이 거의 완료된 지표면에 가까운 토양에는 수많은 미생물이 존재한다. 비(雨)나 낙엽, 먼지, 기후나 환경 등의 영향으로 표토에는 미생물뿐만 아니라 지하에 있는 원래의 암반을 구성하는 성분과 표토의 성분-광물학(鑛物學)적인 상(相: phases)이나 화학(化學)적인 조성-은 서로 다를 확률이 대단히 높다. 지표면에서 지하로 내려갈수록 그 성분이 원래 암반의 것에 가까워질 것이며 흙 속에 살고 있는 미생물의 수와 종류도 적을지 모른다. 그런가하면 지상의 기온이 섭씨로 영하 10℃에서 영상 40~50℃ 사이에서 변하더라도, 지하 1.5m 지점에 이르면 온도의 변화폭이 5℃ 이내로 거의 일정하다고 한다. 그래서 적어도 적당한 깊이의 지하가 좋은 곳인지도 모른다.

풍수가들이 많이 사용하는 용어 중에 기(氣)라는 것이 있다. 우리 한국의 전통철학에는 항상 理와 氣가 등장한다. 氣에 대한 사전적인 의미는 어떠한가? "氣라는 말은 은(殷)과 주(周)의 갑골문(甲骨文)이나 금문(金文)의 자료 및 『시경(詩經)』, 『서경(書經)』에는 보이지 않지만, 『논어(論語)』를 비롯하여 전국시대 이후의 각 학파문헌에 많이 나타난다. 중국의 철학용어이다. 원래 중국인은 사람의 숨, 바람(대기)이나 안개, 구름, 김 등을 기로 인식하였다. 그들의 기에 대한 인식을 정리하면 다음과 같다. ① 기는 공기모양의 것이며 천지 사이에 꽉 차있고 인체 속에도 가득 차 있다. ② 기는 천지만물을 형성하며, 생명력과 활동력의 근원이어서 사람의 육체와 정신적인 모든 기능도 모두 기에서 생긴다. ③ 음기(陰氣)와 양기(陽氣) 또는 오행(五行；木火土金水)의 기와 같이 2종류 또는 5종류의 기가 있으며, 이 다양한 기의 배합과 순환으로 사물의 이동(異同)이나 생성과 변화가 일어난다. ④ 다양한 기의 근본을 원기(元氣)라 하고, 원기에서 만물이 생성한다. 한(漢)나라 이후 여러 가지 계열의 사상에서 氣에 의한 생성론이 주장되었고, 송(宋)나라 이후의 성리학에서 氣가 물질의 근원을 나타내는 말로서 우주와 인간을 관통하는 이기철학(理氣哲學) 체계에서 매우 중요한 역할을 하였다."

땅에서 나온다는 기(氣)는 과학적으로 아직 규명된 바 없다. 그것을 믿는 풍수가들의 경우에는 오염된 토질을 혈심으로 정의하는 것을 거부할 것이다. 그래서 가능하면 암반 가까운 곳에서 나오는 기운을 찾고자 했는지도 모른다.

'오색혈토(五色穴土)'가 있는 곳이 혈심이다. 이것도 일부의 풍수가들이 주장하는 내용이다. 풍화가 완전히 일어나면 암반을 구성하는 원래의 광물로 분리가 일어나므로, 혈이 있는 곳은 균일하고 단순한 색상을 나타낸다. 그런데 암반이 있는 땅속 깊숙한 곳에서는 相의 분포와 造成이 불균일하여 부분마다 색상이 다르게 나타난다.

풍화가 완전히 진행되지 않은 곳, 풍화가 이루어지고 있는 곳에서의 색상은 어떠한가. 색깔이 다른 층들이 차례로 쌓여 있는 곳이 아니다. 흙의 각 부분에서의 색깔이 서로 다른 곳. 크기가 직경 수mm 이하인 작은 부분에서 같은 색깔을 가지는 다양한 색상들로 이루어진 부분이 나타난다. 이 좁은 지역에서 다양하게 발견되는 색상들은 풍화의 영향도 있긴 하지만, 단순히 암반을 구성하는 광물과 그 광물들의 분포와 양에 의해 주로 결정된다. 이것은 또한 암반이 어떤 과정으로 형성된 것인가에 의해서 결정된다. 우리는 예로부터 색상이 다양하면 오색이나 칠색으로 단순화해서 나타내고, 색상이 단순하면 삼색이나 단색으로 그 표현을 단순화한다. 그래서 '오색혈토'는 ① 암반에 가까운 부분(풍화가 진행되고 있는 깊은 곳), ② 많은 색상이 섞여 있는 흙의 의미를 가진다.

이런 논리에서 본다면 비석비토와 오색혈토는 같은 의미로 쓰인 내용이다. 이로부터 혈심은 암반 가까이에 있는 풍화가 덜 진행된 곳으로, 비교적 딱딱하여 통기도(permeability)가 별로 높지 않은 암반 자체와 거의 같은 색상을 가지는 흙이 있는 곳이다.

토양 아래에는 암반이 존재한다. 암반 아래로 혹은 옆으로 균열이나 단층면 혹은 파쇄된 곳이 있어서 암반이 갈라지면 빈틈이 존재한다. 암반에 존재하는 비교적 큰 빈틈은 흙이나 땅 혹은 지표의 어떠한 물리적인 성질에 영향을 주는가?

하늘에서 내려오는 수분인 비나 눈을 생각해보자. 눈도 땅에 내려와 녹으면 액체인 물로 변하며, 비는 당연히 액체인 물이다. 하늘에서 내린 눈과 비가 만든 액체인 물은 표토의 토양 속으로 스며들어가서 어떤 경로로 이동할까. 개략적인 경로를 알아보자. 지표의 물은 땅속으로 스며들어 통기대(通氣帶)를 지나 심층부로 이동한다. 이중 약간의 물은 미세한 입자로 된 부분을 지나면서 입자 상호 간의 인력이나 표면장력에 의해 포획되거나 횡방향으로 분산된다. 지표면 바로 아래층으로 식물의 뿌리가 박혀 있는 토양(土壤, soil) 혹은 토양수대(土壤水帶)가 있는데, 이 속에는 식물이 이용할 수 없는 토습수(hygroscopic water)와, 토양입자에 의해 형성된 모세관에 잡혀 있는 모세관수(capillary water) 및 중력 때문에 토양층을 통과하는 중력수(gravitational water)가 있다.

토양층을 통과한 물은 흙 입자 사이나 암석에 존재하는 빈 공간인 공극(空隙)들을 채우는데, 이를 지하수(地下水, ground water)라 한다. 지하수가 존재하는 부분을 포화대라고 하며, 지하수가 모든 공극을 점유하므로 토양의 공극률은 지하수의 양에 대한 척도가 된다. 포화대의 바로 위층은 모세관 현상에 의하여 위로 상승한 수분으로 젖게 되는데 이를 모세관수대(capillary zone)라 하며, 이 층의 두께는 토양의 구조에 좌우되므로 지역마다 차이가 있다. 토양수대와 모세관수대 사이에는 중간수대(intermediate zone)가 존재한다. 토양수대를 통과한 침투수는 중간수대를 거쳐 모세관수대와 포화대에 이르게 된다. 포화대에 관입한 우물의 수위를 지하수면(water table)이라 하는데, 지역에 따라 지하수면의 수위는 다르다. 대기압의 영향을 받는 자유수면을 가지는 지하수를 자유수면(自由水面) 지하수라 한다.

암반은 대체로 공극률이 낮아 존재하는 지하수의 양이 극미하다. 그런데 만약 틈이 큰 암반의 결함(균열, 단층면, 파쇄대 혹은 빈 공동 등)이 존재하면 암반에 도달한 물이 이곳에 모이게 된다. 만약 이러한 공극의 부피가 크면 모여 있는 물의 양도 많아진다. 비가 오다 그친 후에 빗물은 땅속으로 스며든다. 이 스며든 물은 토양층을 통과하고 비석비토를 통과한 후에 대부분은 불투수층의 표면을 따라 낮은 곳으로 이동하여 흘러간다. 그런데 일부는 암반 속에 있는 공극 속에 고여 있거나, 비교적 큰 암반 결함(파쇄대나 틈이 벌어진 균열, 빈 공동 등) 속에 갇혀 있게 된다. 이 고여 있거나 갇혀 있는 물은 토양 속의 모세관을 따라 위로 서서히 올라와 토양을 항상 적시게 된다. 만약 결함을 가진 암반 바로 위에 혈심을 정하면 어떻게 되는가? 그곳의 묘는 항상 물에 흥건히 젖어 있거나 촉촉하게 젖어 있을 것이다. 이런 곳을 혈심이라고 할 수는 없을 것이다.

결론적으로 혈심은 무엇보다 기본적으로 균열이나 절리, 단층면, 파쇄대, 공동, 지층 경계 등과 같은 구조적 결함이 없는 암반으로 이루어진 곳이라야 한다.

혈심의 판정

혈이 되기 위해서는 혈판 특히 혈심에 구조적인 결함이 전혀 없는 암반이 존재해야 한다. 과학기술이 발달하기 전인 근대에 이르기까지는 암반에 존재하는 결함을 찾아낼 수 있는 방법이 없었다. 약 60~70년 전에 있었던 제2차 세계대전은 많은 사람을 동시에 죽이기 위한 기술뿐만 아니라 이를 방어할 수 있는 기술도 개발되었으며, 그 이후로 전 세계적으로 불어 닥친 산업화의 바람은 많은 군사적인 기술들이 상업적으로도 사용되어 오늘날에는 가히 황송한 마음이 들 정도로 다양하고 풍부한 과학기술문명을 향유하고 있다. 이러한 시대적인 조류에 따라 암반에 대한 조사기술도 발달하였는데, 그 근본적인 이유는 지하에 매장된 검은 보석인 석유를 찾아내기 위해서이다. 그래서 개발된 기술들이 탄성파탐사, 전자파탐사, 지오레이더, 전기탐사, 자기탐사, 레이저탐사 등등이다. 그런데 이런 탐사법들은 구조적 이상 중에서 수십m 이상에 해당하는 규모가 큰 것을 찾는데 사용할 수 있다. 풍수에서 확인해야 하는 암반 속에 존재하는 구조적 이상은 그 크기(주로 두께나 폭)가 수mm에서 수십cm 정도로 대단히 작은 규모이다. 특히 균열이나 단층면 혹은 지층 경계는 1mm 내외인 것도 많다. 따라서 지금 사용되고 있는 탐사장비로는 이들의 존재를 확인할 수는 없다.

이미 이 책의 앞에서 정밀자기탐사법에 대한 이론적인 배경과 탐사결과에 대하여 상세하게 설명하였다. 그래서 기본적인 설명은 생략하고 암반에 존재하는 결함을 어떻게 해석하는가에 대해서도 생략한다. 각종 결함이 암반 속에 존재하면 그 암반은 혈심과 혈이 될 수 없다. 설사 암반 내의 결함을 제외하고는, 혈판, 입수, 선익, 전순뿐만 아니라, 혈을 중심으로 하여 득수, 파구, 보국이 짜임새 있게 갖추어져 있다고 하더라도 그곳은 절대로 혈이 될 수 없다. 그것은 혈심으로서의 자격이 갖춰지지 않으면 혈판이 될 수 없고, 혈이 성립될 수 없기 때문이다.

3. 혈의 모양

(1) 와상(窩相)

와상 혹은 와혈은 우리의 전통 그릇인 소쿠리처럼 안으로 오목하게 들어간 형태이다. 선익 특히 좌우에 있는 청룡과 백호에 비해서 혈의 위치가 낮은 것이 와혈의 특징이다. 혈의 크기는 대체로 작으나 가끔은 비교적 큰 경우도 있다. <그림 8-2>는 와혈의 모형도이다. 입수로부터 산(山, 龍)의 흐름이 꺾이어 맺힌 후에 비교적 위쪽에 둥근 모양의 혈판이 만들어지고, 혈판의 중앙 상부에

〈그림 8-2〉
와혈도(窩穴圖)

혈심을 이룬다. 이상은 명당론에 기술된 내용이다.

와혈은 혈이 되는 부분이 주위에 대해서 융기하거나, 혈의 주위가 융기하여 형성된다. 와혈은 퇴적암(변성암 포함)으로 이루어진 경우와 화성암으로 이루어진 경우로 나뉘는데, 퇴적암이 융기한 경우와 그 주위가 융기한 경우, 화성암이 융기한 경우와 그 주위가 융기한

경우에 와혈이 형성될 수 있다.

먼저 퇴적암으로 된 혈이 융기한 경우를 살펴보자. 이것은 습곡이나 단층작용으로 형성될 수 있는데, 이 경우에 혈을 이루는 퇴적층이 주위에 비해서 단단하지 못하면 혈의 주위를 비롯해서 혈심 가까이까지 지판이 파괴되거나 절리와 같은 결함들이 수많이 생성되므로 지질구조적인 결함이 없는 혈을 만들기 어렵다. 반면에 주위가 융기한 경우에는 <그림 8-3>에서 보는 것처럼 입수부분에서만 단층파쇄대와 절리가 발견된다.

따라서 이때 관찰되는 혈판에서의 지자기 분포는 <그림 8-4>와 같이 된다. <그림 8-4>의 결과는 경남 합천군 노양리에서 얻은 것이다. 한때 이 나라를 호령했던 어느 국회의원의 O대조 산소가 있었던 자리이다. 크기는 5×5m²이다. 이 암반의 상부에는 상당히 높은(약 5m가량) 암이 위로 융기해 있으며, 탐사를 행한 암반은 전형적인 퇴적암으로 이루어져 있다. 자력은 봉분 앞에서 봉분을 볼 때 왼쪽(좌)이 높고 오른쪽(우)이 낮으며, 상하 간에는 차이가 없다. 따라서 암반은 평평한 판 모양이며, 왼쪽에서 오른쪽으로 약간 (10도 이내) 경사져 있다는 것을 알 수 있다. 오른쪽의 점선이 있는 곳은 자력강도가 낮고, 오른쪽 가장자리에는 자력강도가 다시 높아지며, 두 점선이 있는 곳은 자력의 (-/+) 피크에 해당한다. 이 피크의 중간지점에 있는 실선이 있는 곳이 바로 판이 깨어진 곳에 해당한다. 판의 전체적인 형태가 변하지 않았기 때문에 단층면이 아니고 균열(crack)에 해당한다. 따라서 이 그림에 나타나 있는 암반에서 가로 4m, 세로 5m 부분은 흠이 전혀 없는 곳이다.

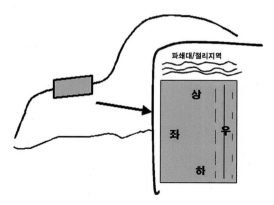

〈그림 8-3〉 입수 부분의 파쇄대

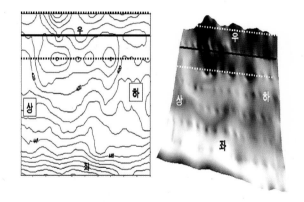

〈그림 8-4〉 혈판 부근에서의 자기분포

　화성암이 융기하여 형성된 혈은 퇴적암의 경우와는 다른 형상을 보인다. <그림 8-5>는 경북 군위군에 있는 화성암으로 이루어진 와혈을 조사한 결과이다. 가로 8m, 세로 12m인 이곳에서 조사한 자력의 분포를 등고선과 입체형으로 나타낸 것이다. A부분은 입수에 해당하는 곳으로, 지반의 융기로 인하여 파쇄대가 형성되어 있음을 알 수 있으며, B부분도 암반이 깨져 있음을 보여주고 있다. 마루(점선으로 나타난 곳)에 해당하는 것이 혈을 중심으로 하여 그것을 감싸듯이 둘러싸고 있다. 실제로 이 마루는 주변에 비해서 자력이 약간 높은 곳으로, 지하지반의 풍화작용과 관계 있다. 암반의 표면은 부분마다 풍화되는 속도가 다르다. 풍화가 많이 일어난 곳은 흙으로 변한 부분이 두터워 지표면에서 깊은 곳에 암반 표면이 위치하고, 풍화가 느린 곳은 흙층이 얇아 지면에서 얕은 곳에 암반의 표면이 존재하게 된다. 따라서 얕은 곳은 자력분포에서 약간 높은 자력을, 깊은 곳은 약간 낮은 자력을 각각 나타내므로, 점선으로 나타난 자력분포의 마루는 실제로 암반 표면의 마루에 해당하고, 골은 암반의 골에 해당한다. 와혈의 경우에 마루가 혈심을 중심으로 규칙적으로 분포한다는 것은 암반 표면에 있는 주름의 마루가 규칙적으로 배열하고 있다는 의미이다. 따라서 와혈의 가장 이상적인 자력분포는 <그림 8-6>과 같은 형태일 것이다.

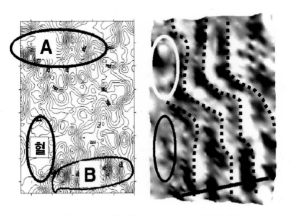

〈그림 8-5〉 와혈에서의 자력분포 (경북 군위)

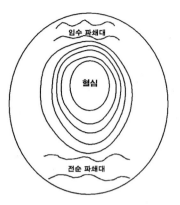

〈그림 8-6〉 와혈에서의 이상적인
자력분포도

(2) 겸상(鉗相)

명당론에는 불을 다루고 조절하는 부젓가락처럼 생긴 겸상 또는 겸혈의 모양이 <그림 8-7>과 같다고 한다. 혈판의 크기가 작기 때문에 퇴적암 지역에서는 생성되기 어렵지만, 화성암 지역에서는 가능하다. 작은 혈판에 파쇄대나 균열이 많이 존재하기 때문에 결함이 없는 부분은 아주 좁을 수밖에 없다. <그림 8-6>의 와혈과 거의 유사한 형태의 자력분포를 하지만, 결함이 없는 지역이 대단히 좁다. 따라서 겸혈의 자력분포는 <그림 8-8>과 같이 된다.

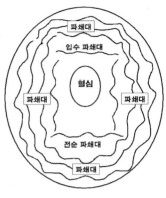

〈그림 8-7〉 겸혈도

〈그림 8-8〉 겸혈에서의 이상적인 자력분포도

(3) 유상(乳相)

여성의 젖가슴같이 생긴 유상 혹은 유혈은 나무에 과일이 달린 것과 같으며, 그 형태는 <그림 8-9>와 같다고 명당론은 기술하고 있다. 생성 암석의 종류에 관계없이 형성될 수 있는 모양이지만, 와혈이나 겸혈에 비해서 분포하는 수가 훨씬 적기 때문에 쉽게 관찰되지 않는다. 중장년기 지형에서는 비교적 큰 규모의 혈이 형성되며, 호남이나 충청 경기지방과 같은 노년기 지형에서는 크거나 작은 규모의 혈이 도처에 분포한다. 노년기 지형에서는 풍화작용에 의해서 유혈처럼 보이는 곳이 많이 있는데, 지반이 형성될 때 혈의 형태를 이룬 경우는 유혈에 해당하지만, 천재지변이나 인공적인 훼손으로 인해서 형성된 경우나 풍화작용에 의해서 모양을 갖춘 경우는 혈이 아닌 경우가 많다. 유혈은 비교적 큰 혈판을 가진다.

그래서 입수나 전순의 파쇄대 규모는 혈판의 크기에 비해서 상대적으로 크기가 작고, 이로 인한 지자기 이상(또는 교란)도 심하지 않다. 대체로 자력분포는 <그림 8-10>과 같이 나타나며, 지각변동에 의해서 혈판의 좁은 부분에는 균열과 같은 결함들이 다수 발견될 수 있다.

<그림 8-9> 유혈도

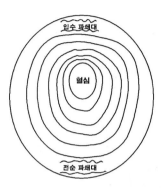

<그림 8-10> 유혈에서의
이상적인 자력분포도

(4) 돌상(突相)

우뚝하게 생긴 혈인 돌상 또는 돌혈은 마치 솥뚜껑을 엎어놓은 것처럼 보이기도 하는데, 그 모양은 <그림 8-11>과 같다고 명당론은 기술하고 있다. 돌혈은 지반의 융기에 의해서 형성되지만, 미국이나 아프리카의 사막지역 혹은 건조지역에서는 풍화에 의해서 돌혈과 같은 봉우리만 남은 경우도 있다. 실제로 기(氣, chi, Qi)에 대해서 관심을 가지는 세계인들 중에 상당수는 전 세계적으로 기가 강한 21곳이 있는데, 그중에서 4곳이 미국 아리조나 주의 세도나(Sedona City)에 있

다고 한다. 그래서 저자는 그것의 실체를
조사하기 위해 2회나 직접 방문하여 그
곳의 장(場, field)을 조사 분석한 적이 있
는데, 자세한 것은 저자가 저술한 『펭슈
이 사이언스』(도원미디어, 2003)를 참고
하기 바란다. 세도나에 있는 4곳의 기가
강한 곳은 <그림 8-12>에 있는 종 바위
(Bell Rock)로 특정지울 수 있다. 바다 속
에서 형성된 퇴적암층이 지각운동에 의
해서 수면 위로 올라온 후에 강물(세도나

〈그림 8-11〉 돌혈도

강: 콜로라도 강의 지류)과 뜨거운 햇살 그리고 바람과 비에 의해서
뜯겨져 나가 결국에는 미국식 종을 엎어놓은 형상을 하게 되었다. 우
리나라의 경우에는 종 바위와는 달리 지층이 약간 경사진 경우가 대
부분이므로, 풍화에 의해서 돌혈이 되었을지라도 혈심은 중앙에 위치
하지 않고 한쪽에 치우치게 된다. <그림 8-13>에 퇴적암에 의한 돌혈
과 그곳에서의 지자기 분포를 나타내었다.

우리나라의 경우에는 어떤 돌혈이 일반적일까? 퇴적암에 의해서
생성될 수도 있고, 화성암이나 변성암에 의해서도 혈이 형성될 수 있
다. 그런데 우리나라는 유라시아대륙판과 태평양판이라는 두 개의 거
대한 대륙판이 서로 충돌하는 지역에 위치하여 수많은 지각변동이
일어난 곳이다. 아직도 이웃한 일본에서는 지진이나 화산활동과 같은
지각운동이 활발하게 일어나고 있다. 우리나라도 규모는 작지만 수없
이 잦은 지진이 발생하고 있다. 우리나라에서 발견되는 지질구조의
이상은 주로 단층이다. 추가령 지구대나 형산강 지구대와 같은 커다

란 단층대도 있지만, 이보다 규모는 작아도 아직도 활동하고 있는 수많은 활성단층이 있으며, 대단히 작은 규모의 단층은 수없이 많다. 지각운동 때문에 어느 시점에 어떻게 변할지 모르는 이런 지질구조를 가진 땅에서 풍화에 의한 돌혈을 기대하기는 어렵다. 설사 돌혈 모양을 가진 곳이 있다 하더라도 그 암반이 혈로서 가치가 있을지는 조사 결과를 검토하지 않고는 장담하기 어렵다.

〈그림 8-12〉 미국 애리조나 주 세도나의 종바위

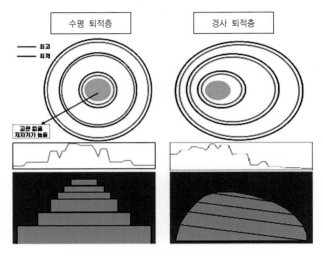

〈그림 8-13〉 퇴적암에 의한 돌혈과 그곳에서의 지자기분포

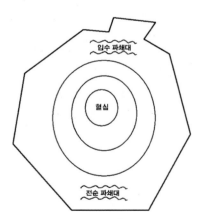

〈그림 8-14〉 돌혈에서의 이상적인
자력분포도

퇴적암이 아닌 암에 의해서 돌혈이 형성된 경우에 그 지자기분포는 어떻게 나타날까? 물론 돌혈이 되기 위해서는 지반이 융기해야 하므로, 혈을 구성하는 암반의 가장자리는 주변의 다른 암들과 부딪혀 부서지기 때문에 파쇄대를 형성하거나 수많은 파단면이나 수많은 균열을 가지고 있다. 그래서 <그림 8-11>에 있는 돌혈의 지자기분포는 <그림 8-14>처럼 나타나고, 혈심은 대체로 중앙이 된다.

(5) 인위적인 조성상(造成相)과 조성혈(造成穴)

어떤 곳이든 어떤 집이든 간에 풍수적으로 완벽한 곳은 없다고 한다. 하기야 완벽한 이론도 없거니와 완벽한 방법, 완벽한 결론, 완벽한 목표조차 없는데, 어찌 관념적인 풍수에 완벽이란 것이 있을 수가 있겠는가. 현재 정립되어 있는 모든 자연법칙도 시간이 지나가면 부분적으로는 수정이 불가피하게 된다. 교과서에 나오는 법칙이 수정을 필요로 하다니 이해하지 못하는 독자도 있으리라 본다. 그러나 실제로 영원불변의 법칙이 존재하지 않는다는 것은 모두가 인정하는 엄연한 진리이다(저자는 오히려 이 진리가 변하길 기대한다).

풍수의 어떤 요소가 결핍되어 만족스럽지 않을 때 그 부분을 보완보강하는 비보책은 많은 사람들의 관심을 집중시킨다. 그것이 집이든 무엇이든 간에. 오죽하면 경복궁을 짓고 난 후에 관악산의 화기(火氣)가 너무 강해서 이를 억누르기 위해 물(水)을 상징하는 상상의 동물인 해태를 광화문 양쪽에 각 한 마리씩 돌(石)로 조각하여 세워두었을까. 어쩌면 마음의 위안을 위한 것이 아닐까?

비보책을 풍수가 아닌 다른 분야에서 적용하면 대단히 유용하다.

보정이나 보완은 어떤 경우에나 필요하다. 그런데 이해가 가지 않는 것은 바로 장례문화에 적용되는 비보책이다. 무엇을 하다가 불만족스러우면 적당한 핑계를 대고 적당하게 얼버무린다. 이런 얼버무림은 우리의 마음을 편안하게 한다. 모든 것이 마음에서 비롯되는 것이라면, 차라리 모든 것에 이토록 편한 얼버무림을 적용하는 것이 좋겠다.

대표적인 비보 얼버무림은 공원묘지이다. 주변의 사격은 차치하고 혈이 성립되는 것은 전적으로 지하의 암반에 의해서 결정된다. 토목 공사를 통해서 조성된 묘 자리는 그 형태가 어떻게 변하든 간에 혈로서 다시 태어날 수가 없다. 같은 이치로 제대로 된 혈의 외관을 다른 모양으로 바꾼다고 해서 비혈로 바뀌는 것은 아니다. 우리가 인위적으로 조성한 혈이나 상을 저자는 조성상(造成相)이라 칭한다. 조성상은 암반의 구조가 바뀌지 않기 때문에 혈로 거듭나지 못한다.

그런데 만약 암반 자체를 바꾸면 어떻게 될까. 조성하는 도중에 일체의 암반 손상을 일으키지 않고 혈로의 지반구조를 가질 수 있도록 만들었다면 이런 조성상은 혈이 될 수 있는가? 물론 이때는 혈이 될 수 있다. 주변의 여러 가지 인자들도 함께 보완해야 하지만. 이를 우리는 무엇이라 부를 것인가? 조성혈(造成穴). 가장 적절한 표현으로 보인다.

조성혈을 실제로 만들 수는 있을까. 아마도 조물주에 필적하는 힘을 가진 자는 가능할 것이다. 조성 자체가 불가능하지는 않을 것으로 추측된다.

4. 혈판

(1) 혈판의 조건

명혈이 되기 위해서는 우선 혈판이 만들어져야 한다. 혈판이 조성되지 않은 상태에서 혈이 이루어질 수 없다. 혈이 아니면 더더욱 명혈이 될 수 없다. 따라서 명혈이 되기 위해서는 혈판이 이루어지지 않으면 불가능하다.

혈판이란 무엇인가? 혈판은 실제로 존재하는가? 존재한다면 어떤 형태이며 그 성질은 어떠한가? 어떻게 찾아낼 수 있는가? 혈판이 되기 위해서는 어떤 조건들이 충족되어야 하는가? …… 저자는 혈판에 대한 수많은 의문을 가졌다. 독자들도 마찬가지였을 것이다. 마치 '풍수'에 처음 접했을 때처럼. 도저히 인정하거나 받아들일 수 없었던 풍수에 대한 관념, 그래서 미신으로 치부했던 처음, 몰라도 평범하게 인생을 영위할 수 있는데 괜한 짓을 하는 것처럼, 그래서 많은 자료를 조사하고 분석하여 나름대로의 의문을 해결하려 했지만 그래도 해결되지 않는 수많은 의문, 이해할 수 없는 모든 것들, 이러한 것들이 갈 길을 가로막는다.

혈판은 존재한다. 혈판은 지면의 상태를 말하는 것이 아니다. 지면은 지하암반 혹은 지반 위에 흙이 덮인 상태에서 흙의 표면을 뜻한다. 그래서 혈판을 흙의 표면으로, 소위 땅의 표면으로 생각하지만, 실제로는 땅속에 있는 무엇을 의미한다. 땅속에 있는 무엇은 바로 흙으로 덮인 지반 또는 암반이다. 혈판은 지판, 암반의 표면과 그 위의 땅속 공간을 의미한다. 지하의 암반 표면이 혈판이므로, 암반 표면이 혈판이 될 수 있는지 없는지를 평가해야 한다. 그래서 혈판에 대한 판정은 쉽지 않다. 그것이 흙 속에 있기 때문에.

혈판은 판(板) 형태나 덩어리(塊狀, massive) 형태이지만, 반드시 표면이 평평할 필요는 없다. 암이 깨어진 균열이나 절리, 단층면, 파쇄대, 공동, 지층경계 등과 같은 구조적으로 흠(缺陷, defects)이 없는 암반이 존재해야만 혈심이 된다고 하였다. 이런 암반이 바로 혈판이다.

암(岩, rock)은 수분, 공기, 여러 가지 화학물질, 바람, 지진과 같은 기계적 진동, 태양열이나 지열과 같은 열(熱) 등등에 의해서 부서져 흙으로 그 형태가 바뀌거나 다른 물질로 변하는 풍화반응을 일으킨다. 지표면에 있는 토양에서도 풍화반응이 일어나고, 땅속에서도, 지하암반의 표면에서도, 심지어는 암반 속에서도 일어난다. 이런 풍화작용은 때로는 암반을 부수기도 하고, 가루로 만들기도 한다. 그래서 이 작용은 암반표면뿐만 아니라 그 내부에도 결함을 만든다.

암은 그 생성원인에 따라 화성암, 퇴적암, 변성암으로 나뉜다. 각 암들은 그 구성성분이 각각 다를 뿐만 아니라, 그 구성상(相, phase)도 각각 다르다. 이런 이유로 인해서 암들이 풍화가 될 때 풍화가 일어나는 방법이나 형태뿐만 아니라 풍화속도도 다르게 된다. 또한 같은 암 내에서도 위치에 따라 구성성분과 상이 서로 다르기 때문에 풍화가 일어날 때 당연히 위치에 따라 다르게 된다. 경우에 따라서는 풍화에 의해서 암반이 파괴되거나 결함이 생길 수도 있다. 이렇게 암반이 파괴되거나 결함이 생기는 경우에 이 암반은 혈판으로서의 기능을 상실하게 된다.

(2) 풍화된 정도와 혈판

풍화에 의해서 암반이 파괴되거나 구조적인 결함이 생성되지 않고, 풍화속도의 차이에 의해서 위치(혹은 장소)마다 풍화가 된 정도에 약간씩 차이가 있는 경우에는 암반의 혈판으로서의 기능이나 자격은 어떠할까? 일단 구조적인 결함이 존재하지 않으므로 혈판으로서는 충분히 자격이 있다. 혈판으로서 자격을 갖추었기에 이곳은 당연히 혈을 구성할 것이다.

<그림 8-15>는 경북 영천군 용소리에 있는 어느 음택을 조사한 결과이다. 조사면적은 가로 15m, 세로 18m로 비교적 넓은 지역이다. 하단 중앙과 좌측 중앙 및 우측 상단 세 곳에 (+/-)피크 쌍이 존재하는 것을 제외하고는 구조적인 결함이 존재하지 않는 곳이다. 나머지 지역은 풍화속도의 차이로 인해서 암반의 표면에 마루와 골이 형성되어 있는데, 마치 노인들의 얼굴에 패인 주름살 같은 형태를 하고 있다. 그림에서 흰색의 산맥처럼 나타난 곳은 풍화속도가 느려 실제로 위로 튀어나온 부분을 나타내며, 어두운 색으로 나타난 곳은 풍화가 많이 되어 안으로 패인 곳이다. 그림에 나타난 주름의 마루와 골은 실제로 마루와 골에 해당한다. 그러나 골과 주름간의 높이 차이는 50㎝ 이하로 아주 작다. 그렇지만 골과 마루간의 자력 차이는 ① 풍화의 정도에 따라, ② 구성하는 암의 자기적 성질에 따라 다르지만 대체로 3~15mG가 일반적이다. 이 정도의 자력분포 차이는 무시할 수 없는 경우가 있지만, 이런 작은 변화도 신중하게 처리해야 할 것이다.

이를 정리하면 다음과 같다. 암의 내부에 구조적인 결함이 존재하지 않으면 암반은 혈판이 될 수 있다. 풍화작용에 의해서 암은 흙으

로 변한다. 풍화반응이 많이 진행된 곳은 표토가 두텁고, 진행이 덜 된 곳은 표토가 얇다. 표토가 두꺼운 곳과 얇은 곳의 차이는 지표면에서 측정한 자력의 세기로부터 판별할 수 있다. 풍화속도 차이에 의해서 발생한 암반의 표면의 주름은 혈판에 심각한 영향을 미치지 않는다. 다만 풍화반응이 암반 내부에 구조적인 결함을 만든 경우에 암반은 더 이상 혈판으로서의 가치를 상실한다.

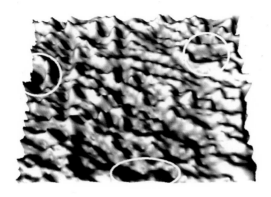

〈그림 8-15〉 경북 영천군 용소리에서 조사한
자력분포도

(3) 풍화된 상태와 혈판

풍화작용에 의해서 암이 흙으로 변할 때, 풍화속도의 차이에 의해서 표토가 두텁거나 얇아진다고 하였다. 표토가 두꺼운 곳과 얇은 곳의 차이는 지표면에서 측정한 자력의 세기로부터 판별할 수 있다.

암의 종류와 구성상이나 성분 그리고 그들의 분포에 따라 암이 흙으로 변하는 과정과 변한 후에 흙으로서의 성상이 매우 다르다. 어떤 흙은 매우 미세하지만 어떤 흙은 입자가 매우 굵다. 표토의 두께를 지표면에서의 자력 차이로부터 알아낼 수 있듯이, 흙이 미세하거나 굵은 것을 지표면에서의 자력 차이로부터 알아낼 수 있을까. 자기장이나 지질학을 전공하는 사람에게 이 질문을 던지면 어떤 답을 얻을 수 있을까? 지금까지 밝혀진 바에 의하면 '불가'라는 답임에 자명하다. 그러나 여기서는 '가능'이다.

<그림 8-16>은 표토가 미세한 경우와 굵은 경우에 측정한 자력의 위치에 따른 변화이다. 즉 <그림 8-16>(a)는 경북 영천에서 조사한 결과인데, 풍화가 심하여 흙의 입자가 매우 미세하고(평균입경 0.2mm), 지자기의 수직성분이 425~475mG이다. <그림 8-16>(b)는 경남 합천에서 조사한 결과로서, 풍화가 심하지 않아 입자의 평균 크기가 5mm이고 모서리가 각진 형태를 하고 있는 입자들이 표토를 구성하고 있고, 지자기는 360~505mG에서 변한다. 자력의 평균값은 거의 비슷하지만, 변동(變動, fluctuation)은 두 경우에 전혀 다르다. 미세한 흙은 변동이 아주 작으나, 굵은 흙은 변동이 매우 크다. 왜 자력의 변동이 흙의 미세함과 관계가 있을까?

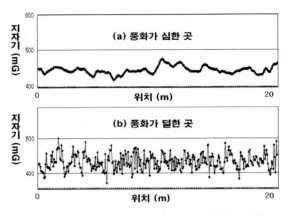

〈그림 8-16〉 표토가 미세한 경우와 굵은 경우에 측정한
자력의 변화

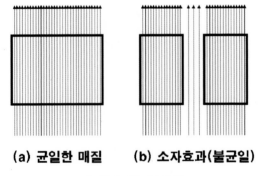

(a) 균일한 매질　　**(b) 소자효과(불균일)**

〈그림 8-17〉 소자효과

<그림 8-17>은 빈 공간에 의한 소자효과(消磁效果, demagnetization)를 보여준다. (a)에서 보는 것처럼, 땅속에서 밖으로 나오는 자력선은 균일한 매질인 암반이나 흙을 통과할 때 분포가 균일하여, 지면에서의 자력분포는 당연히 균일하다. 그런데 균일한 암반이나 흙 속에 빈 공간이 있으면 자력의 분포는 어떻게 될까? 암반이나 균일한 흙의 투

자율은 빈 공간이나 공기 또는 진공에 비해서 약간 크다. 투자율이 크다는 것은 자력선을 모으는 능력이 크다는 것을 의미하므로, 균일하게 올라온 자력선은 빈 공간에 와서는 흙이나 암반보다 낮은 투자율 때문에 자력선의 밀도가 낮아진다. 낮아진 자력선 밀도는 자력선이 다른 곳으로 **빠져나갔다**는 것을 의미하는데, 빠져나간 자력선은 암반이나 흙이 있는 곳을 통하여 위로 올라온다. 따라서 빈 공간이 있는 곳의 지면에서는 자력선의 밀도가 낮아지게 된다. 이러한 것을 소자효과라 한다.

흙이 미세한 곳은 흙이 고르게 분포하여 밀도가 균일하고, 흙 입자와 입자 사이의 공간도 균일하다. 그래서 이 경우에는 흙을 균일한 매체로 생각할 수 있다. 따라서 자력의 변동은 균일하게 된다. 다만 암반의 결함이나 표면상태 또는 큰 규모의 흙의 밀도변화에 의해서 자력이 변한다.

반면에 굵은 흙은 입자의 크기가 균일하지 않을 뿐만 아니라, 밀도도 위치마다 다르며, 빈 공간도 불균일하고, 불규칙할 수밖에 없다. 즉 이 경우는 형태와 크기가 각각 불규칙한 빈 공간들이 불균일하게 분포되어 있는 경우와 같다. 자력의 커다란 변화는 암반의 구조와 표면상태 및 밀도 등에 의해서 결정되지만, 굵은 흙의 소자효과와 밀도의 불균일한 분포는 자력의 심한 변동을 일으킨다. 따라서 암반의 풍화상태는 자력의 변동으로부터 판단할 수 있다. 대체로 <그림 8-16>(a)처럼 자력의 변동이 크면 풍화의 초중기로, <그림 8-16>(a)처럼 변동이 거의 없으면 풍화의 말기로 생각할 수 있다.

5. 혈의 구성

(1) 혈의 조건

혈은 어떤 조건을 만족해야 할까? 엄밀하게 표현하면 혈이 아닌 혈판 또는 혈심이다. 혈판은 어떤 조건을 만족해야 할까? 혈판은 적어도 혈판이 갖추어야 하는 조건을 만족해야 한다. 여기에 혈판이 되기 위한 새로운 조건들도 만족해야 할 것이다. 우선 혈판이 되기 위한 조건을 정리해보자.

1) 혈판은 단일 암반 위에 조성된다.

2) 혈판이 위치한 암반 내부에는 구조적인 결함이 전혀 없다.

이상의 두 조건만 만족하면 혈이 될 수 있다. 이러한 조건을 만족하는 혈들은 비교적 많이 분포한다. 경상도 지역에서 조사한 바로는 비교적 많이 존재한다.

좋은 혈이 되기 위해서는 1)과 2)의 조건 외에도, 혈심에서의 장(場, field)의 분포가 균일해야 하는데, 이를 위해서는 다음의 조건을 만족해야 한다.

3) 혈심에서는 풍화가 균일하게 진행되어야 한다. 불균일하게 풍화가 진행되면 암반 내부에 구조적인 결함이 발생할 수도 있다.

4) 혈심이 위치한 암반의 표면은 평평해야 한다. 이를 위해서 혈심이 있는 곳의 암반은 암을 구성하는 성분이 균일하고 상이 균일하게 분포해야 한다.

만약 상들이 불균하게 분포하거나 조성이 불균일할 경우에는 ① 풍화가 불균일하게 진행될 수 있으며, ② 혈심이 위치한 곳의 암반

표면이 고르지 않게 됨은 물론, ③ 표면이 불규칙해서 평평한 표면을 얻지 못하게 되고, ④ 이로 인해서 자력분포가 불균일하게 되며, ⑤ 불균일한 풍화는 암반 내부에 구조적인 결함을 만들 수도 있다.

이상 1)~4)의 조건을 만족하는 혈처를 좋은 혈이라 할 수 있다. 경상도 지역에서는 이런 좋은 혈들이 가끔 발견된다. 다른 지방에서는 아직 본격적인 조사를 해보지 않아서 어떤 결과가 나올지 모르지만 경상도 지역과 비슷한 결과를 얻을 것으로 예상된다.

우수한 혈이 되기 위해서는 1)~4)의 조건 외에도 두 가지의 조건을 더 만족해야 한다.

5) 혈판은 주위보다 약간 높아야 한다. 혈이 오래 보전되기 위해서는 물이나 바람, 열 혹은 그 외의 외부로부터 유입될 수 있는 다양한 물질이나 유동(流動, flux)에 의해서 혈심이 변질되거나 형상이 변하는 것을 막아야 한다. 이를 위해서 주위에 비해서 약간 높은 곳에 혈심이 위치해야 한다. 하남풍수에서 주장하는 4종류의 혈의 모양이 이것에 해당한다. 즉 평지에서는 이런 조건을 만족하기가 쉽지 않다.

6) 혈심은 혈판의 중앙에 위치하되, 주위에 비해서 약간 낮은 것이 좋다. 5)항에서 혈심이 주위에 비해 약간 높을 경우에는 바람이나 열 혹은 다른 종류의 유동이 진입할 수 있다. 이로부터 혈심이 안전하기 위해서는 혈판의 중앙이 주위에 비해서 약간 낮아야 한다. 약간 꺼진 혈심은 유동에 의해서도 혈심 내부에서는 장의 분포가 변하지 않고, 외부 환경이 변해도 혈심의 상태는 일정하게 된다. 특히 기온의 일교차나 연교차에 의해서도 혈심 내부의 온도 변화가 거의 없기 위해서는 지면에서 1m 이하가 적합하다.

지하의 흐름과 구동력

명혈은 어떤 조건을 만족해야 할까? 이상에서 말한 6가지 조건 외에 무엇을 더 충족하면 명혈이 될까. 이건 단순한 문제가 아니다. 깊이 생각해보자.

물질이 이동하기 위해서는 구동력(驅動力, driving force)이 필요하다. 농도 차이나 압력의 차이, 밀도의 차이 등이 구동력으로 작용하는데, 이외에도 포텐셜 차이(potential difference)도 주요 구동력이다. 이런 구동력 중에서 우리가 매일 느끼는 것이 지구 중심으로 작용하는 힘인 지구중력이다.

만약 비가 내렸다고 생각해보자. 빗물은 땅을 적시고 대부분은 낮은 곳으로 흘러간다. 빗물은 땅 위는 물론이고 땅속에서도 흐른다. 땅을 적신 빗물의 일부는 땅속으로 스며들어 지하수로 바뀐다. 지하수도 지구중력 때문에 낮은 곳으로 이동하는데, 지구중력보다 큰 힘이 작용하면 그 힘의 작용대로 움직인다. 음택에 이를 적용하면 재미있는 결과를 얻는다. 대체로 경사진 곳에 위치한 음택에도 비가 내리고 땅속으로 스며든 지하수는 낮은 곳으로 흐른다.

빗물의 피해를 막기 위해 지상에는 어떤 수단을 마련하는가. 지상에는 봉분 위쪽에 좌우로 물길을 만들어 지면을 따라 흘러내려 오는 빗물이 봉분을 공격하지 못하도록 한다. 그뿐만 아니다. 봉분을 만들어 빗물이 혈심으로 직접 침투하지 못하도록 하고, 심지어는 잔디를 심어 혈심으로 침투하는 물의 양을 최소화한다.

땅속은 어떠할까? 우리가 눈으로 확인할 수는 없지만, 땅속은 지상과 전혀 다를까 아니면 거의 유사할까? 혈을 논하기 위해서는 지상의 상황이 물론 중요하다. 그렇지만 음택은 사실 지하의 공간을 의미한다. 그래서 음택을 이야기하려면, 음택을 논하려면, 음택을 정의하고 그 성질을 파악하려면 지상뿐만 아니라 지하를 면밀하게 파악해야 하지 않을까. 지상에 있는 혈을 논하기 위해서 유사 이래로 풍수에 관심 있는 사람들은 이를 조사 연구하여 체계화하려는 노력을 하였다. 그래서 풍수를 논하는 데 빠짐없이 등장하는 것이 바로 '용혈사수'(龍穴砂水)이다.

이 용혈사수는 지상공간에 대한 논의이며, 해결책이다. 무엇에 대한 대책이며 해결책인가. 바로 흐름 즉 유동에 대한 대책이며 해결책이다. 여름과 겨울에 전혀 성질이 다른 계절풍이 불어오는 유동의 변화가 극심한 우리나라에서는 이를 무시하고 살기 힘들지도 모른다. 그래서 사는 집을 지을 때 유동을 고려하고, 심지어는 사자의 유택인 음택을 조성할 때도 유동을 고려한다. 지상의 유동을 고려하여 도입한 용혈사수는 지하의 유동을 조절할 때 적용되지는 않을까? 이해가 되지 않는다면 유동이나 흐름이 무엇인지 다시 생각해보자.

지하의 유동은 지상과 마찬가지로 물이나 바람 또는 열 등을 비롯해서 여러 가지가 있다. 앞에서 예를 들은 빗물의 경우를 보자. 땅으로 스며든 빗물은 투수층을 통과하여 결국에는 물이 통과하기 어렵거나 불가능한 불투수층의 표면에 도달한다. 이제 이 물은 지구중력의 영향으로 낮은 곳으로 흐르게 되는데, 만약 낮은 곳이 물이 통과할 수 없는 장벽으로 막혀있다면 물은 갇히게 된다.

음택이 있는 지하암반의 표면은 경사져 있다. 음택이 주로 산기슭이나 비탈 또는 능선과 같은 경사진 곳에 있기 때문에 불투수층의 표면도 자연스럽게 아래쪽으로 기울어질 수밖에 없다. 그래서 대부분의 지하수는 불투수층의 표면을 따라서 낮은 쪽으로 이동한다. 그러다 지하수는 음택을 만나고 혈심에까지 다다른다. 혈심에 다다른 지하수는 암반의 표면형상에 따라 더 아래로 내려가 혈에서 빠져나가기도 하고, 혈심에 남아 있기도 한다. 혈심에 들어온 지하수가 빠져나가기 위해서는 당연히 전순 쪽으로 지하수가 빠져나갈 수 있도록 암반이 열려 있어야 한다. 전순 쪽을 암반이 가로막고 있다면 그 옆으로라도 지하수가 빠져나갈 수 있는 틈이 있어야 한다. 만약 지하수가 빠져나갈 수 있는 장치가 없다면 어떻게 될까. 물론 빠져나갈 열린 곳이 없기 때문에 지하수는 그 속에 갇히게 되고, 모세관 현상에 의해 이 수분은 그 위의 흙을 적시며, 이로 인해서 음택의 광중도 수분으로 젖게 된다.

(2) 명혈도(明穴圖)

암반 표면을 따라 흘러내려온 지하수는 항상 아래로 내려와 혈심이 있는 곳까지 도달할 수밖에 없는가. <그림 8-18>을 보자. 무슨 지상(地上)의 명산도(明山圖)를 나타낸 것처럼 보인다. 그런데, 이것은 지상의 명산도가 아니고, 혈이 있는 땅속의 암반 표면의 형태를 나타낸 명혈도(明穴圖)이다. 지하의 명혈도. 이런 용어는 지금껏 어느 누구도 사용한 적이 없다. 그 누구도 땅속 명혈의 암반 표면을 본 적이 없기 때문에 이런 용어는 사용된 적이 없다.

명혈을 이야기하기 위해서는 명혈도가 있어야 한다. 혈은 땅속에 관한 이야기이므로 땅속의 명혈도가 되어야 한다. 표토인 흙 속에는 다양한 성분의 흙과 그들로 구성된 층들이 있다. 이들의 제일 아래쪽에는 이제 막 풍화가 되기 시작하는 암반의 표면이 있고, 그 아래에는 암반이 있다. 암반 위의 흙은 암반의 풍화반응과 그 속도 그리고

〈그림 8-18〉 명혈도

암반의 성질에 따라 변할 것이다. 어떤 부위는 풍화가 천천히 되고 어떤 곳은 풍화가 빨리 된다. 그래서 우리가 육안으로 관찰할 수 있는 산과 산의 줄기 또는 계곡처럼 암반의 표면도 높은 곳과 낮은 곳, 높은 곳의 흐름(능선)과 낮은 곳의 흐름(계곡)을 지하에 있는 암반 표면에서도 관찰할 수 있다. 마치 <그림 8-18>에서 보는 그림처럼 배열될 수 있다. 물론 거의 대부분은 이런 배열을 보이지 않는다. 명산도와 그 형태가 같다. 암반의 표면이 만약 이런 형상을 이룬다면 어떨까?

명산도의 형태는 우리가 생각해낼 수 있는 이상적인 용혈사수의 배치이다. 이상적인 것이라는 것은 실제로 구현하기 어려운 상상 속의 존재라는 뜻이다. 즉 지상의 흐름을 통제할 수 있는 이상적인 배치이다. 지상에만 흐름이 존재하는 것이 아니라 지하에도 흐름은 존재한다. 그렇다면 지하의 흐름을 이상적으로 조절할 수 있는 암반 표면의 형태는 없는 것일까. 그것이 바로 명혈도이다. 지하의 흐름을 이상적으로 조절하는 명혈도. 이런 혈이야말로 당연히 명혈의 반열에 들 수 있다.

왜 명혈인가? 우선 위쪽에서 흘러내려 온 지하수는 산맥처럼 생긴 암반의 능선(명산의 용)이 좌우로 가로막고 있기 때문에 자연히 양옆으로 흘러 아래로 빠져나간다. 중간에 내려온 지하수는 그것대로 옆으로 흘러 아래로 빠져나간다. 명산도에서 물이 빠져나가는 파구(破口)처럼 이 명혈도에도 파구가 있다. 바로 혈심 앞의 능선이 열려 있는 것이다. 이 열린 곳이 바로 혈에서의 파구에 해당한다. 그래서 혈심 바로 위에서 아래로 스며든 지하수나, 우연히도 위에서 흘러내려 온 지하수는 혈심으로 들어갔다가 아래로 내려와서 이 파구를 통해 혈심 밖으로 빠져나간다. 파구 옆의 능선들은 아래쪽에서 들어오는 흐름을 차단한다. 양옆에 있는 능선들은 그쪽에서 들어오는 흐름을 차단한다. 그래서 혈심은 어떤 흐름도 진입하기 힘들며, 설사 진입했 다하더라도 파구를 통해 빠져나간다.

이런 현상으로부터 우리는 명혈이 되기 위한 새로운 조건을 찾았 다. 그것은 바로 '**혈의 암반 표면은 명산도와 같은 형태**'이다.

(3) 명혈의 파구(破口)

명혈도에서 암반의 형태를 자세히 관찰할 필요가 있다. 혈심 위쪽 에 있는 암반 표면의 형상에서 능선들은 반원을 그리면서 좌우가 거 의 연결되어 있으며, 암반 내부의 구조적 결함이 전혀 없는 단일 암 반으로 이루어져 있다. 혈심 앞쪽의 능선들은 대부분 서로 연결되지 않고 단절되어 있다. 즉 위쪽은 연결되어 있고, 이래 쪽은 단절되어 있는 위아래가 서로 다른 형상을 하고 있다. 이것은 그 경계에 내부 결함이 존재한다는 것을 의미한다. 그 내부 결함은 바로 균열이나 파 단면이다. 이런 결함들에는 빈틈이 있으므로 물이 쉽게 들어갈 수 있 으며, 또한 물이 쉽게 밖으로 빠져나갈 수 있도록 한다.

명혈도의 혈심으로 다시 돌아가자. 혈심 아래에 있는 암반은 평평 하다. 그래서 이곳에 들어온 지하수는 그 흐름이 원활하지 않아서 파 구를 통해 쉽게 빠져나가지 못한다. 이 물이 빠져나가기 위해서는 혈 심 아래의 암반이 아래쪽으로 약간 기울어져야 한다. 그래도 파구를 통해 밖으로 빠져나가기가 용이하지 않다. 그런데 혈심 앞에 존재하는 내부결함은 빈틈으로 물이 쉽게 빠져나가도록 한다. 그래서 이 빈틈인 내부결함은 실질적인 파구로 작용할 가능성이 있다. 혈심 아래에 차 있는 지하수가 많을 때는 대부분 능선의 파구를 통해서 밖으로 빠져나가지만, 나머지 잔류 지하수는 바로 이 실질적인 파구인 내부결함을 통해서 밖으로 빠져나갈 수 있다. 그래서 완벽한 파구는 능선에 의한 파구와 실질적인 파구인 균열(혹은 파단면)로 구성된다. 이로부터 명혈이 되기 위한 또 하나의 조건을 찾을 수 있는데, 그것은 '혈심 앞에는 내부결함(균열이나 파단면)이 존재한다'이다.

6. 명혈의 조건

이제 우리는 명혈의 조건을 찾아냈는데, 이를 정리하면 다음과 같다.

[혈-5급]

1) 혈판은 단일 암반 위에 조성된다.

2) 혈판이 위치한 암반 내부에는 구조적인 결함이 전혀 없다.

[좋은 혈-4급]

3) 혈심에서는 풍화가 균일하게 진행된다.

4) 혈심이 위치한 암반의 표면은 평평하다.

[우수한 혈-3급]

5) 혈판은 주위보다 약간 높다.

[매우 우수한 혈-2급]

6) 혈심은 혈판의 중앙에 위치하되, 주위에 비해서 약간 낮다.

[명혈-1급]

7) 혈의 암반 표면은 명산도와 같은 형태를 한다.

8) 혈심 앞에는 내부결함(균열이나 파단면)이 존재한다.

(1) 명혈의 암반

이상 1)~8)의 조건을 만족하는 명혈의 암반은 어떤 형태를 할까? 그리고 그곳의 자력분포는 어떻게 나타날까?

<그림 8-19>는 명혈의 조건을 만족하는 암반의 형태를 나타낸 것이다. 암반은 주위에 비해 약간 높고 위로 튀어나와야 한다. 즉 융기한 암반이라야 한다. 암반이 융기하면 <그림 7-23>에서 알 수 있는 것처럼 상단부에 바위가 밖으로 돌출하게 되고, 그 부근의 암반 내부에는 구조적 결함이 많이 존재하게 된다. 이것은 마치 입수의 흔적처럼 나타난다. 이때 결함들이 혈심의 암반상태에 영향을 주지 않아야 하는데, 이를 위해서는 혈판이 일정규모 이상의 크기를 가져야 가능할 것이다. 무엇보다 중요한 것은 혈심과 혈판의 암반 내부에 어떤 결함도 존재하지 않아야 한다. 풍화반응은 암반의 표면 어디에서건 일어난다. 혈심이 되는 암반 표면에서도 풍화반응은 일어난다. 그런데 혈심이 되기 위해서는, 특히 명혈의 혈심이 되기 위해서는 풍화가 균일하게 진행해야 한다. 그래서 마치 평평한 바위표면처럼 풍화되어야 한다. 또 한 가지 요구되는 것은 그림에서 보는 것처럼 혈심은 주위에 비해 약간 낮아야 한다. 그래서 가운데가 약간 들어간 형태이면서 표면은 평평해야 한다.

명혈을 이루는 암반이 이상의 조건을 만족하면 이곳에서의 자력분

포는 <그림 8-20>과 같이 나타나는데, 그 특징은 다음과 같다

① 혈심은 바로 이웃한 곳보다 약간 낮은 자력을 가지면서 균일한 값을 가진다.

② 혈심에서 멀어질수록 자력은 점차 낮아진다.

③ 혈심 주위는 풍화가 균일하게 진행된다.

④ 입수부에서의 분포는 명산도와 같은 형태이다.

⑤ 혈판과 혈심을 제외한 곳에서는 암반 내부의 결함이 존재하여도 무관하므로 이에 대한 결과인 (+/-) 피크 쌍이 나타난다. 특히 입수에 해당하는 곳에서는 반드시 나타난다.

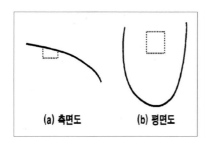

〈그림 8-19〉 명혈의 암반 형태

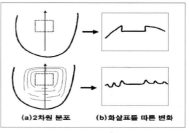

〈그림 8-20〉 명혈에서의 자력분포

(2) 혈의 판정 순서

지하암반의 표면형태는 자력분포로부터 확인할 수 있다. 즉, 풍화가 덜 진행된 부분은 지표면에서 얕은 곳에 있고 높은 자력을 보이지만, 풍화가 많이 진행된 곳은 지표면에서 아주 깊은 곳에 있으며 낮은 자력을 보인다. 그래서 높은 자력을 나타내는 띠는 땅속에 폭이 좁고 높이가 낮은 산맥에 해당한다.

높은 자력 띠가 동심원을 이루면 이와 같은 형태의 작은 지하산맥이 동심원처럼 배열되어 있는 것과 같다. 이런 배열은 땅속에서 발생하는 수분이나 공기 혹은 열의 이동과 같은 여러 종류의 흐름을 막아준다.

그런데 이 경우에 다른 의문이 하나 생긴다. 강수(눈이나 비)와 같이 위에서 스며든 물과 같은 물질 이동에 대해서는 어떻게 보호받을 수 있을까. 땅속으로 스며든 물질은 중력으로 인해서 낮은 곳으로 이동하게 되는데, 만약 동심원이 완전히 막혀 있다면 혈 밖으로 빠져나갈 수가 없게 된다. 그래서 동심원의 아래 부분에는 부분적으로 열려 물질 이동이 일어날 수 있도록 배열되면 수직으로 이동한 물질도 자연스럽게 혈심에서 빠져나갈 수 있을 것이다. 이것이 바로 파구이다. 그래서 지상의 용혈사수는 혈이 있는 지하에도 존재한다.

일반적으로 단일 암반으로 이루어지지 않은 음택이 98% 이상이며, 단일 암반일지라도 암반 내부에 구조적 결함이 없는 경우는 0.5% 이내에 지나지 않는다. 일단 이 두 가지 조건을 만족하는 음택은 혈을 이루고 있다고 판정할 수 있다. 그 외에 4가지 조건을 추가로 만족하면 대단히 우수한 혈이며, 여기에다 혈이 있는 지하의 구조가 용혈사수를 만족하면 명혈이라 할 수 있다. 혈의 평가는 이와 같은 순서로 이루어져야 합리적이며 과학적이라 할 수 있다.

참고문헌

1. 장용득, 『명당론 전집 · 하남의 비결』, 신교출판사, 1976.
2. 이석정, 『공학박사의 음택풍수 기행』, 영남대학교 출판부, 2006.

소찬(韶燦) 이문호(李文鎬) —————————
필명: 이석정(李碩檉)

경북 고령 출생(1954)
서울대학교 전자공학과 졸업(1976)
한국과학기술원(KAIST) 석사학위(1978)
한국과학기술원(KAIST) 박사학위(1981)

영남대학교 대학원학감, 생체의용전자연구소장, 평생교육원장 등 역임
과학기술부 신소재위원장, 대구지방환경청 평가심의위원, 대구시 심의위원 등 역임
마르퀴즈 후즈 후를 비롯한 5개의 세계인명록에 등재

현) 영남대학교 신소재공학부 교수 겸 응용전자학과 주임교수

『공학박사가 말하는 풍수과학 이야기』(2001)
『한국역사를 뒤흔든 여성들』(2002)
『펭슈이 사이언스』(2003)
『환경을 바꾸면 명문대가 보인다』(2004)
『좋은 집이 우리를 건강하게 만든다』(2005)
『공학박사의 음택풍수기행』(2006)
『조상을 잘 모셔야 자손이 번성한다』(2007) 등

오묘한 지구

풍수도 과학이다

초판인쇄 | 2012년 3월 2일
초판발행 | 2012년 3월 2일

지 은 이 | 이문호
펴 낸 이 | 채종준
펴 낸 곳 | 한국학술정보㈜
주　　소 | 경기도 파주시 문발동 파주출판문화정보산업단지 513-5
전　　화 | 031) 908-3181(대표)
팩　　스 | 031) 908-3189
홈페이지 | http://ebook.kstudy.com
E-mail | 출판사업부　publish@kstudy.com
등　　록 | 제일산-115호(2000. 6. 19)

ISBN　　978-89-268-3066-6　93450 (Paper Book)
　　　　　978-89-268-3067-3　98450 (e-Book)

내일을여는지식 ■은 시대와 시대의 지식을 이어 갑니다.